婴幼儿照护类专业系列教材

婴幼儿行为观察与指导

丛书主编：叶平枝

本 书 主 编：张丽敏　陈穗清　叶平枝

本 书 副 主 编：熊和妮　杨冬梅

本 书 参 编：汤　芬　杨　希　任智茹

本书编委成员：张丽敏　陈穗清　叶平枝　熊和妮

　　　　　　　杨冬梅　汤　芬　杨　希　任智茹

北京师范大学出版集团
BEIJING NORMAL UNIVERSITY PUBLISHING GROUP
北京师范大学出版社

图书在版编目（CIP）数据

婴幼儿行为观察与指导／张丽敏，陈穗清，叶平枝主编 .—北京：
北京师范大学出版社，2023.9（2025.8 重印）
ISBN 978-7-303-27724-7

Ⅰ.①婴…　Ⅱ.①张…　②陈…　③叶…　Ⅲ.①婴幼儿－行
为分析　Ⅳ.①B844.11

中国版本图书馆CIP 数据核字（2021）第272798 号

YINGYOUER XINGWEI GUANCHA YU ZHIDAO

出版发行：北京师范大学出版社 https://www.bnupg.com
　　　　　北京市西城区新街口外大街 12-3 号
　　　　　邮政编码：100088
印　　刷：三河市兴达印务有限公司
经　　销：全国新华书店
开　　本：787 mm × 1092 mm　1/16
印　　张：18.5
字　　数：310千字
版　　次：2023年8月第1版
印　　次：2025年8月第3次印刷
定　　价：54.80元

策划编辑：王　超　罗佩珍　　　　责任编辑：葛子森
美术编辑：焦　丽　　　　　　　　装帧设计：焦　丽
责任校对：陈　荟　　　　　　　　责任印制：赵　龙

大力发展职业教育对于降低失业率，解决就业结构的矛盾，提高生产力和劳动者的整体素质，缩小贫富差距，树立劳动者尊严，激发劳动者热情和创造力，推动我国民族复兴都具有重要意义。如果说德国经济腾飞的秘密武器是其双元制的职业教育体系，那么，我国职业教育的纵深发展也将成为撬动我国经济、社会发展的重要力量。进入"十四五"，我国职业教育又有了新的起点、新变化：中等职业教育从"就业导向"到"就业与升学导向"，毕业生既可以直接就业，也可以继续升学到专科和本科职业院校，因而成为高等教育的生源基础，有着多元的发展路径；高职专科进入提质培优、增值赋能、以质图强，加快迈进现代化的新阶段；高职本科坚持理论先行、"高举高打"，充分发挥其在职业教育中的龙头地位。

2021年3月教育部印发《职业教育专业目录（2021年）》（教职成〔2021〕2号），首次对中职、高职专科和高职本科三个层次专业目录进行一体化修（制）订，建立了统一的分类框架和上下衔接的专业名称，使职业教育类型特征更为凸显。中职、高职专科、高职本科一体化专业设置，为学生职业发展打开通路。

根据职业教育发展趋势和国家《"十四五"职业教育规划教材建设实施方案》，本系列教材聚焦于婴幼儿照护类专业，通过不同梯度的内容设计，为学前教育、婴幼儿托育服务与管理、早期教育、婴幼儿发展与健康管理等专业提供指导，同时，也为实现"幼有所育、幼有优育、幼有善育"奠定基础。

在编写过程中，编写组努力体现如下原则：（1）坚持正确的政治方向和价值导向；（2）以培养德智体美劳全面发展的社会主义建设者和接班人、未来的"四有"好老师为目标；（3）体现"培根铸魂、启智增慧"；（4）遵循职业教育教学规律和人才成长规律；（5）科学合理地编排教材内容。

本系列教材努力体现如下特色。

（1）医养教结合，适用性强。本系列教材聚焦健康和保育，着重补充了婴幼儿照护类专业紧缺的课程教材。教材主要涵盖三个方面：一是婴幼儿卫生保健，包括《幼儿园食育》《婴幼儿感觉统合发展与训练》《婴幼儿常见疾病预防与护理》；二是婴幼儿体育，包括《婴幼儿体质健康与动作发展测评》《婴幼儿运动安全与保护》《婴幼儿运动处方设计与应用》；三是婴幼儿心理健康，包括《婴幼儿发展评价》《婴幼儿行为观察与指导》《婴幼儿常见发展问题与矫正》《婴幼儿亲职教育》《学前特殊儿童融合教育》。

（2）行业专家领衔，专业度高。教材编写队伍多元，理论和实践专家相结合。本系列教材的编写者既有来自普通高校、职业院校、科研机构的教学研究人员，也有来自医疗机构、保教机构和婴幼儿保育实践的教研员；编写工作既有博导、教授等资深专家领衔，也有中青年新锐积极参与。编写队伍专业水平高，具有使命感、责任感和良好的师德，保证了教材的政治方向、权威性、科学性和前瞻性。

（3）理实一体，可操作性突出。本系列教材为"岗课赛证融通"教材，内容根据职业院校学生的学习特点和职业发展需求编写，既有理论的指导，又有结合岗位需求的实践案例；既体现最新、最前沿的学科发展，又深入浅出，可读性强，易于理解。

（4）融媒体教材，立体化呈现。本系列教材将图文并茂的纸媒与数字化的微课、案例视频、在线习题等相结合，根据不同内容的具体需求，立体化地呈现各门课程的学习要点、知识难点、核心技能等。设置各类情境中的互动实操环节，帮助学生形成个性化的学习方案和自主学习习惯，注重课程评价的过程性和形成性。

相信本系列教材的出版，将有利于促进相关专业人才培养的开展和素质的提升，从而有力推动我国婴幼儿照护事业健康、高质量、持续地发展。同时，也希望通过本系列教材的推广和使用，进一步吸纳一线教师、科研人员及其他使用者的智慧与经验，使教材不断发展和完善。

叶平枝

　　"人生百年，立于幼学。"习近平总书记在党的十九大报告中对学前教育提出了"幼有所育"的美好期待。党的二十大报告提出，坚持以人民为中心发展教育，加快建设高质量教育体系。学前教育是高质量教育体系中最基础的和起始的环节。在国家"十四五"时期，学前教育走向"幼有优育"的发展目标。高质量学前教育能够为儿童的学习和发展提供充分的可能性。实施优质的学前教育则要求幼儿园有高素质、专业化的教师队伍。近年来我国学前教育界越来越认识到促进幼儿园教师专业化必须重视教师的观察技能。《3—6岁儿童学习与发展指南》《幼儿园教师专业标准（试行）》《托育机构保育指导大纲（试行）》等一系列政策文件多次强调观察儿童是教师必备的专业能力。专业观察是解读和理解儿童的重要手段。有效的儿童观察有助于教师客观、全面地了解儿童行为及其发展变化，在关注、倾听、尊重儿童的基础上因材施教，设计和实施适宜的教育活动。目前，婴幼儿行为观察与指导已经被托育机构、幼儿园关注和重视，在婴幼儿教师日常工作中占据一席之地，然而现实中的观察与指导却常常让教师感到非常困惑和棘手，往往出现"为了观察而观察""不知用哪些方法观察""观察记录每学期都交，但感觉没什么用""如何才能通过观察，看懂儿童行为背后的意图，支持儿童发展"等问题。

　　《婴幼儿行为观察与指导》秉持"一名专业的婴幼儿教师必须是专业的儿童观察者"的理念，呈现了一名专业的儿童观察者所应具备的基本能力，即观察儿童的能力、分析解读儿童的能力与支持指导儿童的能力。本书旨在帮助学习者了解、掌握婴幼儿行为观察的基本方法，学会运用这些方法来观察和了解婴幼儿，并能结合所学理论，对所观察的婴幼儿的各种行为进行有效的分析与解读，并提供适宜的指导与支持，最终促进婴幼儿的学习与发展。

　　本书共九章内容。第一章介绍观察的基本问题，包括婴幼儿行为观察的基本概念、意义与价值以及成为专业观察者需要具备的基本能力。第二章、第三章和第四章分别介绍了描述性观察方法、取样观察方法以及评定观察方法。第五章着重阐述了婴幼儿行为观察的实施。第六章则聚焦于婴幼儿行为观察记录的分析与解释。第七章结合实践案例，探讨和总结基于观察记录分析婴幼儿行为指导的八大策略。第八章、第九章则分别综合阐述针对3～6岁幼儿和0～3岁婴幼儿的观察内容与指导策略。

本书具有以下几个突出的特点。

第一，内容构成"观察—分析—指导"完整的体系。当前大部分关于婴幼儿行为观察与分析的课程与教材存在两个极端。一是将这门课的内容聚焦于观察方法，重点讲授了观察与记录的具体方法，但较少关注基于观察对婴幼儿行为的分析以及分析之后的指导策略。二是将分析与指导的重点放在婴幼儿行为问题的分析与干预上，较少关注教师日常更多面对的普遍的婴幼儿行为。"重观察形式，轻分析指导""重特殊问题，轻普遍行为"均使得这门课程教学的实践价值降低。对婴幼儿行为进行观察与记录不是最终的目的，对个别特殊婴幼儿的行为进行干预也不是最终的目的，更重要的是基于对婴幼儿日常行为的观察、分析、解读，提出及时的、适宜的支持与指导策略。本书内容结构完整，可以分为"基于观察方法的信息收集""基于信息的分析与解读""基于分析的回应与支持"三大部分，分别回应了一线婴幼儿教师关切的三个问题"我看到了什么""我看懂了什么""我能做什么"。

第二，理论联系实践，强调实操性。为使学习者将书中的观察知识吸收和转化为观察能力，力求让本书具备实用性和操作性，书中的观察原理介绍结合了丰富的婴幼儿教育教学实践案例、照片、视频。每一章都由实践案例作为章节导入，同时在章节后提供"关键术语""思考与练习""建议的活动"，学习者自行强化练习，达到对书中所介绍的各种婴幼儿观察、分析与指导的原则、方法和策略的深度理解与及时应用。第八章和第九章更是"观察—分析—指导"三大基本能力的综合应用，这两章分别针对3～6岁幼儿的日常生活、教育活动和游戏，以及0～3岁婴幼儿具体各领域的发展，运用前面章节所介绍的各种观察方法、分析与指导思路，结合诸多的实践案例，进一步探讨如何对婴幼儿的行为表现进行有针对性的观察、分析、解读，并提出有效的指导策略。此外，全书后提供6套完整的试卷，供学习者巩固所学知识和提升能力。本教材使用了二维码技术，针对教材的教学重点配套了视频、案例文档、测试题等多媒体素材，学生使用移动终端扫描二维码即可在线观看和自行完成知识测验。

第三，持续反思，促进专业成长。本书秉持专业的婴幼儿教师应是专业的婴幼儿观察者的理念，强调专业观察者要保持持续的反思。全书多处专门论及观察前、观察中、观察后的反思与反省。此外，全书从头至尾有非常多的学习模块，如导入案例的问题、课堂练习、课后环节的设计都在有意识地引导学习者主动思考与自我反思。成为专业的儿童观察者一定离不开实践与反思。正如波斯纳提出的教师成长公式是成长＝经验＋反思，只有通过反复实践和持续反思，才能真正将观察技术"为我所用"，转化为专业观察能力，与此同时，这也反过来促进观察者自身的专业成长。因此，通过本书的学习，加上学习者的持续反思，教师的婴幼儿行为观察能力、分析与解读能力、有效指导婴幼儿的能力得到提升，实现婴幼儿教师的专业发展。

本书落实立德树人根本任务，以培养"四有"好老师为目标，巧妙融合思政元素和优秀传统文化案例，坚持育人为本、实践取向、终身学习的理念，在提升学习者专业观察能力的同时，加强师德师风修养。本书主要作为高等院校相关课程的教材，也可以作为一线婴幼儿教师的进修用书。本书聚集了集体智慧，书稿具体分工为：第一章、第二章、第三章、第四章由熊和妮完成；第五章、第六章由张丽敏完成；第七章由杨冬梅完成；第八章、第九章由陈穗清完成。汤芬、杨希、任智茹提供和撰写了各个章节中的案例。全书由张丽敏、陈穗清和叶平枝统稿。

广州大学研究生练崇燕、杨嘉敏、陈露珠、李凤、吴婷婷、周艳、叶雯玉、张庆华、黎莎、林婧参与了资料的收集、整理与部分章节的撰写工作。江微、漆元梅、高旭伟、陈欢欢、陈海红、杨完娜、方向、石利萍、王春燕、杨紫琴、周娟、张英、陈曦等教师（包括幼儿园园长），以及深圳信息职业技术学院学前教育专业的学生赖佳琪、梁清清、廖金秋、房增梅、陈欣、黄晓菲、林静纯、杨舒彤拍摄了观察视频，撰写了部分生动的观察案例。在此表示衷心感谢！本书的完成还得到了北京师范大学出版集团罗佩珍老师和王超老师的大力支持，在此深表感激！

在编写书稿的过程中，我们深刻感受到婴幼儿行为观察与指导这一领域的精深，该领域涉及学前教育学、婴幼儿心理学、教育测量学等多学科的交叉与综合。由于作者水平与精力有限，难免有不足之处，敬请广大读者不吝指正！衷心希望我们都能成为一名专业的儿童观察者，热爱儿童、尊重儿童、理解儿童、支持儿童，与大家共勉。

张丽敏

目 录
CONTENTS

第一章
婴幼儿行为观察概述

学习目标

1. 理解行为、观察以及婴幼儿行为观察的含义与特征；

2. 了解日常观察和专业观察的区别；

3. 掌握婴幼儿行为观察的类别；

4. 理解婴幼儿行为观察的意义与价值；

5. 理解并在实践中提升作为专业观察者需要具备的各项能力。

学习导图

第一章　婴幼儿行为观察概述

第一节　婴幼儿行为观察的基本概念
- 一、行为的含义与特征
- 二、观察的含义、要素与分类
- 三、婴幼儿行为观察的含义、特征与分类

第二节　婴幼儿行为观察的意义与价值
- 一、增进对婴幼儿的理解
- 二、提升幼儿园课程与教育的质量
- 三、促进幼儿园教师的专业发展

第三节　成为专业观察者需要具备的基本能力
- 一、辨识观察动机的能力
- 二、选择和设计观察工具的能力
- 三、获取可靠的观察资料的能力
- 四、尊重与理解幼儿的能力
- 五、反省自身主观或成见的能力

导　入

游戏是幼儿的天性。当我们看到幼儿聚在一起玩耍时，可以观察他们什么呢？观察幼儿在游戏过程中的哪些行为是有意义、有价值的呢？该如何进行观察呢？从以下幼儿玩桌式足球的观察案例中，你了解到哪些与幼儿行为观察相关的知识呢？

观察案例：桌式足球怎样玩	
日期：2020 年 12 月 8 日 10：20	观察地点：深圳市某幼儿园某中班益智区
观察对象：王晓、张宇、邱一 年龄：5 岁	观察者：学前教育专业大学生　房增梅
背景信息：在幼儿园体能大循环活动过后，小朋友们回到班级并陆续进入自主活动区域开始区角活动，王晓选择了桌式足球。	

　　"你们这样玩，我要怎么玩"，王晓大声地对张宇说。桌式足球的周围有一群正在喝水的女孩。"你要玩就给你玩呗"，张宇喝完水就走了。其他女孩也跟着走了。王晓拿起一个蓝色的足球，放在桌式足球的中央，一个人开始操作桌式足球（见图 1-1-1）。

　　在活动开始时，王晓一个人同时扮演两支队伍的角色，先操控一下红队，再操控一下黄队。两支队伍在王晓的操控下你一球我一球地踢过来踢过去，双方都没有进一个球。过了几分钟，看到王晓把目光朝向我，于是我问他："要不要邀请老师和你一起玩呢？"他使劲地点了点头。

　　我说："我们来比赛吧！看谁先进满 9 颗球，谁就胜利。"我操控红队，王晓操控黄队。一开始，黄队频繁进球，红队占下风。王晓一边操控足球队员，一边大喊："冲啊！啊——啊——啊——"声音非常大，旁边语言区的张老师听到声音后提醒说："王晓，你小声点。"于是王晓停止喊叫。在黄队进第 6 个球的时候，邱一过来围观，王晓说："老师，你不会踢球，你换邱一来帮你吧！"

　　邱一一听王晓说要他来帮助老师，就笑着坐上了椅子，大声地说："老师，我一定会赢的。"这时我注意到王晓有自己的踢球方式：第一种方式，第一排运动员居中，第二排运动员错开，用头撞；第二种方式，两排运动员滚动踢球，以快速转动的方式将球踢进对方的球网；第三种方式，当自己的球被卡住的时候，他用手将球取出，丢进对方球网。邱一被动地挡球。最后，王晓进了 9 颗球，获得了胜利（见图 1-1-2）。之后，邱一马上跑到别的区域玩耍了。

观察分析：

　　中班幼儿的竞争意识强烈，对自己喜欢的东西的竞争结果是非常在乎的。但有时候他们会为了竞争结果而破坏游戏规则，规则意识还不够强烈。在王晓赢了邱一后，我应该教育王晓靠违规取得的胜利（用手将球取出丢进对方球网）不是真正的胜利，也应该鼓励邱一多分析原因，多反思。在桌式足球游戏中获胜不是一蹴而就的，要进行多次的练习。

图 1-1-1　一人操作桌式足球　　图 1-1-2　两人合作玩桌式足球

在这则案例中，观察者以参与者的身份进行观察，并对幼儿在活动中的具体行为表现进行了翔实、客观地记录。从这则案例中，我们可以观察到不同幼儿之间的交往行为，还可以观察到幼儿在玩桌式足球时的精细动作、语言、合作与竞争行为、规则意识等多个方面的情况。因而，对婴幼儿行为的观察可以帮助我们更好地了解婴幼儿在成长与发展过程中的具体状况。

婴幼儿行为观察并不是观察者盲目、随意地观察与记录。婴幼儿行为观察与指导要求观察者敏感地捕捉婴幼儿成长与发展过程中的关键事件或独特的、具有教育意义的行为，并采用科学的方法进行观察、记录与分析，从而为更好地理解婴幼儿行为、促进婴幼儿的成长与发展提供有针对性的教育指导和建议。本章将重点介绍婴幼儿行为观察的基本概念、方法和技能。

第一节　婴幼儿行为观察的基本概念

一、行为的含义与特征

（一）行为的含义

一般来说，可以从狭义和广义两个层面来理解行为的含义。从狭义上来说，行为是指个体的一言一行、一举一动，是一种外在的活动，是能被直接观察、描述、记录或测量的活动。[①] 例如，小明在跑步、小美在唱歌，这些活动都是个体外在的行为表现，我们可以观察到小明跑步时的动作、小美唱歌时的神情，并且通过一定的文字将所观察到的事实描述、记录下来，我们还可以使用一定的工具来测量这些活动。

---

① 　王晓芬：《幼儿行为观察与分析》，2 页，上海，复旦大学出版社，2019。

从广义上来说，行为不仅仅局限于可以被直接观察到的个体的外在活动和行为表现，还包括以外在行为为线索，间接表现出来的内在心理活动和心理过程。也就是说，广义的行为包括外在和内在两个部分。被观察者外在的行为活动可以被直接观察到，但是被观察者的感受、意愿、动机、思维等内在心理活动难以直接观察，不过观察者可以根据观察到的外在行为事实对被观察者的内在心理活动进行猜想、假设、推测或判断。例如，小明在快乐地跑步、小美在开心地唱歌。小明的快乐、小美的开心都是他们的内在心理活动，但是观察者可以通过他们的动作和神情来猜想、推测他们在当时情境下的内在心理活动。

在观察的过程中，如果观察者能敏锐地通过观察到的外在行为来推测被观察者的内在心理活动，就可以增进对观察对象及其行为的深层理解。例如，在"小明在快乐地跑步"这个观察描述中，如果我们在观察的过程中注意收集小明跑步时的具体动作和神情，并通过这些具体的外在信息来推测他的内在心理活动，那么我们对小明跑步这一行为所获得的信息就更全面了，理解起来也会更深入和丰富，而不仅仅是停留在小明跑步这一外在行为上。

观察者的生活经验和专业知识常常会影响其对被观察者内在心理活动的推测与解读。如果在观察者的生活经验及其积累的专业知识中有对相关行为模式、符号的解读，他就能够比较准确地推测和解读被观察者的内在心理活动。

课堂故事

何老师曾经在大学课堂上分别出示具有快乐、悲伤、愤怒、恐惧这4种表情的人物的图片，让学生观察图片中人物的面部表情，并猜测这些表情分别代表什么情绪。有意思的是，出示代表快乐的表情图片时，很多学生都猜对了。但在出示悲伤、愤怒、恐惧这三种表情的图片时，学生会有各种各样的情绪解读。比如，在出示悲伤的表情图片时，有的学生回答是悲伤，也有的学生回答是发呆、严肃、镇定等。

从以上课堂故事中可以推测，快乐是学生比较熟悉的面部表情，学生对表示快乐的面部表情的解读是一致的。但是学生对悲伤、愤怒、恐惧等面部表情的解读有一定的差异，这一方面可能是由于与这些消极情绪的面部表情相比，快乐的面部表情识别难度要低一些；另一方面可能与学生的生活经验有关。也就是说这些消极情绪在他们的公共生活领域中出现的频率可能比较低，或者说他们在日常生活中，没有将注意力集中在观察彼此的面部表情上，而是更多地关注自身内在的感受和心理活动，因此他们对这类表情的识别能力相对低一些。

综上可知，行为有外在和内在两种不同的表现与维度，我们在观察的时候，要结合外在行为和内在心理活动等来综合理解被观察者及观察到的事实。

（二）行为的特征

人类行为是复杂的，但是也有一些共性特征，正是这些共性特征让我们得以通过观察收集信息去推测和理解他者的行为。我们这里主要探讨可直接观察到的外在行为。一般来说，外在行为具有连续性、整合性、程序性的特征。[1]

1. 连续性

人类行为的连续性是指行为的发生是一个从起始到终止的连续过程。在这一过程中，外在行为与内在心理活动之间的连贯性使人的行为变得有迹可循，有时候，即使外在行为中断了，内在心理活动也不会因此中断或结束。因而，在观察某一种行为的过程中，只要将某个事件或某段时间作为样本来收集资料，就可以据此推测出整个过程的意义。[2]例如，小明在手工区折了一架漂亮的纸飞机，他看着纸飞机满意地点点头，并拿给老师看。在这个例子中，小明折了漂亮的纸飞机、看着纸飞机满意地点点头以及拿给老师看这三个行为之间是具有内在连续性的。小明看着纸飞机满意地点点头是因为他觉得自己折了一架漂亮的纸飞机，而后他拿去给老师看，是因为他对自己折的纸飞机感到很满意。

2. 整合性

整合性指的是人类行为产生时，人的面部表情和身体动作是高度整合的，人的面部表情和身体动作所表达的内在意义是一致的。如果人的面部表情和身体动作不能协调整合并表达出共同的意义，那么这极有可能是因为有心理问题才导致表现异常[3]，或者是经过长期的严格训练才具备的表演技能。例如，当我们感到高兴、快乐的时候，我们会嘴角上扬，会不由自主地舒展四肢，手舞足蹈。当我们感到紧张、恐惧的时候，会露出惊恐的眼神，身体会不由自主地往回缩，甚至整个人缩成一团。这些都是人类行为的整合性特征。而"皮笑肉不笑"等行为则是人们在日常生活中表现出来的具有表演性质的行为。

3. 程序性

程序性是指人类的行为会受到已有经验的影响。人的每一个行为的产生都不

---

① 施燕、章丽：《幼儿行为观察与记录》，11 页，上海，华东师范大学出版社，2015。

② 王晓芬：《幼儿行为观察与分析》，2 页，上海，复旦大学出版社，2019。

③ 王晓芬：《幼儿行为观察与分析》，2 页，上海，复旦大学出版社，2019。

是无缘无故的，每一个行为的产生都可以从个体已有的经验中获得相应的解释。[①]因此，当我们进行行为观察和解释时，如果能了解到被观察者的已有经验，我们就能更好地理解被观察者当下的行为表现。

综上可知，人的行为具有连续性、整合性、程序性三个特点。我们在行为观察、分析与解释的时候，可以结合行为的这三个特点来理解。

二、观察的含义、要素与分类

观察是我们认识、理解周围世界与环境的基本方法与途径。观察贯穿在我们的日常生活中，我们每天都在进行着各种有意识或无意识的观察。通过观察，我们可以认识和理解生活中的人际关系与社会行为规范，从而依据观察得出判断和结论来指导我们的具体行为。

（一）观察的含义

"观察"由"观"和"察"两个字组成，我们可以结合"观"和"察"两个字的含义来理解"观察"的含义。"观"的意思是看、察看，也包含对事物的看法和认识。在《说文解字》中："观，谛视也"，"观"的意思是凝视、审视；"察，复审也"，"察"的意思是仔细看、调查研究。"观"和"察"两个字结合在一起，指的是仔细地看、调查研究，并形成对事物的看法和认识。也就是说，观察不仅仅是在一般层面上运用感觉器官观看的过程，在这个过程中还要求我们运用一定的方法来仔细地看、调查研究，同时通过调动大脑积极思维的参与，来形成对事物的看法和认识。有学者指出："观察是人类认识周围世界的一个最基本的方法，也是从事科学研究的一个重要手段。观察不仅是人的感觉器官直接感知事物的过程，而且是大脑积极思维的过程。"[②] 由此可知，我们可以从以下几个层面来理解观察的含义：第一，观察是我们综合运用视觉、听觉、触觉等多种感觉器官来感知和认识事物的过程；第二，观察的过程蕴含着一定的科学方法，是我们运用相应的方法仔细地看、调查研究的过程；第三，观察包含着我们大脑加工的积极思维的过程，最终形成我们对事物的看法和认识。

（二）观察的要素

一般来说，观察包含注意、对象与背景、主观参与、判断和结论这四个基本要素。只有具备这四个基本要素，才能被称为一个完整的观察过程。

---

① 王晓芬：《幼儿行为观察与分析》，3 页，上海，复旦大学出版社，2019。

② 陈向明：《质的研究方法与社会科学研究》，227 页，北京，教育科学出版社，2000。

1. 注意

注意是我们的感官和思维选择的过程，即我们的感官和思维都集中在某一个经过选择的特定对象或事物上，以获取有关这一特定对象或事物的更多信息和资料。也就是说，当某一个对象或事物引起我们的注意时，观察也就随之开始了。[①]

2. 对象与背景

对象是相对于背景而言的，对象与背景存在于同一个时空之中，引起观察者注意的事物就是对象，与此同时，其他没有被观察者注意的事物则成为背景。[②]

3. 主观参与

主观参与是指观察者的个人经验、内在动机、情感、态度与价值观等主观因素对观察活动的影响。首先，每一个观察者在观察的过程中都不可避免地带有个人的主观因素。观察是一项特殊的活动，其特殊性在于观察者个人在一定意义上就是观察工具，并参与观察活动的整个过程。观察者不可能完全剥离个人经验、内在动机、情感、态度与价值观等主观因素而进行观察。其次，观察者个人的主观参与会影响整个观察过程。甚至可以说，观察者的主观参与伴随着整个观察活动的始终。在观察的初始阶段——注意，观察者的主观参与便开始对观察活动产生影响。由于不同观察者的个人经验、内在动机、情感等主观因素是不同的，因而，即使处于同一个情境之中，不同观察者的注意对象也会因人而异。例如，对于 A 观察者来说，在这一特定情境中引起其注意的观察对象，可能对于 B 观察者来说是习以为常的事物，甚至根本不会引起 B 观察者的注意。而且，由于不同观察者的主观参与不同，他们对同一个观察对象或事物的判断和结论也不尽相同。另外，观察者的主观参与会影响观察的客观性。如果观察者完全根据个人的主观参与来记录、描述所观察到的现象，并进行分析、解释，就有可能损害到观察的客观性，甚至会使我们的观察严重偏离事实。因而，观察者要始终保持清醒、谨慎，尽可能做到客观、翔实地记录观察到的事实，并且如实记录个人的感受、思考和判断等，避免主观因素可能对观察造成的影响。只有这样才有可能最大限度地保持观察者在观察活动中的客观性。

4. 判断和结论

在观察过程中，观察者根据观察到的客观事实以及个人的主观参与，对观察对象及其行为进行解释或赋予意义的过程，就是判断。每一次观察都会形成相应的判断，有时候观察者的判断就是观察者形成的结论，有时候可能只是初步的想

---

① 王晓芬：《幼儿行为观察与分析》，3 页，上海，复旦大学出版社，2019。
② 王晓芬：《幼儿行为观察与分析》，3 页，上海，复旦大学出版社，2019。

法，有待进一步的观察和验证，并形成最终的结论。值得注意的是，由于具备良好的观察条件，有的观察可以进行持续地验证，所形成的结论也是经过严谨、科学地论证的。而有的观察可能受到主、客观条件的限制，没有机会进行下一步的验证，所形成的结论就只能是未经论证的初步想法。

下面，我们结合一个具体的观察案例来进一步认识观察的四个基本要素。

案例 1-1-1

日常观察（观察者：李老师）

我搭乘电梯时刚好站在电梯按钮旁边，电梯上行到 3 楼时停下来，电梯门打开，走进来一名女士。这名女士把手伸过来，用手中的钥匙按电梯按钮。看到她是用钥匙按按钮，我觉得这名女士很注重个人卫生防护。她用钥匙按了按钮，按钮 9 的一圈红灯亮了起来。她又按了一个按钮，按钮 11 的一圈红灯亮了起来。这时她停了一下，又用钥匙长按了按钮 9 和按钮 11 进行消除，9 和 11 这两个按钮的红灯熄灭了。我想这名女士还真是有点奇怪，她在上电梯之前没想好自己要去哪一层吗？还是没注意看？或者临时改变了主意？我的楼层到了，我出了电梯，后面的情况如何我就无从得知了。

在案例 1-1-1 中，一名女士用钥匙按电梯按钮的行为引起了李老师的注意，她的注意停留在这位女士按电梯按钮的动作上。此时，这名女士成了她的观察对象，而电梯间里的其他人则成为观察的背景。她继续观察这名女士的行为，女士连续按两个按钮又进行消除的行为使李老师产生了疑惑，李老师由此初步形成了几个判断，这几个判断与她的主观经验有关，也体现了她在观察过程中的主观参与。但是因为没有与被观察者进一步交流，这些判断难以进行验证，只能形成一个初步的想法，或者说这个观察的结论是有待验证的想法。

（三）日常观察与专业观察的区别

日常观察是相对于专业观察而言的。日常观察是观察者因个人兴趣而对生活中的现象进行随意的观察。一般来说，日常观察具有以下特征。第一，从观察缘起来说，日常观察常常是因观察者个人的兴趣、好奇心或经验而引发的，不是围绕一定的观察目的或研究主题而展开的。第二，从观察目的来看，大部分的日常观察没有预先设定的目的，缺乏计划性，在日常生活中随时可能发生，相对随意。有时候日常观察也有一定的目的性，如你刚到某地需要观察一下地形、位置等。

第三，从观察过程来看，观察者本人就是观察工具，观察者一般不会特意采用观察工具和仪器作为辅助。同时，在观察过程中，观察者可能只注意到了事物、现象或行为的某些方面，观察到的事实可能只是偶发事件，不能代表被观察者的典型状况。第四，观察所形成的判断常常是观察者在观察过程中形成的初步判断，不一定准确，常常需要进一步的验证，如上述案例 1-1-1 所述。第五，观察者较少对观察过程及观察到的客观事实进行反思。例如，观察者较少去思考和探究观察过程是否科学、观察到的信息是否准确、做出的观察判断是否具有主观性等。[①]

专业观察是为了职业要求或科学研究而进行的观察，是有明确目的、计划安排、有一定控制和严格记录的观察。一般来说，专业观察具有以下特征。第一，从观察缘起来说，专业观察一般是由于职业要求或科学研究而展开的，围绕具体的研究主题所进行的观察。第二，从观察目的来看，专业观察事先有明确的观察目的，一般会提前制订观察计划，明确观察程序，并做好观察准备。第三，从观察过程来看，观察者会使用专业的观察方法、观察工具，甚至专业的观察仪器来收集和记录观察资料。在观察过程中，观察者会尽可能地关注与观察目的有关的所有行为和现象，尽可能地收集更全面、更具有代表性的资料。第四，观察者在收集资料后会经过科学、严谨地分析再形成判断和结论。首先在现有资料的基础上形成初步的判断和假设，其次经过下一轮的观察继续收集资料来验证假设，最后形成结论。第五，观察者常常对观察过程、观察资料和观察结论进行反思，形成"观察—判断与结论—反思—再观察"这样循环往复的过程，直至针对收集到的客观资料得出合理的、可验证的结论。[②]

总的来说，日常观察和专业观察在观察缘起、观察目的、观察过程、观察结论、观察反思等方面上存在区别，详见表 1-1-1。

表 1-1-1　日常观察与专业观察的区别

	观察缘起	观察目的	观察过程	观察结论	观察反思
日常观察	个人的兴趣、好奇心或经验	没有预先设定的目的，缺乏计划	随意性较强，缺少观察工具和科学的观察方法	初步判断，需要进一步验证	较少进行反思
专业观察	职业要求或科学研究	有明确的观察目的，提前制订观察计划	有专业的观察工具和仪器，有专业的观察及记录方法	在资料分析基础上形成判断和结论	主动反思和验证

① 李晓巍：《幼儿行为观察与案例》，4 页，上海，华东师范大学出版社，2017。
② 李晓巍：《幼儿行为观察与案例》，4 页，上海，华东师范大学出版社，2017。

三、婴幼儿行为观察的含义、特征与分类

（一）婴幼儿行为观察的含义

婴幼儿行为观察是指观察者依据一定的观察目的，采用专业的观察工具，有计划地进入自然情境中对婴幼儿特定的行为进行观察、记录和分析，从而获取相应的研究资料的方法。[①]

（二）婴幼儿行为观察的特征

1. 婴幼儿行为观察是一种有目的、有计划的观察

首先，婴幼儿行为观察是观察者围绕一定的观察目的所展开的观察活动，而不是日常生活中的随意观察。观察者依据特定的观察目的来收集相应的资料，根据收集的资料进一步分析和理解婴幼儿的行为，进而为婴幼儿行为指导提供有针对性的建议。例如，幼儿园新转来一名有听力障碍的幼儿，为了了解这名幼儿的语言和听力的具体情况，幼儿园教师将围绕这个目的对其进行观察。

其次，婴幼儿行为观察是有计划的观察，观察者在观察之前会对观察的步骤、途径、方式、工具等进行一定的设计，充分考虑观察什么，采用什么观察方法和观察工具，在哪里、什么时候观察，等等。[②] 这些都体现了观察的计划性。

2. 婴幼儿行为观察会采用专业的观察工具和观察方法

为了更加客观、全面地收集到相应的观察资料，在观察婴幼儿行为的过程中，观察者除了使用各种感官外，还利用观察记录表、观察仪器等专业的观察工具辅助观察。在科学研究中，研究工具与研究方法是相辅相成的，因此，在观察过程中，采用何种观察方法进行观察和记录也是非常重要的。一般来说，婴幼儿行为观察可以采用描述性观察方法、取样观察方法、评定观察方法，根据不同的观察目的、观察情境和资料分析方式所采用的观察方法有所不同，所以观察者在制订观察计划时，应充分考量采用何种观察方法或综合采用哪几种观察方法以更好地达到观察目的。

3. 婴幼儿行为观察是在自然情境下的观察

婴幼儿的行为是在一定的情境下自然发生的，对婴幼儿行为的观察也应尽可能地在自然情境下进行，这样可以确保收集到关于婴幼儿行为的资料的客观性与真实性。一般来说，婴幼儿在自己熟悉的情境中，其行为是自然而然地发生的。但是，如果婴幼儿所在的环境中突然出现一位外来者、陌生人，这时的情境就会

---

① 王晓芬：《幼儿行为观察与分析》，4 页，上海，复旦大学出版社，2019。
② 王晓芬：《幼儿行为观察与分析》，5 页，上海，复旦大学出版社，2019。

发生微妙的变化，婴幼儿的行为可能会受到相应的影响。例如，小班的幼儿正坐在椅子上听教师讲绘本故事，这时教室里走进来几位前来观摩学习的教师，幼儿的听讲行为可能会随之发生一定的变化，或许有的幼儿出于好奇心会时不时地转过头来看看这几位"陌生人"，也可能会一直盯着进来的几位"陌生人"看。那么，在这次绘本讲述的教学活动中，观察者所观察到的幼儿听讲行为与自然情境下的幼儿行为有一定的差别，并非幼儿在日常绘本讲述活动中的真实行为表现。因此，观察者在观察婴幼儿的行为时应充分考量自然情境对观察结果的影响，并应尽可能在自然情境下观察婴幼儿的行为并收集资料。

（三）婴幼儿行为观察的类型

根据不同的划分依据，可以把婴幼儿行为观察划分为不同的类型（见表 1-1-2）。

表 1-1-2　婴幼儿行为观察的类型

分类维度	观察方法的类型
观察记录的结构性质和控制维度	正式观察、非正式观察
观察者是否参与观察对象的活动	参与式观察、非参与式观察
观察对象的数量	个别观察、群体观察
观察的方法	描述性观察、取样观察、评定观察
观察数据取得的条件	自然观察、实验观察
观察的持续时间	单次即时观察、多次连续观察

1. 正式观察和非正式观察

根据观察记录的结构性质和控制程度，可以把观察划分为正式观察和非正式观察。正式观察又称结构性观察，是基于观察目的，对观察的内容、程序、记录方法进行细致、严谨地设计，并严格依照预先设定的观察设计进行观察和收集资料，对观察资料进行科学分析并得到观察结果的方法。一般来说，事件取样、时间取样、行为检核、等级评定都属于正式观察的范畴。[1]

非正式观察又称非结构性观察，非正式观察没有预先设定的观察目的和观察计划，是观察者在无意中发现并进行的观察，这类观察比较灵活、机动，但是观察到的现象和收集的数据可能难以量化处理。一般来说，日记描述、轶事记录都属于非正式观察。[2] 案例 1-1-2 是一位学前教育专业大学生在幼儿园实训期间观察

---

① 王晓芬：《幼儿行为观察与分析》，5 页，上海，复旦大学出版社，2019。
② 王晓芬：《幼儿行为观察与分析》，5 页，上海，复旦大学出版社，2019。

和记录的轶事，是观察者在无意中发现并记录的事件。

案例 1-1-2

幼儿姓名：小范　　性别：男　　年龄：5 岁

观察时间：2020 年 12 月 7 日

观察地点：深圳市某幼儿园中班积木区

观察者：学前教育专业大学生 梁清清

在今天中午的区域活动时间，小范最开始选择在操作区玩游戏。他在操作区拿到一个类似子弹的东西，是实心的，有一定的重量。他将它拿到积木区与其他小朋友一起玩，并将它抛了起来，从一个小朋友身边滑过。配班老师看到了这一危险的行为，上前问他："这是哪个区的材料，你现在拿着它在哪个区呢？"小范说："这是操作区的材料，我拿过来的。""材料是不可以从它本来的区域拿出来的，对吗？而且这个东西拿起来挺重的，你将它往上抛，差点就砸到别的小朋友的脑袋了。"小范不说话，看着老师。"答应老师以后不要把材料拿到别的区域好吗？还有，东西不能乱抛哦。""嗯嗯，好。""那我们拉钩吧。"小范微笑着伸出手来跟老师拉钩。"拉钩上吊，一百年不许变，谁变谁是小狗。"拉钩之后，老师对小范说："好了，你去玩吧。"

这则观察记录是观察者在幼儿园实训时无意中发现的事件，观察者看到一名幼儿将一个类似子弹的实心物体向上抛，配班老师在看到之后与幼儿交流并及时制止。观察者认为教师的处理方式是恰当的，体现了以儿童为中心的教育理念，她认为这是值得关注的师幼互动，并进行了即时的观察和记录，她在观察前没有预先设计观察目的和观察计划，属于非正式观察。

2. 参与式观察和非参与式观察

根据观察者是否参与观察对象的活动，可以把观察划分为参与式观察和非参与式观察。参与式观察是指观察者不同程度地参与到被观察者的群体或组织中，共同生活并参与日常活动，从内部观察并记录观察对象的行为表现与活动的过程。[①] 由于观察者融入被观察者的群体或组织中，以"局内人"或"参与者"的身份进行暗中观察，被观察者可能察觉不到自己正在被观察，因而被观察者的行为是在自然情境下发生的，被观察者的行为表现不会因观察者的到来及其观察活动

---

① 王晓芬：《幼儿行为观察与分析》，6 页，上海，复旦大学出版社，2019。

而受到影响。由于观察者长期参与到被观察者的活动中，对被观察者的活动和内部文化会有更加深入的了解，观察者可以深入观察婴幼儿的行为，也可以更加深入、透彻地分析所观察到的现象。

非参与式观察是观察者以"局外人"或"旁观者"的身份来实施观察活动，观察者没有进入或介入被观察者的活动中，也不干预被观察者活动的开展和进行。[①] 在非参与式观察中，观察者相对客观、冷静，但由于观察者没有深入被观察者群体或参与被观察者的活动中，观察可能仅停留在表面，难以获得深入的研究发现。另外，如果观察者是被观察者不熟悉的"局外人"，那么观察者出现在观察现场，在一定程度上会改变当时的活动情境，进而影响被观察者的行为表现。

案例 1-1-3 是一位学前教育专业大学生在幼儿园实训期间做的观察记录，她参与到幼儿搭建积木桥的活动中，并对幼儿进行相应的引导。这则观察记录体现了她是如何以"参与者"的身份进行参与式观察的，见视频 1-1-1。

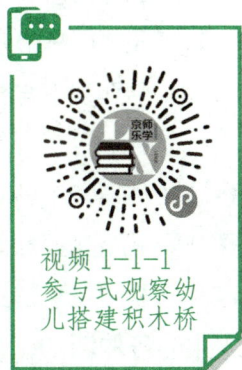

视频 1-1-1
参与式观察幼儿搭建积木桥

案例 1-1-3

观察对象：小金（男）、小健（男）

观察日期：2020 年 12 月 11 日上午 9：00 区域活动时间

观察地点：深圳市某幼儿园中一班

观察者：学前教育专业大学生　廖金秋

这是两个小朋友在操作区一起搭积木墙的观察记录。刚开始的时候，小金一个人在搭建积木墙，他把积木按照顺序一个个地搭起来，他先把积木镶嵌在墙两边柱子的格子里再搭中间的积木。小健也想要加入这个游戏，我建议小金将搭积木墙的模型放到两个人的中间一起合作。在两个人合作的时候，小金只搭了一会儿，就拿起一旁配套的角色玩具玩起来，他和小健说游戏的规则："如果这个不倒翁放在搭好的墙上，掉不下来，我们就赢了，掉下来，我们就输了。"在小金说规则的时候，小健一直在搭墙，这个时候我询问他们这个游戏怎么玩，他说："将这个墙搭好，然后将不倒翁放上去，接着用小铲子将积木一个个地铲掉。"我接着说："那你们俩搭好后，演示给我看看是怎样将这个墙一个个地铲掉的？"一开始，小金用一只手拿着不倒翁，用另一只手拿着积木和小健一起搭墙，后来他就放下了

---

① 王晓芬：《幼儿行为观察与分析》，6 页，上海，复旦大学出版社，2019。

手中的不倒翁,认真参与搭墙的游戏。过了一会儿,两位小朋友用完所有的积木块,他们的墙也就搭好了。

在案例 1-1-3 中,观察者是在幼儿园参加实训的学前教育专业大学生,她作为幼儿园的教师直接参与到幼儿的活动中,观察者也适时地与幼儿互动并引导幼儿参与游戏,可知观察者是在与幼儿共同活动时所进行的观察,属于参与式观察。而案例 1-1-2 是一项非参与式观察,观察者以旁观者的身份来记录幼儿行为及师幼互动情况,在整个观察过程中观察者都没有介入到她自己所记录的活动当中。

3. 个别观察与群体观察

个别观察与群体观察是根据观察对象的数量来划分的一种观察类型。个别观察是针对某一个特定的幼儿实施观察的一种方法。观察者可以针对特定个体或特殊个体(如孤独症幼儿、注意缺陷多动障碍幼儿、天才幼儿等)采用个别观察的方法。群体观察是指研究者针对某一个群体所实施的观察,并记录在这一群体中发生的各种活动和行为。[①] 案例 1-1-4 与案例 1-1-5 分别是个别观察和群体观察的案例。

案例 1-1-4

个别观察

观察对象:小凯　性别:男　年龄:3 岁半

观察时间:2020 年 12 月 8 日下午

观察者:学前教育专业大学生　杨舒彤

今天我第一次见到小凯小朋友,昨天他请假了,今天才来幼儿园。下午户外活动结束后,老师组织幼儿喝水。其他小朋友在喝完水后排队领下午茶,小凯还在喝水。因为他平时不愿意喝水,老师叫他要先喝完水,之后才能吃下午茶。3 分钟过去了,他终于把水喝完,他拿了面包和燕麦牛奶,慢慢地走到自己的位置上。他先吃面包,一口一口地吃,动作很慢。其他小朋友都吃完了,他嘴里还在嚼着面包。快到离园时间了,老师开始播放音乐视频,小凯一边嚼着面包一边看视频。我走过去问他:"你要不要喝燕麦牛奶?"他没有看我,也没有说话,只是用勺子搅拌着燕麦牛奶,舀起一勺后又倒掉,一直重复着这个动作。因为燕麦牛奶快凉了,我就舀起一勺去喂他,他直接把头转到另一边。保育老师在收拾桌子,问他:"你

---

① 王晓芬:《幼儿行为观察与分析》,6 页,上海,复旦大学出版社,2019。

还要不要喝？"他还是没有回答。最后老师只能把燕麦牛奶倒掉了。

群体观察

观察对象：深圳市某幼儿园中三班全体幼儿

观察时间：2020 年 12 月 14 日

观察地点：幼儿园教室内的木工区

观察者：学前教育专业大学生　赖佳琪

今天中三班的小组活动课是制作雨水收集器。在活动前，老师问小朋友们："可以用什么来制作雨水收集器呢？"小朋友们都说了自己的想法："矿泉水瓶、竹筒、水管……"老师根据幼儿园里已有的材料选择了矿泉水瓶和塑料水管。

制作雨水收集器的第一步是将矿泉水瓶钻孔。老师先在矿泉水瓶上画好预留的位置，然后拿电钻来钻。小朋友们围在旁边瞪大眼睛看老师是如何操作的。有的小朋友大声地喊道："老师，这个好像龙卷风的样子，特别快。"老师边钻边回答："对呀，这个电钻充满了电，所以威力特别大。我们都要小心一点才好。"小朋友们听到老师的话后都后退了两步，说："对，我们要离远一点，电钻很危险。"

老师用电钻把每一个矿泉水瓶都钻出了孔，教小朋友们怎样把它和塑料水管串起来。老师用一只手拿起一根塑料水管，用另一只手举起一个矿泉水瓶："我们试一下把塑料水管穿进孔里，这样我们就可以做成一个雨水收集器。"小朋友们一起看老师是怎样做的，并模仿老师的动作。

老师把小朋友们分成了两组，他们分别拿矿泉水瓶和塑料水管两种材料。每两个小朋友结成一对，先把塑料水管和矿泉水瓶连接起来，再用绳子一个接着一个地把矿泉水瓶穿起来，雨水收集器就做成功啦！小朋友们都跑到了宝藏区，试着把雨水收集器放到合适的位置。

一个小朋友跳着说："这个收集器好像一辆火车，特别特别长。"其他的小朋友说："我觉得这像一条蛇""我觉得像蚯蚓"……每个小朋友都说着他们自己认为的雨水收集器像什么样子，并且把他们想象中的雨水收集器画到了纸上。做完雨水收集器后，小朋友们将使用过的材料都搬回到木工区。

阅读上述两个案例可知：案例 1-1-4 是观察者针对一个特定的幼儿展开的观察记录，属于个别观察；案例 1-1-5 是观察者针对某班多名幼儿的观察记录，属于群体观察。

4. 描述性观察、取样观察与评定观察

观察可分为描述性观察、取样观察与评定观察。[①] 描述性观察是指在观察过程中采用文字描述为主的方式记录所观察到的婴幼儿行为与现象的一种观察方法。常见的描述性观察主要包括日记描述法和轶事记录法两种类型。

取样观察是指依据一定的行为标准选取被观察对象的某些行为表现实施观察记录，或选取特定的时间段进行婴幼儿行为观察记录的一种观察方法。常见的取样观察主要包括事件取样和时间取样两种类型。

评定观察是观察者基于对婴幼儿的观察与了解，对其行为做出评定的一种观察方法。常见的评定观察主要包括行为检核法和等级评定法两种。

本书的第二章至第四章将重点介绍这三种观察方法。

5. 自然观察和实验观察

根据观察数据是在自然条件下取得的，还是在人为干预和控制条件下取得的，可将观察分为自然观察和实验观察。自然观察是观察婴幼儿在自然状况下表现出来的行为，观察者不应以自身的活动影响被观察者的行为。自然观察的优点在于能研究在自然情境中实际发生的行为。不足之处有以下两点：一是观察者可能存在影响观察对象的行为；二是在观察期间，那些不经常发生的行为或不被社会赞许的行为不一定出现。实验观察是指观察者设置实验情境来进行婴幼儿行为观察。实验观察通常会在专用观察室中进行。专用观察室，即婴幼儿行为观察实验室，一般用单向玻璃分隔为两个空间，较大的一间为游戏室／实验室，摆放玩具设施或设置实验情境，提供婴幼儿活动空间。游戏室／实验室一般会以柔和的颜色装饰，地板上一般铺有地毯或者游戏垫，会放置矮柜陈列各种玩具或实验设备（如沙盘或感统训练教具等）以供婴幼儿活动使用。空间较小的、狭长的一间为观察室，通常配备有电脑和用来观察记录的电子设备。观察者在观察室中可以通过单向玻璃直接观察婴幼儿的行为。为方便、全面地观察和记录婴幼儿的行为，一般在实验室内天花板等角落安装有摄像、录音装置。不同角落的摄像装置可以从不同角度记录婴幼儿的行为表现。观察者可以通过观察室中电脑上相关的程序软件，多角度观察和记录婴幼儿的表现，也可以下载婴幼儿行为的观察视频。观察室提供了一个标准化的环境，使婴幼儿有机会表现出目标行为；实验观察是用来观察不经常出现的行为和不被社会赞许的行为的良好方法，如利益分配研究、测谎研究等。实验观察的不足之处在于其不能捕捉到婴幼儿在自然情境中的行为。值得注

---

① 王晓芬：《幼儿行为观察与分析》，8 页，上海，复旦大学出版社，2019。

意的是，在专用观察室中进行的观察不一定就是实验观察，为了避免观察者在现场观察中对婴幼儿的活动造成干扰，也可以利用观察室进行自然观察，不在观察室中设定特定的实验情境，而是让幼儿在观察室中表现出自然行为，如游戏行为、同伴互动行为、师幼互动行为等。

6. 单次即时观察和多次连续观察

根据观察持续时间的不同，可以把观察分为单次即时观察和多次连续观察。单次即时观察是指观察者在较短的时间内对婴幼儿行为进行一次性观察。单次即时观察可以使观察者在较短时间内收集与婴幼儿行为相关的资料，但是所获得的观察资料通常是比较片面的、浅显的。多次连续观察是观察者在较长时间内对婴幼儿行为进行持续观察。例如，日记描述法是在一段较长的时间内连续对同一个体或婴幼儿群体实施的追踪观察与记录，观察者可以获得关于婴幼儿行为的较为全面、深入的信息。[①]

第二节　婴幼儿行为观察的意义与价值

婴幼儿行为观察是对婴幼儿的特定行为进行专业观察。基于观察，我们能够进一步分析和理解婴幼儿的行为，以期进行有针对性的教育指导。因此，婴幼儿行为观察对于增进对婴幼儿的理解、提升幼儿园课程与教育的质量、促进幼儿园教师的专业发展都具有重要的意义。

一、增进对婴幼儿的理解

"人类的大脑毕竟是神秘的，而且在很大程度上可能会永远如此……我们如何确定另一个人脑袋里是什么样呢？有很多人的说法使人觉得好像我们可以像列举手提箱中的物品一样，很容易、很精确、很彻底地测量并列举出其他人脑袋里的东西。"[②] 实际上，一个人要想理解另一个人的想法和行为，是非常困难的，没有人能够完全真正地理解另一个人。同样地，要理解婴幼儿的想法与行为也是非常复杂和困难的。特别是，婴幼儿的动作能力、语言能力、认知能力等方面处于从不成熟到不断成熟的阶段，他们的行为容易受到其所处环境及个人情绪等多方面

---

① 王晓芬:《幼儿行为观察与分析》，9 页，上海，复旦大学出版社，2019。

② [美] 约翰·霍特:《孩子是如何学习的》，5 页，张雪兰译，北京，北京联合出版公司，2016。

的影响，由此他们表现出的行为更不易被成人所理解。[1] 婴幼儿行为观察是对特定的婴幼儿行为展开科学、专业的观察，基于专业观察所获得的资料，有助于分析和解释婴幼儿的行为，从而增进对婴幼儿行为的理解。

（一）理解婴幼儿的行为

对婴幼儿的行为进行观察是了解和理解婴幼儿行为的最直接、最有效的方式。通过对婴幼儿行为的观察，以及客观、详细地记录他们外在的行为表现，可以帮助我们结合婴幼儿的个性特点和行为模式，推测婴幼儿行为背后的内在动机、愿望、情绪等内在意义[2]，以增进我们对婴幼儿行为的理解。

幼教故事

两个 2 岁的男孩一起在地板上玩，他们把玩具小轿车和小卡车推来推去，玩得很开心。过了一会儿，其中的一个男孩拿起一个相当重的金属卡车，看着另一个男孩，脸上露出思索的表情……过了一会儿，这个看上去很平静的小男孩，用卡车打了另一个男孩的头。被打的那个男孩惊诧地抬起头来，因为疼痛和惊慌而突然哭叫起来。第一个小男孩不解地看着他，越来越难过（尽管他的父亲出于某种原因并没有采取行动惩罚他或者责备他）。被打的男孩的大叫和眼泪看起来超过了他预期的结果。他自己没有哭，但很显然被吓着了，而且很不开心。

——参见约翰·霍特：《孩子是如何学习的》，15～16 页，

张雪兰译，北京，北京联合出版公司，2016。

在这则故事中，我们可能很难理解为什么在一起平静地玩耍的两个小男孩，其中一个男孩会突然拿起卡车打另一个男孩的头。而且这个打人的 2 岁男孩由于语言表达能力有限，可能难以向大人解释清楚自己为什么会突然打人。也许有人会将这个小男孩的行为定义为攻击性行为，认为他具有攻击性倾向。然而，约翰·霍特根据对两个小男孩的观察认为，男孩的这种行为也许可能是带有"试验性质"的，也许是一种想看看会发生什么事的无法抑制的冲动。[3] 他的这种解释帮助我们在某种意义上更好地理解了这个打人的小男孩的行为。不过，对于这个小男孩当时究竟是怎么想的、我们如何理解他的行为，约翰·霍特只是提供了帮助

---

① 李晓巍：《幼儿行为观察与案例》，6 页，上海，华东师范大学出版社，2017。

② 李晓巍：《幼儿行为观察与案例》，6 页，上海，华东师范大学出版社，2017。

③ [美]约翰·霍特：《孩子是如何学习的》，16 页，张雪兰译，北京，北京联合出版公司，2016。

我们理解小男孩的行为的其中一种解释，真相究竟为何，我们已无从得知了。

由于婴幼儿行为本身的复杂性以及他们的语言能力有限等限制，成人难以通过与婴幼儿直接沟通的方式来理解他们的行为及其背后的动机、意图。卢梭曾说："儿童有他特有的看法、见解和感情，如果用成人的看法、见解和感情去代替它们，那简直愚不可及。"[①] 因此，对婴幼儿行为的理解不能仅凭成人的主观看法和判断，必须建立在对婴幼儿行为客观的、长期的观察基础之上。对婴幼儿行为进行观察可以收集更多与婴幼儿外在行为相关的信息、线索，从而推测、判断、分析和理解婴幼儿的行为。

（二）理解婴幼儿的兴趣、需要

婴幼儿的兴趣和需要在很多时候会直接表现在其行为上，他们对什么东西感兴趣，往往投入更多的时间和精力，因此，通过对婴幼儿行为的观察，我们可以较好地了解婴幼儿的兴趣和需要。

例如，婴幼儿在哪个区域中停留和玩耍的时间更多，证明他们对这个区域的材料比较感兴趣。教师可以通过观察和记录不同婴幼儿在不同区域停留及玩耍的时间、次数，从而了解婴幼儿对不同区域材料的兴趣，为更新及替换婴幼儿不感兴趣的材料提供参考，更好地发挥区域材料促进婴幼儿发展的作用。

当然，教师可以在每天的区域活动中都做这样的观察记录，收集更多关于不同婴幼儿在不同区域选择的材料，通过具体的量化处理和数据分析，总结出不同婴幼儿对不同区域材料及对应活动的兴趣。表1-2-1是一名学前教育专业大学生根据深圳市某幼儿园中班22名幼儿3天的区域选择情况做的区角活动检核表。

对中班22名幼儿3天的区域活动的观察记录数据进行量化统计可知，在这3天中，幼儿选择最多的区域是美工区和串珠区，分别达到10人次和8人次，说明很多幼儿对这两个区域感兴趣。选择语言区和情绪角的幼儿较少，都只有2人次，说明在这3天中，较少幼儿对这两个区域感兴趣。另外，从这个观察记录中，我们还可以了解到幼儿的兴趣变化，小乐等11位幼儿3天选择的都是不同的区域，小瑛等8位幼儿有2天选择的是同一个区域（见表1-2-1）。

---

① 陈帼眉、姜勇：《幼儿教育心理学》，9页，北京，北京师范大学出版社，2007。

表 1-2-1　中班幼儿区角活动检核表

观察地点：深圳市某幼儿园　观察日期：2020 年 12 月 22—24 日　观察者：廖金秋

姓名	内容												备注
	语言区	美工区	串珠区	科学区	操作区	植物角	娃娃家	雪糕餐厅	积木区	创意角	剪纸区	情绪角	
小瑛		✓o										Δ	
小乐		✓	Δ							o			
小旭			✓	o				Δ					
慧慧		oΔ	✓										
琳琳		✓Δ					o						
语妍		oΔ		✓									
小贺					Δ								请假
小源		o				✓Δ							
芝芝		✓	o										12 月 24 日参加小组活动
小娴							✓			Δ	o		
欣欣		o	Δ					✓					
丽娅		o	Δ					✓					
小峰					o		✓	Δ					
鹏鹏			✓	Δ					o				
小钦				o			✓		Δ				
哲哲									Δ				请假
俊俊	Δ					✓		o					
凡凡	Δ					✓		o					
楚楚								✓			oΔ		
小娟											✓o		12 月 24 日参加小组活动
初夏		✓					oΔ						
小军					o					✓		Δ	

（注：12 月 22 日记录"✓"；12 月 23 日记录"o"；12 月 24 日记录"Δ"）

（三）了解婴幼儿的学习方式与特点

婴幼儿的学习方式存在个体差异性，不同婴幼儿有不同的学习方式与学习特点。有些婴幼儿倾向于通过视觉的方式来学习，有些婴幼儿倾向于采用听觉或触觉的方式来学习。[①] 如果能对特定婴幼儿的学习行为进行长期跟踪观察与记录，就能更好地了解他们的学习方式与学习特点，从而采取更符合婴幼儿学习特点的教育指导策略，更好地促进婴幼儿的学习与发展。

幼教故事

今天早晨，莉萨弯腰去捡一个气球，就在这时，一阵风吹过来，把气球吹到了地板的另一边。莉萨看着气球飘了过去。当气球停下来后，她走到气球旁边，向它吹了口气，好像想让气球跑得更远一些。这让我大为惊奇。这么小的孩子能把风吹动物体的能力和他们自己吹动物体的能力联系起来吗？很显然，他们能。

——参见约翰·霍特：《孩子是如何学习的》，4 页，
张雪兰译，北京，北京联合出版公司，2016。

在这则故事中，莉萨（28 个月）吹动气球的行为其实就是她学习的过程，她通过观察发现风可以吹动气球，然后尝试自己吹动气球。在这个过程中，她在探索自己吹动气球的能力，同时将自己吹动气球的能力与风吹动气球的能力进行了联系和比较。所以，在观察婴幼儿行为的过程中，成人可以进一步分析和理解婴幼儿的学习方式与学习特点，为婴幼儿的教育与指导提供更有针对性的建议。

（四）了解婴幼儿的发展水平

心理学、教育学等学科的研究成果为人们了解和理解婴幼儿的发展提供了许多理论视角与数据资料，帮助人们更科学、全面地了解婴幼儿在不同年龄阶段的身心发展水平。然而，有关婴幼儿发展的研究并不是"一把尺子"，也不可能被视为"尺子"来衡量所有婴幼儿的发展。要真正了解婴幼儿的发展水平，还需要结合具体情境对他们的行为进行观察，分析、解释，只有这样才能更合理地了解他们当下的发展水平。

例如，幼儿园教师想了解 4～5 岁幼儿数学能力的发展，可以设计幼儿数学能力检核表，通过评定、观察来了解和分析幼儿数学能力的发展。表 1-2-2 是一名学前教育专业大学生对一个 4 岁幼儿的数学能力的观察记录。

---

① 陈帼眉、姜勇：《幼儿教育心理学》，14 页，北京，北京师范大学出版社，2007。

表 1-2-2　4 岁幼儿数学能力检核表

幼儿姓名：杰天　　　观察日期：2020 年 12 月 23 日　　　观察者：廖金秋

题项	是	否
1. 当老师说出下列形状的名称时，幼儿能把形状挑出来。		
圆形	✓	
正方形	✓	
三角形	✓	
长方形	✓	
半圆	✓	
扇形	✓	
2. 能从 1 数到 10。	✓	
3. 能进行一一对应。		
两个物体	✓	
三个物体	✓	
五个物体	✓	
十个物体	✓	
4. 对下列关系能够了解。		
大于	✓	
小于	✓	

　　由上述观察记录表及检核表可知，幼儿园教师可以通过运用评定观察法对幼儿的数学能力进行观察、记录和分析，了解特定幼儿在某项具体的数学能力方面的发展水平。

　　当然，教师还可以运用多种观察方法来了解幼儿在不同方面的具体发展水平。总的来说，婴幼儿行为观察为我们了解婴幼儿的发展水平提供了科学、有效的方法。

视频 1-2-1
对 4 岁幼儿的数学能力的观察

二、提升幼儿园课程与教育的质量

　　幼儿园课程是指在幼儿一日生活活动中，帮助幼儿获得有益的学习经验，促进其身心全面、和谐发展的各种活动的总和。[1]幼儿园课程目标的制订、课程内

①　王春燕：《幼儿园课程概论》，14 页，北京，高等教育出版社，2014。

容的选择与组织、课程的实施、课程的评价等不同阶段，都需要将关于幼儿身心发展的实际观察结果作为重要参考依据，这样才能更好地提升幼儿园课程的质量。总的来说，与幼儿实际需要和兴趣相适宜的课程可以有效地促进其身心发展。

（一）为幼儿园课程目标的制订、课程内容的选择与组织提供依据

幼儿园课程的基本职能是促进幼儿身心全面、和谐发展，因而幼儿园在制订课程目标、选择和组织课程内容时必须关注幼儿目前的发展状况，关注幼儿的发展需要与兴趣、认知与情感、社会化过程及个性形成等方面的规律与特点，从而确定什么目标和内容是与幼儿发展相适宜的，什么目标和内容是不适宜的。这些目标和内容的确定，都可以在实际的幼儿园活动中通过观察幼儿的身体动作、认知、情感及社会性等各个方面的表现收集数据资料来进行分析、整理、归纳、总结。[①] 因此，对幼儿进行观察与分析，可以为幼儿园课程目标的制订、课程内容的选择与组织提供科学依据，更好地提升幼儿园课程与教育的质量。

例如，案例1-2-1，教师在"寒露到，蔬果熟"节气主题活动开展之际，为了更好地观察、了解幼儿的已有经验，支持幼儿进一步探索，特意设置"节气桌"的小组活动，并进行观察，来了解幼儿的发展水平、情绪状态、对蔬果探索活动的兴趣、已有经验等，并分析其需要关注、支持之处，以合理制定教学活动的目标，见视频1-2-2。

案例1-2-1
"寒露到，蔬果熟"主题活动观察与分析

视频1-2-2
"寒露到，蔬果熟"主题活动观察

（二）为幼儿园课程实施创造条件

幼儿园课程实施是幼儿园教师根据课程目标、课程计划实施教育教学活动的过程。目前幼儿园课程实施多提倡课程创生取向，强调教师是课程的开发者。课程创生取向将课程看作教师与学生联合创造的教育经验，课程实施是在具体教育情境中创生新的教育经验的过程。[②] 课程创生取向要求教师根据具体教育情境中幼儿的表现、兴趣与需要及时对课程进行调整，结合幼儿的兴趣与需要来实施和开展课程，以使课程与幼儿的发展相适宜，更好地促进幼儿的身心全面、和谐发展。幼儿园教师在课程实施中全方位地对幼儿的行为与表现进行观察、分析，可以很

[①] 王春燕：《幼儿园课程概论》，45页，北京，高等教育出版社，2014。

[②] 王春燕：《幼儿园课程概论》，104页，北京，高等教育出版社，2014。

好地判断和了解幼儿的兴趣与需要，了解课程的设计与实施是否恰当，并以此来调整课程的实施与开展。综上可知，对幼儿进行观察与分析，可以为幼儿园教师实施和开展课程创造更好的条件。

（三）为幼儿园课程的评价奠定基础

幼儿园课程评价是评价者根据幼儿园课程的构成要素，收集、分析相关信息，对幼儿园课程的价值、适宜性、效益做出判断的过程。幼儿园课程评价的根本目的是通过对课程进行诊断，了解课程的适宜性、有效性，为进一步修正、调整和完善课程提供科学依据，从而提高课程与教育的质量，更好地促进幼儿的身心发展。[①] 幼儿园教师在课程的准备阶段、实施阶段和结束阶段等不同环节对幼儿的行为表现与参与情况进行细致、全面的观察，收集幼儿的课程参与情况以及师幼互动、幼幼互动等情况，有助于教师了解课程的适宜性和有效性，为教师进行课程评价提供充足的数据资料和依据。因此，幼儿园教师对幼儿的观察可以为课程评价提供科学依据。

三、促进幼儿园教师的专业发展

幼儿行为观察不仅有助于教师和家长了解幼儿的行为表现与身心发展水平，为幼儿园课程与教育活动的开展提供科学依据，而且是促进幼儿园教师专业发展的重要途径。一方面，幼儿园教师可以更好地了解幼儿的行为表现与课程参与情况，不断结合观察来反思自己的教育教学实践，改进保教工作，提升个人的保教技能和专业素养；另一方面，幼儿园教师可以将教学与研究相结合，针对个人在教学中发现的幼儿行为与发展问题进行持续的追踪观察，从而收集、整理和分析资料，撰写研究论文和研究报告，提升个人的教学与科研能力，促进个人的专业发展。

案例 1-2-2

娃娃家活动

观察对象：深圳市某幼儿园小班幼儿

观察时间：2020 年 12 月 9 日

观察地点：幼儿园教室内

观察者：学前教育专业大学生　杨舒彤

---

① 王春燕：《幼儿园课程概论》，128 页，北京，高等教育出版社，2014。

在今天早上的区域活动中，有4名小朋友去了娃娃家，主班马老师让我也进入娃娃家区域与他们进行平行游戏。一开始，第一个小朋友在扫地，第二个在做烤串，第三个在包饺子，还有一个在做饭。马老师让我引导他们到桌子旁游戏，我试探性地问了每个小朋友他们都在干什么，他们都回答了我。我坐到小凳子上，说："我好饿啊，有没有什么好吃的呀？"这时一个小男孩拿出了面条，我顺势说："要不我们来开一家餐厅吧，你们想当什么？"在做饭的小男孩过来了，说想当厨师，还找了一本菜单递给我，其他三个小朋友扮演服务员，而我扮演顾客。在游戏过程中，只有扮演厨师的小朋友比较清楚自己的角色，其他小朋友都在玩他们自己想玩的，没有真正投入"餐厅"这个游戏中。区域游戏时间快结束了，我叫他们收拾玩具，有个小男孩把所有玩具都扔进了洗碗池下面的柜子里，我尝试阻止，但他还是把所有玩具都扔进去了，扔完之后就离开了。

观察分析：通过这次游戏，我发现小班幼儿的规则意识较弱。虽然在游戏过程中我尝试进行引导，但效果不佳，这可能是因为我的引导能力还有待提高，没有一个较合适的引导方法，所以幼儿不能理解我的意思。

观察反思：教师应在平常的活动中有意识地培养幼儿的规则意识，用读绘本、晨谈、看视频等方式会较直观些，幼儿也容易理解与接受。

观察建议：一日生活皆教育，教师在一天的活动中要逐渐培养幼儿的规则意识，幼儿在家里也要多锻炼。只有这样才有助于提升幼儿的规则意识。

从案例1-2-2中可以看到，在幼儿园实训的学前教育专业大学生杨舒彤在小班幼儿区域活动（娃娃家游戏）中的参与和教育指导情况，她接受主班马老师的建议，通过与幼儿交谈来引导幼儿投入"餐厅"游戏中，并观察扮演不同角色的幼儿在游戏中的行为表现。在收拾玩具阶段，她尝试阻止不按规则收拾玩具的幼儿，但没有成功。她在分析、反思与建议环节中，围绕幼儿的规则意识这一主题重点进行分析、反思，并提供建议。由此可知，实习老师在保教活动中通过对幼儿的行为表现进行观察，来全面了解幼儿。与此同时，她也反思了自身的引导方法，基于观察的反思可以极大地促进其自身的专业发展。另外，她还可以针对自己在保教工作中发现的幼儿的行为问题，进行持续的追踪观察，更深入地了解幼儿的行为表现，反思并采取相应的教育指导策略，随后继续观察教育指导策略实施的效果。这样不仅能循序渐进地改善幼儿的行为习惯，促进幼儿的发展，而且有助于提升自身的教育教学技能，促进自己的专业发展。

第三节 成为专业观察者需要具备的基本能力

专业观察与日常观察不同，日常观察是观察者在日常生活中对自己感兴趣的事物进行的随机观察，在确定观察目的、准备、记录、得出结论、评价与反思等环节中都没有严格的要求。专业观察与此不同，要成为专业的观察者需要具备一系列的专业能力。

一、辨识观察动机的能力

观察者在观察之前需明确自己的观察动机，确定观察目的，这样就可围绕观察目的进行准备和选择或设计观察工具，在观察过程中可以聚焦与观察目的有关的行为与现象，而不至于随意甚至盲目地观察；在整理和分析观察记录的时候，也可以围绕观察目的进行精准分析与评价。如果观察者事先没有明确自身的观察动机，不知道具体要观察什么和解决什么问题，那么在观察时注意力可能不能很快聚焦到某些特定的现象上，在做观察记录时也会容易敷衍、应付或过于主观，难以做到有针对性地收集相关资料并进行客观分析。[①] 例如，没有幼儿教育与观察经验的学前教育专业大学生，在进入幼儿园实训或实习时，如果预先没有明确观察动机，没有设定相应的观察目的，那么到幼儿园后就会发现自己不知道该观察些什么，或者只能根据自己的兴趣或个人经验来关注幼儿的偶发行为，所做的观察与记录就比较随意。因此，要不断提升自身的专业观察能力，首先要辨识观察动机，其次要明确观察目的，最后围绕观察目的进行观察设计及进入观察现场。以下是一名学前教育专业大学生到幼儿园实训后的第一天所做的一则观察记录，观察者事先没有明确的观察目的，只是根据个人的兴趣和感受记录了这一天中的某些事件。

案例 1-3-1

随意观察

观察对象：深圳市某幼儿园中二班幼儿

观察时间：2020 年 12 月 7 日

观察地点：幼儿园教室内

观察者：学前教育专业大学生 黄晓菲

今天是我第一天来到幼儿园，当我走到中二班门口时，他们正进行晨谈，我

---

① 李晓巍：《幼儿行为观察与案例》，19 页，上海，华东师范大学出版社，2017。

观察到大部分幼儿都看向老师，坐姿端正，小手放在腿上且纪律较好（事后我了解到该班级是全园秩序最好的班级）。我走进教室向小朋友们问好，并做了自我介绍："小朋友们好呀！我是黄老师，我会讲故事也会画画，还可以陪你们一起玩游戏，接下来的时间，我就要和小朋友们一起相处、一起玩了哟，谢谢小朋友们！"我介绍完，班级老师问："她是什么老师呀？"小朋友们齐声且大声回答："黄老师！"我微笑地走到旁边。

晨谈结束后便是户外活动时间，这时，有几个小朋友跑向我，抱着我且嘴里反复叫"黄老师"，我向他们问好之后便组织他们排好队，下楼进行户外活动。

案例1-3-1中的观察记录主要记录了观察者与幼儿初次见面时的情形。在这项观察记录中，观察者事先没有明确的观察目的，在具体情境中与幼儿互动，有所触动且印象深刻，因而，观察者能够记录下其与幼儿的互动行为。但是，这类随意的观察没有明确的观察动机和预先计划的观察目的，难以对幼儿某些方面的行为与发展进行深入的分析。因此，要提升个人的观察能力，辨识观察动机，带着明确的观察目的，有针对性地观察幼儿的特定行为，只有这样才能收集到有效的观察资料。

二、选择和设计观察工具的能力

在辨明观察动机、明确观察目的之后，往往需要选择或设计相应的观察工具。首先，观察者需要具备下操作性定义的能力。观察者需要对观察的目标行为进行分类并对每个类别下操作性定义，对行为进行分类的过程一般要遵循相互排斥性原则和详尽性原则。相互排斥性原则要求所划分的类别要相互独立、排斥；详尽性原则要求罗列出所有与观察行为相关的行为，不能出现观察到的行为无法归类的情况。操作性定义则是用可感知、可测量的方法对涉及的观察变量做出界定和说明，通常使用名词、动词、形容词等简洁明了的词语进行定义。[1]

例如，帕顿对2～5岁幼儿在游戏中的参与行为进行观察时，将幼儿游戏行为分为六类：无所事事、旁观、单独游戏、平行游戏、联合游戏、合作游戏。这六类游戏都有具体的操作性定义。（1）无所事事：幼儿未做任何游戏活动，也没有与他人交往，只是随意观望或走来走去。（2）旁观：幼儿基本上都是观看别的幼儿游戏，有时凑上来与正在游戏的幼儿说话，提问题，出主意，但自己不直接参与游戏。（3）单独游戏：幼儿独自一人游戏，只专注于自己的活动，根本不注意

---

[1] 李晓巍:《幼儿行为观察与案例》, 19页, 上海, 华东师范大学出版社, 2017。

别人在干什么。（4）平行游戏：幼儿能在一起玩，但各自玩各自的游戏，既不影响他人，也不受他人影响，互不干涉。（5）联合游戏：幼儿能在一起玩同样的或类似的游戏，互相追随，但没有组织和分工，每个人做自己想做的事情。（6）合作游戏：幼儿因为某种目的组织在一起游戏，有领导、有组织、有分工，每个幼儿承担一定的角色任务，并互相帮助。[①]

其次，观察者对观察行为进行分类和下操作性定义后，需要选择或设计适宜的观察工具。如果所要观察的行为已有与观察目的相关的专业观察工具，可直接选用恰当的工具。如果已有的观察工具与观察目的、观察行为有一定偏差，或不适用于当前的情境，则可部分修改或重新设计观察工具。在设计观察工具时，注意要围绕观察目的、观察行为以及操作性定义进行分类，确保观察工具客观、具体、简便和具有可操作性。

三、获取可靠的观察资料的能力

采用不同的观察方法进行观察，则观察记录的方式就会有所不同。但不管采用什么观察方法，观察记录都必须客观、翔实，力求获取可靠的观察资料。客观要求观察者如实地记录观察到的事实，不混杂个人的主观判断和想法；翔实则要求观察者将所观察到的事实的前因后果、细节都详尽地描述出来，不因观察者个人的主观判断而忽略、遗漏细节。

案例 1-3-2

集体教学观察

观察对象：深圳市某幼儿园幼儿及教师

观察时间：2020 年 12 月 9 日

观察地点：幼儿园小班教室内

观察者：学前教育专业大学生　林静纯

今天我观察了我实训所在班级的教师上课的情况。这周的主题活动是关于十二生肖的，教师在周一就发了调查表让幼儿回去问问他们自己及其家人的生肖，并要求幼儿画出来。

教师邀请小朋友发言："现在我要找小朋友汇报啦，汇报的小朋友就可以得到小红花，谁想汇报呢？我要挑坐得端正、听讲认真的小朋友。"这时候几个调皮的

---

① 李晓巍：《幼儿行为观察与案例》，19 页，上海，华东师范大学出版社，2017。

小朋友马上就坐直了。但是老师说："现在坐直也没有用了，我要挑从开始就坐直的小朋友。"

在第一个小朋友开始汇报的时候，那个一直过于活跃的小朋友就开始安静了，很认真地在听。教师邀请他上台发言。这个小朋友虽然比较多动，但他的语言能力挺不错，能比较完整、流畅地表达。

这个小朋友平时特别调皮不听话，另外几个调皮的小朋友看到他坐好并且被老师邀请发言后跟着坐好，他们也想要通过发言得到小红花。

从这则观察记录中可以看到，观察者在记录的时候能够还原老师的话语，而没有省略或根据自己的理解来转述，做到了客观、翔实。但是在描述那个过于活跃的小朋友的行为时，观察记录则显得不够客观、翔实。例如，"那个一直过于活跃的小朋友就开始安静了，很认真地在听。"记录中的"过于活跃""认真"都是观察者的主观判断，而且从记录中读者也难以判断这个小朋友是否确实是"一直过于活跃"，上课是否"认真"。因而，观察者在进行观察和记录时，应如实地将观察到的这个小朋友的行为、动作、表情详细地记录下来，而不是仅仅用"认真"二字来代替，只有这样才能更好地做到客观、翔实地记录。再如，"这个小朋友虽然比较多动，但他的语言能力挺不错，能比较完整、流畅地表达。"在观察记录中，观察者没有相应地记录这个小朋友的"多动"，在描述这个小朋友的语言发展的时候，没有将小朋友的语言记录下来，取而代之的是自己评价他的"语言能力挺不错"。这就显得观察者在记录时只呈现了个人的主观判断，而没有呈现客观、翔实的观察事实。建议在做这部分观察记录时，将小朋友的发言如实记录下来。

四、尊重与理解幼儿的能力

幼儿是独立的个体，有自己的感受、体验与想法。专业的观察者应尊重与理解幼儿，这就要求成人应做到换位思考，站在幼儿的立场来认识和理解幼儿，了解幼儿的行为和内在想法，而不是用成人自身的主观臆想来代替幼儿的想法，即切勿以"成人之心"去度"幼儿之腹"。

案例 1-3-3

幼儿的争执与冲突

观察对象：深圳市某幼儿园中二班发生争执的幼儿

观察时间：2020 年 12 月 7 日

观察地点：幼儿园户外活动场所

观察者：学前教育专业大学生　黄晓菲

幼儿在午睡起来后，参与下午的户外活动。每个班的幼儿每次安排的户外活动区域和可以玩的游戏都是不同的。这次给中二班安排的户外活动区域内有摇摇马和积木这些材料。小朋友可以玩的区域不大，游戏材料也不充足，因此在玩的过程中难免会有一些情况发生。例如，在玩摇摇马的时候，有的幼儿因为背碰到背而撞到一起，也有的幼儿因为积木和摇摇马的数量不够而发生争抢。

这时候，有一个小朋友在玩的时候不小心撞到了另一个小朋友，在他快哭的时候（眼睛湿润），我跑过去把他扶起来摸摸他，并问这两个小朋友发生了什么事，另一个小朋友则马上说了"对不起"，我趁机安抚被撞的小朋友，说："你看，他也不是故意的，他马上就和你道歉了，你愿意原谅他吗？"他用手擦擦眼泪，点点头，然后他们就又在一起玩了。

观察反思：在进行户外活动的时候，如果材料不够，老师应事先和幼儿约定好大家一起玩，不可以争抢也不可以打人。如果幼儿之间发生争抢，引起哭闹，老师应及时过去安抚幼儿的情绪，及时解决问题，耐心对待幼儿，或许事情并没有那么难解决，小朋友也并没有那么不听话。

观察记录是观察者根据个人的观察目的和视角进行的观察及记录，是观察者个人的教育观、儿童观的集中体现。观察反思则更能直接地反映出观察者在观察过程中所秉持的教育观、儿童观。从案例1-3-3中可以看出，观察者在发现幼儿的冲突行为时，她的解决办法是安抚幼儿的情绪并协调解决冲突。在观察反思中，观察者强调教师对幼儿行为的指导能力、对幼儿情绪的关注、对幼儿的理解以及教师的耐心。由此可以看出观察者关爱幼儿、以幼儿为本的教育理念。尊重和理解幼儿是个体教育理念的内在表现，不同个体持有的教育理念不同，在尊重和理解幼儿上可能会有所差异。具体来说，不同读者在看这则观察记录时，所关注的要点或个人的感悟、反思可能也会不同。比如，有的读者可能认为，在幼儿冲突事件中，教师及时关注和安抚幼儿的情绪，协助幼儿解决冲突是尊重和理解幼儿的表现。有的读者认为，在幼儿发生冲突行为时，教师应根据观察来判断教育和指导的时机，而不是首先安抚幼儿的情绪，如此才能让幼儿学会处理冲突，并提升自己的冲突解决能力。值得注意的是，尊重和理解幼儿作为观察者需要具备的基本能力，会随着观察者的观察经验的丰富和专业知识的增长而不断深化。不同观察者会因观察经验及专业知识的不同，而在尊重和理解幼儿方面有不同的表现。

即使是同一个观察者，在不同时期审视个人的观察记录和观察反思，可能也会对幼儿行为有不同的理解，这就是观察者在尊重和理解幼儿的能力上不断发展、深化的具体表现。

五、反省自身主观或成见的能力

围绕观察目的进行观察、记录与分析，并得出观察结论，这不等于观察的结束，观察者还应对观察过程、分析和结论等进行反省，以加深对幼儿发展的认识与理解。观察主要通过观察者个人的感官，借助一定的工具来收集、记录所观察的行为、现象，在观察过程中难免会夹杂观察者的主观情绪与想法，即使是在分析观察资料和做出判断、得出结论的阶段，也会伴随着观察者的主观参与。[①]由此，观察者应该对观察过程、分析和结论等进行充分反思，反思个人的主观参与（包括主观情绪与成见等）是否影响其对资料的收集、分析、判断与结论，是否因个人的主观参与而忽略了一些观察事实，或者因个人的主观经验而误读、误解了观察事实。

初学者首先应该认识到观察反省指的是什么，主要是对什么进行反省。很多初到幼儿园的学前教育专业大学生在进行观察反省时，所写的"观察反省"常常有以下几个特点：（1）反省内容比较随意，想到什么就写什么，缺乏逻辑；（2）将观察反省与观察分析混为一谈，在反省阶段写自己对所观察到的幼儿行为的理解；（3）混淆观察反省与观察建议，在反省阶段写教师如果遇到类似的幼儿行为应如何做，如何进行教育指导。

案例 1-3-4

幼儿的体育活动

观察对象：深圳市某幼儿园小班幼儿小何、小雯

观察时间：2020 年 12 月 8 日

观察地点：幼儿园户外活动场所

观察者：学前教育专业大学生　陈欣

在进行体能大循环活动时，小何坐在地上，没有和其他幼儿一起参与活动。我问她："你怎么不和她们一起玩呀？"她不说话。我试图用其他方法吸引她的注意，让她参与到活动中："你看那个好好玩呀，你要不要过去玩一下？"她说："不要。"于是我就站在旁边，默默地观察她。这个时候，小雯走了过来。我问她："你怎么

---

① 李晓巍：《幼儿行为观察与案例》，23 页，上海，华东师范大学出版社，2017。

不去玩呀？"她说："我不喜欢玩。""老师很想玩呢，让老师陪你去玩好不好呀？"她说："不要。"于是我让这两个小女孩坐到一起（这样也方便照顾）。

我看到副班老师在那边带领小朋友们参与活动，于是跑过去问她："小何和小雯都不参加活动，是不是身体不舒服呀？"副班老师说："不用理她们，她们就是这样。之前跟她们的父母沟通过了，她们的父母说她们身体比较虚弱，不能参加这些活动。唉，没办法，只能这样了。"副班老师表示很无奈。我也只能回去继续照看她们，免得她们走丢。

观察反思：面对身体虚弱的小朋友，老师虽然跟她们的父母沟通过，了解情况后知道她们无法参加体育活动，但是也不能完全否认她们的体育能力，并完全不理她们，可以积极鼓励引导幼儿参加适当的体育活动。

在案例1-3-4中，观察者在观察反思中写的主要是个人对副班老师的做法的看法及建议，这其实是将观察反思与观察分析、观察建议混为一谈。另外，观察者除了将个人对这件事比较深刻的感受与想法写在观察反思中之外，还需要对观察过程以及对观察记录的分析、判断与结论进行反省，重点反省在不同观察阶段中个人的主观参与情况以及个人的主观参与对整个观察过程及结论的影响。

小　结

　　观察是人类通过感官进行感知，并通过大脑对所感知到的信息进行加工的过程。婴幼儿行为观察是指观察者依据一定的观察目的，采用专业的观察工具，有计划地进入自然情境中对婴幼儿特定的行为进行观察、记录和分析，从而获取相应的研究资料的方法。婴幼儿行为观察有不同的类型和不同的方法，在观察过程中，可结合具体的观察目的和观察需要采取相应的观察方法。

　　婴幼儿行为观察具有特殊的意义与价值。对婴幼儿行为进行观察与分析，不仅可以增进对婴幼儿的理解，提升幼儿园课程与教育的质量，还可以促进幼儿园教师的专业发展。

　　婴幼儿行为观察不同于日常观察，要成为专业的观察者应具备相应的专业能力，如辨识观察动机的能力、选择和设计观察工具的能力、获取可靠的观察资料的能力、尊重与理解幼儿的能力、反省自身主观或成见的能力等。

关键术语

幼儿行为观察；日常观察；专业观察；正式观察；非正式观察；参与式观察；非参与式观察；个别观察；群体观察；描述观察；取样观察；评定观察。

思考与练习

1. 一个完整的观察应包含哪些基本要素？

2. 日常观察与专业观察的区别是什么？要做到专业观察应具备哪些能力？

3. 观察婴幼儿的行为有什么意义与价值？你是如何理解的？

4. 在观察过程中如何走进婴幼儿的世界，真正读懂婴幼儿？思考教师的关爱对婴幼儿的影响。

建议的活动

尝试在社区、商场、幼儿园等场所，在经过监护人同意之后，选择一位婴幼儿进行 3～5 分钟的观察并记录，谈谈你此次观察的发现与感想。

第二章
描述性观察方法的操作与案例

学习目标

1. 掌握日记描述法、轶事记录法的含义；

2. 掌握日记描述法、轶事记录法的运用方法，能在实践中运用日记描述法、轶事记录法进行观察与记录；

3. 掌握对日记描述法、轶事记录法案例进行分析与解读的基本方法与技能；

4. 掌握对日记描述法、轶事记录法进行评价的基本方法与技能。

学习导图

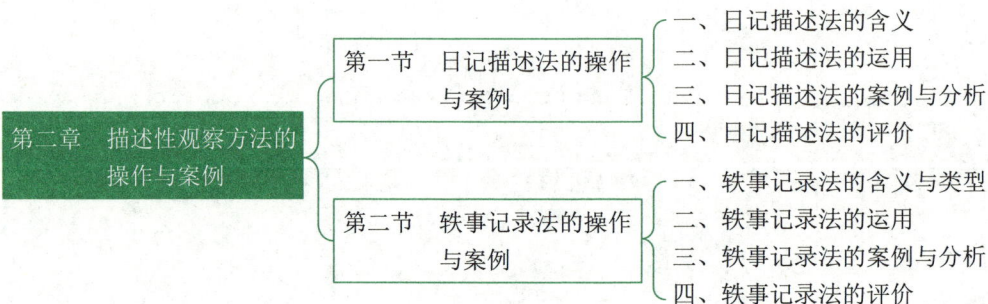

第二章　描述性观察方法的操作与案例

第一节　日记描述法的操作与案例
- 一、日记描述法的含义
- 二、日记描述法的运用
- 三、日记描述法的案例与分析
- 四、日记描述法的评价

第二节　轶事记录法的操作与案例
- 一、轶事记录法的含义与类型
- 二、轶事记录法的运用
- 三、轶事记录法的案例与分析
- 四、轶事记录法的评价

导　入

张老师觉得幼儿园的幼儿每天没有什么值得特别观察、记录和研究的内容。而且她认为根据自己的教学经验也能解决很多问题，根本不需要花时间去观察和记录。即使因为园长的要求而必须做一些幼儿行为观察记录，张老师的观察记录也总是比较概括性地描述一些她常见的幼儿行为表现和她自己的想法，而且她记录完了之后也总是放在一旁，没有再看过。

在一次幼儿园的教研活动上，园长请周老师分享自己的观察记录。周老师的观察记录上有大量关于幼儿行为表现的描述，详细地记录了幼儿行为产生的原因、经过、结果，并针对幼儿的行为表现进行分析、评价，提出具体的教育指导建议。张老师听了周老师的分享，觉得周老师的记录非常详细、具体、清晰，仿佛把幼儿的行为表现"还原"了，并且有科学的分析和具体的教育指导建议，能够很好地帮助幼儿培养良好的行为习惯。教研活动结束后，张老师向周老师请教了描述性观察方法的具体操作，想好好地学习和运用到自己的教学工作中，提升自己的专业水平。

第一节　日记描述法的操作与案例

一、日记描述法的含义

日记描述法是最早用来研究婴幼儿身心发展的一种方法。日记描述法是指观察者以记日记的方式，在一段较长时间内对同一个或同一组婴幼儿的行为进行持续的追踪观察并记录其行为的发展变化。[①]

根据观察主题，可以将日记描述法分为主题日记描述法和综合日记描述法两种类型。主题日记描述法是指观察者只对婴幼儿某一种或几种特定发展领域表现出来的新行为进行观察记录，而不对其他发展领域表现出来的新行为进行记录。例如，观察者想要观察和记录婴幼儿的语言发展情况，就只在一段时间内对婴幼儿的语言行为进行持续的观察和记录。但如果观察者在观察婴幼儿的语言发展过程中发现他们在其他领域发展的新变化，就不会进行记录。综合日记描述法是指观察者对婴幼儿发展过程中各个领域表现出的新行为都进行观察记录，只要观察者发现婴幼儿在某个领域表现出新行为，不管这一行为属于哪个领域，都进行观察与记录。[②]

二、日记描述法的运用

（一）选择观察对象

日记描述法要求观察者对某个婴幼儿或一组婴幼儿进行长期的持续观察，因而，选定观察对象是实施和运用日记描述法的第一步。日记描述法在选择观察对

---

① 李晓巍：《幼儿行为观察与案例》，63 页，上海，华东师范大学出版社，2017。
② 李晓巍：《幼儿行为观察与案例》，63～64 页，上海，华东师范大学出版社，2017。

象上的要求不同于其他观察方法，日记描述法要求观察者有条件长期接触观察对象并且在一段较长时间内进行观察与记录。因此，在选择观察对象时，观察者要选择能够长期接触并且有条件开展观察的婴幼儿作为观察对象。从这个角度上来说，幼儿园教师、幼儿园实习教师和家长都有机会与婴幼儿长期接触，与婴幼儿的关系较为密切，同时也对婴幼儿较为了解，因而都具备运用日记描述法开展观察与研究的便利条件。

日记描述法主要记录婴幼儿在某些方面的行为发展与变化。因而，在选择观察对象时，观察者可选择在语言、动作或社会性等某个方面的发展正处于新阶段的婴幼儿作为观察对象，这样有助于观察者记录婴幼儿在某些方面的新行为与新发展。观察者也可选择在某些方面发展相对迟缓或能力欠缺的婴幼儿作为观察对象，通过长期的追踪观察和持续的日记记录，收集婴幼儿在这些方面发展的详细资料并进行分析，以便更加深入地了解婴幼儿某些行为产生的原因，为实施有针对性的教育指导策略和行动提供依据。另外，观察者还可进一步观察初步的教育指导策略和行动的实施情况，以及婴幼儿的行为反应与变化，并以此为依据进一步分析婴幼儿的行为，在此基础上制定新的教育指导策略和行动方案，形成"观察—分析—指导与行动"的一个良性循环，从而更有效地促进婴幼儿的发展与成长。

（二）观察与记录

观察者在采用日记描述法进行观察之前需要做好准备，如观察地点与观察情境的确定、观察工具的选择与准备等。观察者在进行观察与记录时，可先记录观察的基本信息，如观察对象（包括姓名、性别与年龄等），观察时间，观察地点，观察背景，观察次数等基本信息。因为日记描述法是观察者在一段较长时间内对婴幼儿进行的持续跟踪观察，所以记录观察次数、观察日期等基本信息有助于观察者后期对观察记录进行整理与分析。

由于日记描述法主要应用于记录婴幼儿的新行为或其身心发展过程中的重要事件，因此要求观察者对婴幼儿身心发展的基本情况有较多的了解，在观察过程中时刻保持敏感，能够判断和鉴别哪些是婴幼儿在发展过程中表现出的新行为或重要事件，继而进行进一步的观察与记录。

（三）分析与解释

教师或家长在采用日记描述法对婴幼儿的行为进行观察与记录之后，还需要通过分析与解释，形成对婴幼儿某些行为的科学认识。由于日记描述法是观察者在较长一段时间内对婴幼儿进行的观察与记录，观察者收集到的是关于婴幼儿行为的多次记录，观察者需要对每一次的观察记录进行分析，最后对多次观察的记录进行比较、综合分析。在此基础上，观察者可以对这一段时间内婴幼儿行为的发展与变化有更深入的了解，能够更好地理解和解释婴幼儿新行为的产生及其变化。

此外，如果观察者通过日记描述法来记录婴幼儿在某些方面发展的能力不足，以及教师采取的教育指导策略与行动，那么，观察者在每一次的日记记录中都需要进行及时分析，并考虑下一步的教育指导策略与行动。之后通过日记描述法记录下一步教育指导与行动过程中婴幼儿行为的变化，在此基础上继续对观察记录中的婴幼儿行为以及教育指导策略与行动进行分析，思考如何改进或完善下一步的教育指导策略与行动，以更好地促进婴幼儿的能力完善与发展，直至观察者认为婴幼儿在这方面的能力已经获得发展时即可终止观察。也就是说，如果观察者采用日记描述法的主要目的是观察幼儿在某些方面发展的不足以及教师采取的相应的干预与教育措施，那么观察者在观察记录的分析与解释上基本要运用"分析—行动—再分析—再行动"的循环模式，不断将分析与下一步的行动相结合，而且观察者应该将不同阶段的观察记录与分析综合起来，作为一个整体来分析和解释婴幼儿的行为发展与变化，直至观察者认为婴幼儿这方面的能力已经得到完善且无须进行下一步的干预与观察。

（四）评价与指导建议

观察者通过日记描述法记录婴幼儿某些方面的行为并进行分析之后，还需要对婴幼儿行为的发展进行相应的评价，并提出教育指导建议。在评价方面，观察者可结合婴幼儿身心发展的规律及儿童发展心理学、学前教育学、幼儿教育心理学等相关学科的知识对婴幼儿的行为表现与发展状况做出相应的评价。观察者还可结合《3—6岁儿童学习与发展指南》或婴幼儿发展的相关常模与评价指标对婴幼儿的行为表现做出评价。不过，婴幼儿行为与发展评价，要结合婴幼儿的具体情况和教育情境，注意充分考量婴幼儿发展的个体差异性。同时，可供观察者参考的评价指标和常模等只是观察者在进行评价时的一种参考，切不可将此作为"一把尺子"来衡量所有婴幼儿的发展。

在建议方面，观察者与婴幼儿长期接触，对婴幼儿身心发展和他们所处的教育环境都比较了解，因此，观察者应结合具体情况提出可行的教育指导建议，而不是笼统、宽泛的建议。

三、日记描述法的案例与分析

以下是主题日记描述法的4则观察案例，主要观察和记录中班幼儿在穿衣、叠被方面的自理能力的发展变化。

案例 2-1-1

主题日记描述法：中班幼儿自理能力的观察记录（一）

观察日期：2020 年 12 月 9 日	观察地点：深圳市某幼儿园午睡区域
观察对象：小李 年龄：5 岁	观察者：学前教育专业大学生 赖佳琪
观察目的：了解幼儿自理能力的发展	
观察背景：中午起床后幼儿需要自己穿上衣服并且叠好被子	

行为描述：

　　今天中午，小李听到起床铃声后睁开眼睛并且翻了一个身，坐在了床的一边。老师说："小朋友们，下午好！起床了的小朋友先穿上衣服，然后叠好被子。"小李听到老师说的话后用手揉了揉眼睛说："老师下午好！"说完，小李就爬到了床的另外一边，拿起中午脱下的衣服。他站在床上拿着衣服看了一下旁边的小朋友是怎么穿的，然后用手把外套撑开往身上套。小李对着我说："老师，我不会穿这个衣服。"我一边示范一边对小李说："先试一下把小手穿进去。"小李看着我的示范，又看着自己的衣服，试着把一只手伸进袖子里。小李研究了 5 分钟，还是不知道应该怎样把外套穿在身上。我拿起外套，教小李先把一只手伸进一个袖子里，再把另外一只手伸进另一个袖子里。小李穿好衣服后试着把纽扣扣起来。他一边看着其他小朋友穿衣服，一边扣扣子。老师发现后就提醒小李："小李，你看看，衣服的扣子是不是位置不对呀？"他数了数身上的扣子和扣眼："1，2，3，4，5，它们都是一样的，原来是我把位置放错了呀！"小李又用双手把扣子一个个地解开，重新按照正确的位置把扣子扣上去。穿完衣服后，小李就开始叠被子，他把被子对折之后就往前一丢，放在了床的一边。

观察分析：

　　在今天的观察中，小李在穿衣服的时候，先模仿其他的小朋友，之后经过尝试，他发现自己不能独立地把衣服穿在身上，于是请求老师的帮助。在扣扣子的环节中出现了扣错位置的情况，小李能够在老师的提醒下发现问题，并及时改正。在叠被子的时候，小李知道如何简单地对折，但小李最后没有将叠好的被子整齐地放在床边。

观察评价：

　　第一，幼儿的精细动作处于初步发展阶段。小李穿衣服及扣扣子这两种动作都处于探索中，还不能独立完成。第二，幼儿的有意注意得到发展。中班年龄阶段的小李能够在短时间内集中注意力做一件事。在 5 分钟的时间内自主探索如何穿衣，请教老师如何穿衣并且集中注意力点数扣子的数量。第三，幼儿的听觉和时间知觉发展。幼儿在听到铃响后知道是下午的起床铃声并且做出了起床的反应。第四，幼儿的目的性加强，能够根据穿衣的需要，细致地观察其他幼儿的相关行为并且持续一段时间。第五，幼儿数的概念的发展。小李能够手口一致地点数扣子的数量并且说出总数，能够根据实物在 5 个数以内对数量进行对比。第六，幼儿的自理能力较弱。小李在穿衣及叠被子方面都需要老师的帮助及提醒，才能够完成。第七，幼儿缺乏良好的行为习惯。小李在叠完被子后把被子扔到一边，没有摆放整齐。

观察建议：

第一，幼儿在穿衣及扣扣子方面的自理能力较弱，还停留在基本的认识阶段且不知道正确的方法。第二，幼儿未养成良好的行为习惯，教师可利用幼儿爱模仿的特点引导幼儿将被子摆放整齐，养成良好的行为习惯。第三，教师应表现出关爱和耐心。

主题日记描述法：中班幼儿自理能力的观察记录（二）

观察日期：2020 年 12 月 10 日	观察地点：深圳市某幼儿园午睡区域
观察对象：小李 年龄：5 岁	观察者：学前教育专业大学生 赖佳琪
观察目的：了解幼儿自理能力的发展	
观察背景：中午起床后幼儿需要自己穿上衣服并且叠好被子	

行为描述：

今天中午起床铃响后小李翻了一个身坐在床上，他看了一下旁边的小朋友，打了一个哈欠之后看着前方，坐在床上一动不动。我看到后走到他旁边说："小李，下午好，抓紧时间穿衣服。"小李抬头看向我，摇手跟我打招呼说："老师，下午好。"说完小李拿起衬衫，把手伸进衣服里面，但是没有办法穿进去。他看了一下衣服的里面和外面，抓了抓脑袋，把衣服放到我的面前说："老师，我不会穿这个衣服。"我拿起衣服看了一下，原来是衣服的袖子在里面。我拿起衣服对小李说："我们先把手伸进袖子里面，抓住袖子用力往外拉，这样袖子就可以翻出来了。"我把衣服撑起来，小李将左手伸进了袖子里。但是小李不知道怎样把袖子抓起来，我就示范给他看。小李把一个袖子翻出来后，再用手抓住另外一个袖子往外拉。之后，小李举起衣服说："老师，你看是这样吗？"老师点了点头。小李自己穿上了衬衫，把衬衫的扣子从下往上一个个地扣。今天小李把衬衫的扣子都扣得整整齐齐的，没有错位。穿好衣服后，小李拿起床头的被子，抓住被子的两个角甩了一下，对折两次，放到了床头。

观察分析：

今天小李起床后，在床上有发呆的情况，但在老师提醒后能够加快速度穿衣服。在穿衣服过程中出现了一个新的问题：小李不知道怎样把袖子翻出来。老师教了之后就学

续表

会怎样把袖子翻出来。昨天小李在扣扣子时出现了错位的情况，在老师提醒后他知道了如何正确地扣扣子。小李的自理能力有一定程度的提升和进步，今天他学会了用对折方法叠被子，并且将被子整齐地摆放在了床头。

观察评价：

　　第一，幼儿的观察能力得到发展，能够通过观察其他幼儿的行为，知道应该将被子放在床头。第二，幼儿的精细动作得到发展，幼儿在叠被子时与之前相比是有进步的，能够更加细致地将被子对折两次，并摆放整齐。第三，幼儿的模仿能力依旧很强，能够模仿教师的行为。

观察建议：

　　幼儿的独立性弱，常常需要依靠老师。建议培养幼儿的独立自主性，引导幼儿自己解决问题。注意用积极的评价支持幼儿，让幼儿感受到教师的关爱。

主题日记描述法：中班幼儿自理能力的观察记录（三）

观察日期：2020 年 12 月 11 日	观察地点：深圳市某幼儿园午睡区域
观察对象：小李 年龄：5 岁	观察者：学前教育专业大学生 赖佳琪
观察目的：观察幼儿自理能力的发展程度	
观察背景：中午起床后幼儿需要自己穿上衣服并且叠好被子	

行为描述：

　　今天下午起床铃声响起，老师站在小朋友们休息的位置拍着手说："小朋友们下午好！今天是星期五，起床的小朋友记得穿好衣服后，把被子收到袋子里，带回家清洗。"小李听到了老师说的话，伸了伸懒腰，翻了个身，起来坐在床上。他拍了拍旁边小朋友的肩膀说："你知道今天是星期几吗？"旁边的小朋友转过身看着他说："今天是星期五呀！可以回家了。"小李听了后点了点头，站到了床上，双手甩甩，两只脚并拢跳下了床。然后他又爬上床拿起了压在被子下面的衣服。小李举着衣服对我说："老师，我不会穿这件衣服。"我走到了他的旁边，用手指了指衣袖说："昨天老师不是教了你怎样把衣袖翻出来嘛！我们一起来试一试。"小李开始尝试自己穿衣服。

观察分析：

　　小李在午休后起床穿衣、叠被的过程中与其他幼儿交流对话，并且在听到今天是星期五后跳下了床，与前一天小李起床后没有精神、打哈欠形成了对比。幼儿在穿衣服时依旧选择了让老师来帮忙，在这个过程中老师引导他独立自主地完成穿衣。最终小李根据前几天学的穿衣方法正确地将衣服穿到身上，并按照正确的步骤将扣子扣好。

观察评价：

　　第一，幼儿有一定的时间概念。小李能够明确知道哪一天代表的是星期五，并且与同伴交流。第二，幼儿的有意记忆得到发展。小李在前天已经学习了如何穿衣、扣扣子。今

续表

天小李能够根据之前学习到的方式穿衣服。第三，幼儿的情绪表达得到发展。当小李知道今天可以回家后先是与其他幼儿兴奋地交谈，然后双脚并拢跳下床，这一系列行为表现表达出幼儿的喜悦、兴奋。第四，幼儿亲社会行为得到发展。小李能够主动地和其他的小伙伴一起交流、讨论今天的日期等。第五，幼儿自理能力有待加强，小李仍需要老师的帮助和引导。但与前两天的表现相比已经能够在老师的引导下自己穿衣、叠被。 观察建议： 幼儿已经初步学会了如何穿衣、扣扣子，并且能够基本实现自理。在接下来的学习生活中，教师应该更加注重培养幼儿的自理能力。教师注意与幼儿的情感互动，表达对幼儿的爱和欣赏。

主题日记描述法：中班幼儿自理能力的观察记录（四）

观察日期：2020 年 12 月 14 日	观察地点：深圳市某幼儿园午睡区域
观察对象：小李 年龄：5 岁	观察者：学前教育专业大学生 赖佳琪
观察目的：观察幼儿自理能力的发展	
观察背景：中午起床后幼儿需要自己穿上衣服并且叠好被子	
行为描述： 今天是周一，中午的时候，小朋友们需要把从家里带过来的被子铺到床上。小李吃完饭后便拎着装被子的袋子，一步步走到床边。小李拉开袋子的拉链，转过身大声地说："老师我不会把被子铺到床上，你可以帮我吗？"我转过身对小李说："你先试一下自己把被子拿出来铺到床上，看一看能不能成功呢？"小李点了点头说："好的。"之后便开始铺床。过了 3 分钟，小李把床铺好了，他跳起来举起双手说："老师我成功啦！我成功啦！"我拍了拍手说："没错，你试一下就成功了，小李真厉害！"话音刚落，小李开始鼓掌并发出了哈哈的笑声，继续铺被子。下午铃声响起，小李起床了，他坐在床上眼神呆滞地看着外面，我跑到他的旁边，拍了拍他的肩膀说："小李，起床了，要先穿衣服，要不然待会儿就要感冒啦！"小李双手往床上一撑，站了起来，拿起外套开始准备穿衣服。小李把衣服拿起来，左看看右看看，说："衣服怎么是反过来的。"说完，他就把左手伸进衣袖里，把袖子往外拉，翻了过来。接着小李把右手伸进了另一个衣袖里，但他试了几次都没有把袖子反过来。小李噘着嘴巴，我看到后走过去，教他先抓住衣领再把手伸进衣袖，这样会较方便把袖子拉出来。小李尝试着用这种方法把袖子拉出来后穿上了衣服。他开始扣扣子，他从最下面的一颗扣子开始往上扣，把衣服穿好后就走下床，穿上鞋往外跑。我叫住了小李说："宝贝，你的被子还没有叠好呢。"小李听到后加快脚步跑回了床边，把被子翻了两下便叠整齐了。 观察分析： 今天是周一，按照往常的流程，幼儿需要自己把被子铺到床上，经过中班上半学期	

续表

的锻炼，幼儿已经具备基本的生活自理能力。但是，今天小李提出了需要帮忙的请求，我引导小李先自己尝试。小李通过自己的尝试成功地把被子铺到了床上。起床时，小李有了上周的经验，已经知道如何把反过来的袖子正确地进行翻转并穿衣。在扣扣子的部分，小李已经能够很好地运用新学习的方法把扣子扣好。经过这 4 天的观察，小李能够不断地积累生活经验，学习和模仿，并且一直都保持愉快的心情。

观察评价：

第一，幼儿的自理能力得到发展，教师在本周明显地看到小李已经可以通过自己的方式穿衣、叠被。通过 4 天反复的学习，小李能够达到生活自理的程度。第二，幼儿的自我认知得到发展，小李在本周通过自己的努力将被子铺好，并且正确地穿衣、扣扣子，完成后一边开心地喊"我成功啦"，一边给自己鼓掌。在这个过程中幼儿的成就感不断增强，通过自我鼓励的方式来增强自我的认知，知道能够通过自己的努力独立完成任务。第三，幼儿的自主性发展，小李在穿衣、叠被这些事情上明显体现出其自主性得到发展。小李从一开始遇到困难会轻易地寻求老师的帮助，到通过不断学习，最后能够独立完成，进步明显。第四，幼儿未养成良好的习惯，当老师提醒小李时，小李能够将被子叠好，但也经常会忘记将被子叠放好。

观察建议：

幼儿良好行为习惯的养成需要长期的引导和培养。针对小李穿衣服和叠被子的情况，教师应该长期、持续地引导幼儿养成良好的行为习惯。同时注意提升幼儿的自信心，用爱心和耐心支持幼儿。

以上四则观察记录是中班幼儿小李在午睡后穿衣服和叠被子的情况，观察者在连续几天内记录了小李穿衣服和叠被子的自理能力的发展情况，以及观察者自己采取的干预措施和指导策略。从观察主题和观察对象的选择上来看，观察者发现小李在穿衣服和叠被子方面还不能完全自理，就开始了对小李的观察与记录，并记录了观察者自己所采取的教育指导策略，以及小李在穿衣服和叠被子上所发生的变化，较好地体现了观察者如何在一段时间内根据幼儿某个方面能力不足所做的观察与记录，符合日记描述法的基本要求。

从观察记录的方式上来看，观察者主要描述小李穿衣服和叠被子的情况与教师所采取的教育指导策略，以及在这个过程中教师与小李的具体互动情况。观察者通过这四则观察记录，呈现了小李在自理能力方面的发展变化。日记描述法主要记录幼儿的新行为及其行为的发展变化，这四则观察记录符合日记描述法的这一要求。但观察记录可以更加具体、翔实，应注重对幼儿表情、动作的描述。

在观察分析方面，观察者针对小李穿衣服和叠被子方面的具体行为表现做出了比较详细的分析，体现了观察者对幼儿自理能力的细致观察和深层思考。

在观察评价方面，观察者能结合个人对婴幼儿自理能力的了解进行相应的评价。如果观察者能多参考幼儿自理能力发展的一些指标，或与其他幼儿的自理能力进行比较，从多个不同层面进行评价，那么观察者的评价会更全面一些。

在观察建议方面，观察者能结合幼儿自理能力的发展情况提出具体的、有针对性的教育指导建议，并在与幼儿的互动中展开相应的教育指导。

四、日记描述法的评价

（一）日记描述法的优点

1. 日记描述法简单、方便、灵活[①]

日记描述法是观察者在与婴幼儿长期的密切接触过程中，针对婴幼儿某些方面的新行为或重要事件进行观察与记录的方法。如果观察者在与婴幼儿接触的过程中发现值得进一步观察与记录的行为，便可以直接采用日记描述法的方法进行观察记录，比较方便和灵活，而且在文字记录方式上以描述性方法为主，比较简单。

2. 日记描述法记录的内容具体、翔实、客观[②]

日记描述法是观察者在一段较长时间内进行的持续追踪观察和记录，观察者记录下来的资料是比较丰富的。每一则观察记录都是按照描述性观察记录方法的要求，做到具体、翔实、客观。观察者记录的多篇日记详细地呈现了婴幼儿在某个方面或某几个方面的行为表现与变化，为了解婴幼儿的行为与发展提供了丰富的资料。

3. 日记描述法记录的资料可以永久保存[③]

日记描述法通过具体的文字描述来记录婴幼儿某个方面或某几个方面的行为及其在一段较长时间内的行为发展与变化。这些文字资料可以永久保存，并且可以与婴幼儿后续的发展与变化进行对比，为婴幼儿发展的连续变化提供详细的参考资料。

（二）日记描述法的不足

第一，日记描述法要求观察者是与幼儿长期密切接触的人。日记描述法是在一段较长时间内对婴幼儿的新行为或重要事件进行观察与记录的方法，这要求观察者必须能够与婴幼儿长期、密切地接触。一般来说，幼儿园教师、实习教师或家长具备与婴幼儿长期、密切接触的便利条件，但是一般的观察者时间有限以及

[①] 李晓巍：《幼儿行为观察与案例》，67 页，上海，华东师范大学出版社，2017。
[②] 李晓巍：《幼儿行为观察与案例》，67 页，上海，华东师范大学出版社，2017。
[③] 李晓巍：《幼儿行为观察与案例》，67 页，上海，华东师范大学出版社，2017。

与婴幼儿的关系等原因导致其很难做到与幼儿长期、密切地接触，由此，很多非一线科研人员难以符合观察者的身份要求，无法采用日记描述法进行观察研究。

第二，日记描述法要求观察者进行长期、持续的跟踪观察与记录。日记描述法要求呈现婴幼儿在一段较长时间内的行为发展变化，要求观察者必须在一段较长时间内对婴幼儿某个方面或某几个方面的行为表现进行持续的跟踪观察，才能够获得有关婴幼儿行为发展变化的连续性资料。这也是日记描述法不同于其他观察记录方法的地方，观察者如果采用轶事记录法或时间取样法、评定法等其他观察方法，对婴幼儿进行一次或几次的观察即可，但是如果采用日记描述法就必须在一段较长时间内进行持续的观察与记录。

第三，观察者的主观倾向可能会影响日记描述法资料的客观性。[1] 由于采用日记描述法的观察者通常是与婴幼儿有长期、密切接触的人，观察者的主观情感使得他在观察、记录与分析的过程中容易带有主观的情感倾向，如容易高估或夸张地描述婴幼儿某些方面的发展变化，从而影响观察记录资料的客观性。

第四，事后回顾的记录方式可能会导致记录内容与事实不符。[2] 日记描述法常常是观察者在事后根据回忆进行记录，而且记录内容较多，这就使得观察者的记录内容可能有一定缺漏或与事实存在一定的偏差，导致记录内容与事实不符。

第五，日记描述法所记录的婴幼儿行为可能缺乏代表性和普遍性。[3] 一般来说，日记描述法的观察者常常是幼儿园教师、实习教师或家长。幼儿园教师和实习教师可能更倾向于对某些方面能力不足的幼儿进行长期的跟踪观察，以期通过观察制定有针对性的教育指导策略，从而改善幼儿在这些方面的行为和发展能力，导致所记录的婴幼儿行为可能缺乏一定的代表性和普遍性。对于家长来说，以自己的孩子作为观察对象，样本数量有限，因而导致观察结果缺乏代表性和普遍性。

第二节　轶事记录法的操作与案例

一、轶事记录法的含义与类型

轶事是指独特的事件，也可以是观察者个人认为有意义或比较感兴趣的事件。轶事记录法是对独特的婴幼儿行为进行观察或对个人认为有意义、有价值的婴幼

---

① 李晓巍：《幼儿行为观察与案例》，67页，上海，华东师范大学出版社，2017。
② 李晓巍：《幼儿行为观察与案例》，67页，上海，华东师范大学出版社，2017。
③ 李晓巍：《幼儿行为观察与案例》，67页，上海，华东师范大学出版社，2017。

儿行为进行观察，并采用描述性的语言文字进行记录与分析的方法。[①]轶事记录法通常可以分为问题型轶事、发展型轶事、趣味型轶事三种类型。

（一）问题型轶事

问题型轶事主要是指婴幼儿在成长与发展过程中遇到的各种问题，通常包括以下两个方面：一是婴幼儿在成长与发展过程中重要的偶发事件，如婴幼儿打人、发生争执、说脏话、说谎等，这类事件出现的频率不高，但需要家长或教师进行积极的干预与教育指导；二是婴幼儿在发展中某些方面的不足，如婴幼儿的动作发展、语言发展、社会性发展等身心发展方面存在不足，需要家长及教师的关注与引导。[②]

案例 2-2-1

不愿参加体能大循环活动的小何

观察对象：小何（女，3 岁）

观察日期：2020 年 12 月 10 日　10：00—10：50

观察地点：深圳市某幼儿园小班户外活动场所

观察者：学前教育专业大学生　陈欣

观察记录：

在今天的体能大循环活动中，小何又不想参加运动了。小朋友们都在跟着老师做热身运动，只有她坐在地上，我走上前去问她："要不要过去跟小朋友们一起运动呀？"她说："我不喜欢运动。"小杨老师看到后，对她说："小何，你今天怎么又不运动了呀？"她不说话，呆呆地看着老师。"那你今天想不想吃午餐呀？"她点了点头。小杨老师说："不运动的小朋友是不能吃我们幼儿园的午餐的。"这时候小何开始哭了，眼泪滴答滴答地往下掉。小杨老师说："你想吃午餐就要跟小朋友们一起运动。"说着把她拉到了小朋友们运动的跑道上。她还在哭。"看，小何。"小杨老师站在她前面，做起了热身运动。小何一边哭一边跟着老师做运动。小杨老师对小何说："小何做得真好！你等一下要跟谁一起做体能大循环呀？我让他跟你一起去。""小民。"小何泪汪汪地指着小民回答道。小杨老师说："小民是吗？那我等一下叫他陪你一起去。"说完，小杨老师就叫上小民，让他陪小何一起做运动。音乐响起来了，小何退了回来，说："我不要去参加体能大循环。"我安慰她说："你看小民在那里等你呢。走吧，老师跟你一起去。"小何一边哭一边看着小杨老师，

---

①　施燕、章丽：《幼儿行为观察与记录》，24 页，上海，华东师范大学出版社，2015。
②　王晓芬：《幼儿行为观察与分析》，63 页，上海，复旦大学出版社，2019。

小杨老师对她说:"去吧,跟着小民一起去参加体能大循环活动。"小何泪汪汪地牵着小民的手,一起去做运动。我也陪在他们后面。小民钻过隧道后,有一个小朋友跑到了小何前面,小何的眼神开始慌张,她看着小民钻过了隧道,哭了。虽然知道小民就在隧道另一头等她,但她还是很害怕。我急忙拉着她来到小民旁边,这时小何才停止了哭泣,继续跟小民一起去做运动。

观察反省:面对小朋友不愿意参加活动时,在保证她身体健康的情况下强制让她参加活动是否违背了尊重幼儿的观点呢?

这则观察记录描述了面对小何不愿意参加体能大循环活动、不喜欢运动这一问题,带班老师和实习老师(陈欣)对小何关注与引导的基本情况。带班老师和实习老师通过"安排同伴"等方式引导小何参与体能大循环活动,但是小何在参与过程中的哭泣、退缩、害怕等表现,说明她不喜欢运动这个问题还没有得到根本的解决。这则轶事记录比较详细地描述了小何不愿意参加体能大循环时的表现以及教师采取的教育指导策略。虽然这个事件中的教育指导策略并没有真正解决小何"不愿意参加体能大循环活动"这个问题,但是同样能带给我们思考和启发,提示我们应该通过进一步观察去了解小何不愿意参加体能大循环活动的原因,从而尝试采取相应的教育指导策略,以期更好地解决小何成长与发展过程中遇到的问题。要发现幼儿这种突破性的成长与发展,教师必须要有爱心与专业能力。

(二)发展型轶事

发展型轶事主要是指婴幼儿在成长与发展过程中具有里程碑意义的事件[1],通常代表了婴幼儿在某方面获得的突破性的成长与发展。

幼教故事

脱掉衣服就可以了

我带着心心(女儿,24个月)到公园玩,走到一个湖边,我跟心心说:"心心,你看,湖是小鱼的家,小鱼在湖里游来游去。"心心问我:"能下去吗?"我想就是和孩子说不,也要给她一个合理的理由,而不是简单粗暴地拒绝和禁止。于是我说:"不能下去呀,衣服会湿掉的,我们又没有带别的衣服。"心心沉默了两三秒,笑着跟我说:"把衣服脱掉就可以了。"我听完就笑了,心心也跟着笑起来了。心心所说的"脱掉衣服"很好地解决了"衣服会湿掉"这个问题,而这个问题的解

---

① 王晓芬:《幼儿行为观察与分析》,64页,上海,复旦大学出版社,2019。

决可以把妈妈拒绝让她下到湖里的问题迎刃而解。这是我第一次从心心的语言表达中看到她的逻辑推理和问题解决的能力，她已经懂得通过合理的推理来解决问题了。

——摘自一位妈妈的记录

在上述案例中，妈妈记录的是女儿的语言表达和逻辑思维方面的发展，这是她在与女儿的日常对话中发现女儿的语言表达与逻辑思维能力获得突破性发展的轶事，她在这个事件中第一次发现女儿能运用语言来表达自己的思考，并且具有较强的逻辑性。在日常生活与教育中，如果发现幼儿在动作、语言、社会性发展等方面具有里程碑意义的事件，都可以作为发展型轶事进行记录。

（三）趣味型轶事

在婴幼儿成长与发展的过程中，独特的思维方式与身心发展特点常常使他们对事物产生独特的认识，同时也带给成人思考与启发。婴幼儿的这些独特认识与童言稚语所形成的趣事，是他们成长与发展过程中的趣味型轶事。[1]

幼教故事

谢谢妈妈，我爱你

我在给心心（女儿，20 个月）讲关于吃面包的绘本，画面中有一个系着围裙的兔妈妈，旁边是一个拿着面包的小兔子。我跟心心说："小兔子跟妈妈说肚子饿了，妈妈给小兔子做了一个面包，小兔子吃着面包说'真好吃啊，谢谢妈妈，我爱你！'"心心听完，就转过头来跟我说："妈妈，我要吃面包。"我说："好的。"然后我伸手抓了一下绘本中的面包，递给心心："这是妈妈给你做的面包。"心心摸了一下我的手，假装接过面包，放到嘴里，张着嘴发出"嗯嗯"地吃面包的声音，然后对我说："真好吃啊，谢谢妈妈，我爱你！"原来，心心在听我讲完绘本中的故事后，跟我说"要吃面包"，是为了再现绘本中的故事情境，是"邀请"我跟她一起玩游戏。这也可以看出 20 个月大的幼儿已经有了游戏的自主性和模仿能力。

——摘自一位妈妈的记录

从这位妈妈的记录中可以看到，20 个月大的幼儿已经学会模仿妈妈所讲的故事中的人物的行为和动作，并通过让妈妈与其进行角色扮演的方式表达出来。这

---

① 王晓芬：《幼儿行为观察与分析》，64 页，上海，复旦大学出版社，2019。

体现了幼儿在听故事过程中个人的思考，以及表达、游戏和互动的意愿。在这位妈妈看来，这是女儿成长过程中值得记录的趣事。

二、轶事记录法的运用

（一）确定观察目的

轶事记录法主要用于记录观察者认为有意义、有价值的婴幼儿行为。根据观察者在观察前是否有明确、系统的计划，可以将轶事记录法分为随机观察和系统观察两种类型。随机观察是观察者事先没有确定要观察哪个婴幼儿或哪些婴幼儿的行为，是观察者在婴幼儿的一日生活中，根据个人注意到的一些独特的、重要的，而且自己想进一步了解的婴幼儿行为表现而展开的观察与记录。系统观察是观察者事先已经确定观察对象和观察范围，并依据具体的观察计划而展开的观察与记录。不管是随机观察还是系统观察，观察者首先都要确定观察目的，即明确观察者要通过具体的观察了解婴幼儿的哪些行为，或解决婴幼儿在成长与发展中的哪些问题。[①]

观察者确定观察目的就为自己确定了"航行"的方向，只有这样才能在观察过程中朝着既定的方向不断前进和深入，而不至于陷入迷茫和混乱。如果观察者没有确定观察目的，在观察的过程中就不知道具体要关注什么，也不知道要将观察的注意力集中在哪些对象和哪些行为上，有可能一会儿关注这个观察对象，一会儿关注另外一个观察对象，导致观察不到有价值的婴幼儿行为。例如，在幼儿园的区域活动中，观察者来到娃娃家，看到几个幼儿在娃娃家做游戏。如果观察者没有事先确定观察目的，无法进行系统观察，那么观察者可以根据自己在娃娃家观察到的几个幼儿的典型行为表现，确定是否有值得进一步观察的对象和行为，先明确观察目的，再聚焦于特定的幼儿及其目标行为上。否则，观察者只是"走马观花"地观察，只了解到一些笼统和片面的信息，难以获取比较有意义的观察资料。

（二）确定观察地点与观察情境

观察者在确定了观察目的之后，首先要认真考虑在什么地点、什么情境下进行观察最适宜，最容易获取相关的数据与资料。例如，观察者想要了解幼儿的合作行为，就要根据自己对幼儿一日生活的了解，选定最能够观察到幼儿合作行为的场所与情境。具体来说，从幼儿园一日生活的安排来看，在入园、晨谈、集体教学、进餐、如厕和盥洗等环节及其相应的场所内，幼儿之间的互动相对较少，

---

① 施燕、章丽：《幼儿行为观察与记录》，27～28页，上海，华东师范大学出版社，2015。

所以观察者能观察到幼儿的合作行为的概率相对就比较小。但是在区域活动、户外活动等环节，幼儿之间的互动比较频繁，观察者观察到幼儿的合作行为的概率相对来说就比较大。如果观察者确定要观察幼儿的合作行为时，选择区域活动或户外活动作为观察的地点和情境，是比较适宜的。

观察者确定自己在观察活动中所扮演的角色，即观察者要做参与式观察，还是作为旁观者进行非参与式观察。如果观察者选择参与观察，那么观察者参与到活动中并以自然的方式与婴幼儿进行互动，观察者不是在一个固定的位置进行观察而是随着活动的进展和需要来确定自己的站位。如果观察者选择非参与式观察，那么观察者需要与观察对象保持一定的距离，以确保不会干扰和影响观察对象的正常活动。[1]

（三）准备观察工具

在进行轶事观察之前，观察者应准备好需要用到的观察记录表。轶事记录法的观察记录表主要包括观察的基本信息（观察对象、观察时间、观察地点等），观察记录，观察分析，指导建议，观察反思。在观察记录表的选择上，观察者可预先设计简单的观察记录表，以便在观察过程中更快捷地进行记录（见表2-2-1）。

表 2-2-1　轶事观察记录表

观察对象（姓名、年龄、性别）： 观察时间： 观察地点： 观察目的： 观察者：
观察记录：
观察分析：
指导建议：
观察反思：

---

① 王晓芬：《幼儿行为观察与分析》，65页，上海，复旦大学出版社，2019。

观察者还可以根据个人的需要或习惯，将观察记录与观察分析这两部分内容设计成并排的格式（见表2-2-2）。轶事观察记录表方便观察者在记录时或事后对观察对象进行分析，同时也提醒观察者在观察记录时，要注意区分观察事实与个人主观分析与判断，以确保观察记录的客观性。

表 2-2-2 轶事观察记录表并排格式

观察对象（姓名、年龄、性别）： 观察时间： 观察地点： 观察目的： 观察者：	
观察记录：	观察分析：
指导建议：	
观察反思：	

（四）观察与记录

在观察过程中，观察者需要边观察边记录，这对观察者的观察能力与记录技能的要求相对较高，以下将从记录内容、记录方式、记录要求三个方面展开阐述。

在记录内容上，观察者可以在观察开始之前了解观察对象的姓名、年龄、性别等基本信息，提前记录在观察记录表中。在观察开始时，把观察对象、观察时间、观察地点、观察目的、观察者等基本信息填写好。在观察过程中，这些基本信息会起到一定的提示作用，提示观察者将注意力集中在观察对象身上，而不是分散在其他幼儿身上；同时，观察记录表中的观察目的，也能提示观察者围绕观察目的来进行观察和收集资料。在记录中，最重要的是观察者观察到的婴幼儿行为。

在记录方式上，观察者可采用即时记录和回顾记录两种方式。[①] 即时记录是观察者在观察的同时进行记录。如果观察者采用的是非参与式观察，没有参与到观察对象的活动中，一般建议采用即时记录的方式。如果观察者采用的是参与式观察，观察者是在参与观察对象的活动过程中进行观察的，那么观察者采用即时记

---

① 王晓芬：《幼儿行为观察与分析》，68页，上海，复旦大学出版社，2019。

录的方式就相对困难一些，因为观察者不能停止当前的活动而到一旁去进行记录。在这种情况下，观察者一般需要采用回顾记录的方式。回顾记录是观察者在观察过程中采用默记的方式对重要的信息进行内在加工，在观察活动结束后的空闲时间，重新回顾具体的教育情境及婴幼儿在活动中的行为表现，并进行记录的一种方式。由于回顾记录是观察者在事后根据对婴幼儿行为及事件的回顾进行记录的一种方式，因此这种记录方式容易受到观察者个人记忆和主观参与的影响，并且随着时间的推移，观察者的记忆可能会逐渐模糊或出现断断续续甚至遗漏的情况，这就要求观察者在观察活动结束之后尽快进行回顾、记录与整理，尽可能保证观察记录的完整性、客观性。

在记录要求上，轶事观察记录要做到依序、语言准确、客观、翔实。轶事观察记录是对事件或行为进行的描述性记录，要求呈现事件的来龙去脉、前因后果。

首先，依序是指观察者应依照时间顺序将事件或行为记录下来，呈现事件或行为发生的起始、经过、结束等完整的内容。[1] 轶事观察记录应尽可能还原观察情境，根据事件或行为的发生过程如实、依序记录，这样才能让读者更全面地了解整个事件或行为的发生过程。

其次，语言准确是指观察者使用的语言文字要能够具体、准确地描述观察的情境与行为，避免使用抽象、概括性的词语。[2] 轶事观察记录是描述性记录，非常考验观察者的语言文字功底。初学者可通过多加练习、反复阅读观察记录和回想观察情境，琢磨观察记录中各个词语的运用是否适宜、恰当、准确，不断提升用词的准确性。

再次，客观是指观察者应保持中立的立场，使用中性的、不带有感情色彩和评论性的语言来描述与记录观察行为。[3] 观察者在观察过程中不可避免地会掺杂个人的主观参与，在观察过程中会因对所观察到的婴幼儿行为的感知而产生一系列感受与判断。因此，观察者要特别警惕主观参与对观察与记录可能带来的不良影响，在记录时不要将个人的主观感受当成观察到的事实进行记录，要明确区分观察的具体行为与个人的主观感受。

最后，翔实是指具体、完整地描述观察情境与行为，不遗漏重要细节。[4] 轶事观察记录主要记录一个完整的事件、行为，观察者的记录应尽可能地还原观察情

第二章·描述性观察方法的操作与案例

---

① 施燕、章丽：《幼儿行为观察与记录》，34 页，上海，华东师范大学出版社，2015。
② 施燕、章丽：《幼儿行为观察与记录》，36 页，上海，华东师范大学出版社，2015。
③ 施燕、章丽：《幼儿行为观察与记录》，37 页，上海，华东师范大学出版社，2015。
④ 王晓芬：《幼儿行为观察与分析》，67 页，上海，复旦大学出版社，2019。

境，让读者仿佛"身临其境"，置身于观察现场中，看到观察者所观察到的具体事件或行为。观察者在记录的过程中，不要凭着个人的主观判断而省略或遗漏某些细节，而要不厌其烦地记录每一个细节。如果观察者在记录过程中省略部分内容或有所遗漏，读者就很难了解到详细而全面的信息。

（五）整理与分析

对所收集到的观察资料进行系统的整理与分析，有助于观察者更深入地了解婴幼儿的行为并做出合理的解释，进而为促进婴幼儿的成长与发展提供适宜的教育指导策略。轶事观察记录资料的整理一般可以分为两个步骤：一是每日整理；二是阶段整理。每日整理是指观察者就当日收集的观察记录进行初步的分类与整理，将观察对象的资料进行编码、归档，做好初步的分类整理工作。阶段整理是指观察者在完成一个阶段的观察工作后，对观察记录进行集中的分类与整理。[①]

轶事观察记录的分析一般包括四个部分：一是阅读原始观察记录；二是关注主观感悟；三是寻找意义；四是进行阐释。阅读原始观察记录是分析的第一步，观察者要逐字逐句、认真、反复地阅读原始观察记录，抛开先入为主的主观看法，回归到原始资料中，让资料自己"说话"，聆听资料自身的"声音"。关注主观感悟是观察者与资料进行持续互动的过程，这一阶段要求观察者将注意力集中到原始记录带给自己的感受、冲击等情绪反应和思考上，关注阅读原始观察记录带给自己的感悟、思考与启发。寻找意义是观察者根据原始记录带给自己的思考去寻找与观察目的相关的、反复出现的行为和意义模式。进行阐释是观察者对原始观察记录中婴幼儿的行为进行合理的解释，并做出一定的判断和结论。一般来说，进行阐释包括以下几个方面：（1）从观察记录中概括婴幼儿的行为模式；（2）解释婴幼儿行为所具有的教育意义与社会重要性；（3）将观察结果与婴幼儿的发展相联系；（4）分析观察结果与婴幼儿成长环境之间的联系。[②]

三、轶事记录法的案例与分析

轶事记录法主要是观察者选取个人感兴趣或个人认为具有教育意义的婴幼儿行为进行观察，并通过翔实的文字描述进行客观记录的一种观察记录方法。以下是一则关于中班幼儿在区域活动中进行医生与患者的角色扮演游戏的观察记录。

---

① 王晓芬：《幼儿行为观察与分析》，68页，上海，复旦大学出版社，2019。

② 施燕、章丽：《幼儿行为观察与记录》，39～41页，上海，华东师范大学出版社，2015。

我是小医生

观察日期：2020 年 12 月 8 日 10：15	观察地点：深圳市某幼儿园某中班娃娃家区域
观察对象：小冠、张宇、小艳 年龄：5 岁	观察者：学前教育专业大学生 房增梅
背景信息：体能大循环活动结束后，幼儿回到教室里开始区域游戏	

行为描述：

　　区域游戏开始了，小冠今天选择的是娃娃家，他要当小医生。他穿上白大褂，挂上工作牌，在向积木区和语言区的小朋友借来四张小凳子之后，在小凳子上铺上白布。"这是我的桌子"，他微笑着向我宣布着。"医生，我的朋友呕吐了"，张宇跑过来对小冠说。（体能大循环活动后，有位小朋友呕吐了。）"啊，可是我的工具还没摆好呢"，小冠一边说，一边加快速度打开工具盒。"我先给他量体温"，小冠将体温计放在娃娃腋下一会儿后拿出来，贴上绿色的标签给张宇看。张宇说："他呕吐了。"小冠给体温计贴上了红色的标签说："啊，他要死掉啦。"一直在旁边摆弄手机的小艳听到后说："好，那我打个电话吧。"小冠伸手阻止了小艳："你不用打电话，我这儿就是急诊。"接着小冠一直在工具箱里寻找工具，此时张宇与小艳被旁边的游戏吸引住了，但很快又回过头来，小艳继续摆弄手机，张宇捂着娃娃的嘴说："不要吐了，不要吐了。"

　　小冠拿出了一把钳子问："要拔牙吗？"张宇说："要，他吐到你这里啦。"小冠做了拔牙的动作后，张宇说："他的牙齿坏啦。"小艳将手机对准娃娃的嘴："我给他拍个照，把它发给拔牙的医生。"小冠从工具箱里找出药水和棉签，用棉签涂抹药水后，拿出针筒。张宇："你可以给他抹一下。"小艳："你给他拿个创可贴吧。"小冠："哈，你们怎么那么多问题啊。"他转身从工具箱里拿出创可贴，摆弄了一下又放回工具箱。小艳："可以贴住他的嘴巴，因为他一直呕吐。"

　　小冠从工具箱里拿出药片，摆弄一下又放回工具箱，接着拿出一副牙齿模型向张宇展示，小艳在一旁打电话。小冠拿出了纸笔，张宇问道："我可以签名吗？你要开什么药啊？我可以画一个人，他在呕吐。"小冠："我写了一个数字，你可以去就诊。"张宇："在哪儿就诊？"小冠："就在你后面就诊。"小冠将纸给张宇和小艳，他们一起带着娃娃走向后面的桌子，站了一会儿后走回来。张宇说："好了，你可以打钩了。"看见小冠打钩后，张宇和小艳便带着娃娃走回床边。"等会儿，我给你拿药。"小艳说："给创可贴好不好，我们要创可贴。"小冠："不行，这是医生的。"张宇一边捂着娃娃的嘴一边抱着，说："不要呕吐了，不要呕吐了。他吐在我的裙子上了。"说完，张宇放下娃娃走了。小艳："给我创可贴好不好。"小冠："我这儿有两个药，晚上吃这个，早上吃这个。"小艳将手伸向工具箱："好，给我创可贴好不好？""不行，医生的东西不能乱碰。"小冠又翻出一支铅笔："这是什么啊？""是铅笔，给我创可贴好不好？"小冠翻出听诊器对小艳说："你帮我按住。"小艳按住娃娃，小冠用听诊器在娃娃身上按了几下。

　　在旁边游戏的小朋友走过来问："他怎么啦？"小冠："他有点发烧。"小艳："你给我创可贴好不好？"小朋友说："小冠，你给她创可贴。"见小冠没有反应，这个小朋友便越过桌子，伸手去拿工具箱里的创可贴。小冠用身子挡住了小朋友说："没事，不用创可贴的。"小艳："要的，我们需要的。"小冠从漱口杯里拿出一瓶药："不用，不能用创可贴。"小艳："要用的。"小朋友伸手拿到了创可贴，小冠提高了声音："不行，不能乱动。"小冠拿回了创可贴，将药水给小朋友："这个一天喝八瓶。"小朋友取下盖子开始喂娃娃。"不是，我现在喂，我现在喂。"小冠拿回药水瓶，放进工具箱里。看见小朋友在工具箱里摸索，小冠制止他说："别动医生的东西呀。"小朋友问："这个是什么呀？""这个也是药，别乱动医生的东西。"小朋友拿起一旁的发圈，"我给他绑头发。"小冠继续摆弄工具箱里的工具，小艳走到旁边摆碗筷。小冠将手上的纸递给小朋友："去一楼拿药。"小朋友带着纸走了。我问小冠："你的小朋友看完病了吗？"小冠回答："看完了，我要准备关店啦。"于是他们开始收拾工具。

观察分析：

　　在游戏过程中，我始终保持旁观者的身份，并没有过多地干扰幼儿的自主游戏。

　　从观察主题来看，这则轶事记录主要围绕中班幼儿的角色扮演游戏及其在游戏过程中的交往行为、语言表达等展开具体的记录。从记录内容来看，这则观察记录详细呈现了幼儿在角色扮演游戏中的具体动作与行为，以及幼儿之间的互动和对话，记录内容相对具体、翔实，记录所使用的语言文字相对客观，没有掺杂观察者个人的主观判断；不过，观察者所进行的观察分析相对简单，仅仅交代了观察者在观察过程中所扮演的旁观者的角色，没有对幼儿角色扮演行为进行相应的分析。

四、轶事记录法的评价

（一）轶事记录法的优点

　　第一，轶事记录法简单、方便、灵活。轶事记录法不需要设计与编制特定的观察记录表，主要是记录观察的基本信息并描述观察到的婴幼儿行为。当观察者在婴幼儿的一日生活中观察到有意义的行为时，可即时采用轶事记录法进行记录。这也是轶事记录法被认为是最简单、方便、灵活的一种观察与记录方法的主要原因。[1]

　　第二，轶事记录法翔实、完整地呈现事件或行为的前因后果、来龙去脉。轶事记录法要求观察者就观察的事件或行为进行依序的、翔实的描述与记录，完整

---

[1]　施燕、章丽：《幼儿行为观察与记录》，26页，上海，华东师范大学出版社，2015。

地呈现事件或行为发生的前因后果，描述事件或行为发生的起始、经过、结果等不同阶段的详细信息。[①] 通过观察者对事件或行为的发生背景、具体情境与结果的描述与记录，观察者在整理与分析资料时可以回归观察事实，读者也可以从这些详细的记录与资料中对事件或行为有更全面的了解。

第三，轶事记录法的观察记录客观，为理解婴幼儿的行为及进行教育指导提供客观的依据。轶事记录法要求观察者对观察的事件或行为采用中立的、不带有个人感情色彩的语言进行客观描述，不掺杂个人的主观感受、看法与判断，如实地记录具体的事件与行为。轶事记录法虽然是观察者个人通过感知进行观察与记录的事件或行为，但其客观的观察记录相对如实地还原了具体情境中的婴幼儿行为，而不是观察者个人的主观呈现，轶事记录法可以为不同读者理解婴幼儿的行为提供客观的事实依据，另外，不同读者也可以根据轶事记录法的客观记录，从不同角度对婴幼儿的行为进行分析与阐释，并提出适宜的教育指导建议。

第四，轶事记录法的观察资料较为完整地记录了婴幼儿的行为，这些资料可长期保存[②]，供随时查阅以了解婴幼儿的行为与发展。轶事记录法中的观察记录客观、翔实，当观察者或教师想了解婴幼儿发展中的某个方面或其行为的发展变化过程，即可随时查阅轶事记录法中的观察记录，这些观察记录可以让观察者或教师更全面地了解婴幼儿的行为。

（二）轶事记录法的不足

第一，轶事记录法中轶事的筛选容易受观察者个人主观偏见的影响。观察者往往容易根据个人的喜好来选择观察对象或观察行为，只记录自己比较感兴趣或认为有意义的行为，而容易忽略婴幼儿成长与发展中的其他独特行为或重要行为。

第二，轶事记录法主要靠观察者的回顾进行记录，记录内容与客观事实可能存在一定出入。轶事记录法是观察者根据个人的兴趣来筛选观察和记录婴幼儿的行为，且主要是利用观察后的空闲时间来整理和记录，所记录内容容易受到观察者的主观偏见和记忆能力的影响，难以客观、真实地反映婴幼儿行为的全貌。

第三，轶事记录法主要根据观察者的个人兴趣与价值取向来筛选观察和记录婴幼儿的行为，不一定具有代表性。在轶事记录表中记录的可能只是个别婴幼儿的行为，不一定是婴幼儿身心发展过程中具有代表性或具有里程碑意义的事件，难以代表所有婴幼儿身心发展的基本情况。

---

① 施燕、章丽：《幼儿行为观察与记录》，26 页，上海，华东师范大学出版社，2015。
② 施燕、章丽：《幼儿行为观察与记录》，26 页，上海，华东师范大学出版社，2015。

小　结

　　描述性观察方法主要有日记描述法和轶事记录法两种。这两种方法都需要观察者在自然情境下进行观察，且观察记录要做到客观、翔实。不过这两种方法通常是观察者根据事后回忆进行的记录，容易受到观察者主观偏见的影响，也可能存在记录内容与客观事实不符的情况。另外，这两种观察方法的侧重点不同，日记描述法注重对婴幼儿发展过程表现出来的新行为或重要事件进行长期、持续的观察与记录，要求观察者针对婴幼儿某个方面或某几个方面的发展进行长期、持续的观察；轶事记录法则注重对观察者感兴趣的、认为有意义的婴幼儿行为进行观察与记录，可以是一次性的观察，也可以是多次观察。

关键术语

　　日记描述法；轶事记录法；客观；翔实。

思考与练习

　　1.描述性观察方法主要有哪些？你是如何理解描述性观察方法的？

　　2.轶事记录法有哪些类型？如何运用轶事记录法？

　　3.日记描述法的优缺点是什么？你是如何理解的？

建议的活动

　　1.选择一个特定的婴幼儿行为或事件，采用轶事记录法进行观察与记录。

　　2.以某个婴幼儿为观察对象，对他／她某个方面或某几个方面的行为表现进行长期（如一个月）的持续观察与记录，并谈谈个人的收获、感受与反思。

　　3.同学彼此间交流对婴幼儿的观察与认识，反思对婴幼儿的情感、理解和解读。

第三章
取样观察方法的操作与案例

〉
〉〉
〉〉〉
〉〉〉〉
〉〉〉〉〉
〉〉〉〉〉〉
〉〉〉〉〉

学习目标

1. 理解事件取样法、时间取样法的含义；

2. 掌握事件取样法、时间取样法的运用方法，能在实践中运用事件取样法、时间取样法进行观察与记录；

3. 掌握对事件取样法、时间取样法案例进行分析与解读的基本方法与技能；

4. 掌握对事件取样法、时间取样法进行评价的基本方法与技能。

学习导图

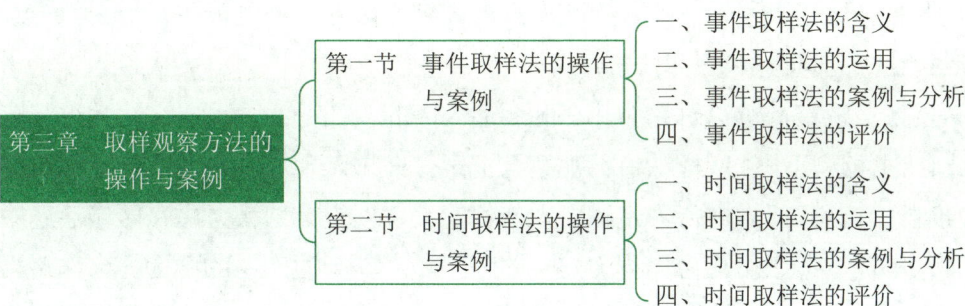

导 入

某幼儿园新入职的王老师在开学前几个月做了大量的幼儿观察记录，几乎全部都采用了描述观察方法。由于采用描述观察方法需要对幼儿的行为进行具体的描述，因此王老师获得了大量关于幼儿行为的文字描述，但不知道该如何深入分析这些零散的资料。王老师认为用描述观察方法需要做大量的细节描述，既比较耗时耗力，又难以进行量化统计。

于是，王老师准备向幼儿园里经验比较丰富的骨干教师陈老师请教，希望能有机会学习和掌握省时、省力、高效的观察方法，便于及时记录幼儿的行为并进行有效的分析，提升自己的观察水平。陈老师给王老师介绍了取样观察方法。取样观察方法主要包括事件取样法和时间取样法，二者都比较简便、高效，而且能够对观察资料进行量化分析。相信通过这一章的学习，你也能够运用取样观察方法对幼儿的行为进行观察、记录和分析。

第一节　事件取样法的操作与案例

一、事件取样法的含义

事件取样法是指以选取某一行为事件作为观察样本的一种观察取样方法。事件取样法注重行为事件的特点、性质，以行为事件本身为测量单位，只要行为事件一出现就开始进行记录，并随着事件的发展持续记录。[①] 事件取样法关注的是行为事件，观察者在整个观察过程中都应聚焦于所要观察的行为事件，不必把注意力分散在与行为事件无关的其他行为上，这些行为不在观察范围之内，也没有必要进行记录。观察者在采用事件取样法的时候，如果注意力被与特定行为事件无关的其他行为所吸引，导致观察与记录的内容零散且与主题无关，那么就难以收集到符合研究问题和观察目的的资料。

例如，观察者希望研究幼儿在区域活动中的合作行为，可以在幼儿进行区域活动的时候运用事件取样法进行观察与记录。在进入现场实施观察前，观察者首先要对幼儿合作行为进行界定和下操作性定义，预先计划和考虑在区域活动中需要记录的内容，如幼儿合作行为发生的背景、合作行为产生的原因、合作的类型与方式、合作的结果与影响等，并尽可能地记录幼儿之间的每一个互动行为及对话内容。值得注意的是，事件取样法非常关注行为事件的特点及性质，当观察者在区域活动中采用事件取样法对幼儿的合作行为进行观察时，只要幼儿一出现合作行为，便需要立即进行记录。

如果幼儿在区域活动过程中产生冲突，观察者是否有必要观察和记录幼儿的冲突行为呢？由于观察者事先计划通过事件取样法对幼儿的合作行为进行观察记

---

① 王晓芬：《幼儿行为观察与分析》，78 页，上海，复旦大学出版社，2019。

录，那么与幼儿的合作行为无关的其他行为则不在观察者的记录范围之内，观察者也不必特意对幼儿的其他行为进行记录。观察者理应将观察与记录的重点放在幼儿的合作行为中。因为观察者不会在观察过程中离开现场，所以观察者可以在对行为事件的持续观察中留意幼儿的冲突行为对其合作行为是否产生影响，并进行记录，但观察的重点仍然是幼儿合作行为而非其他行为。当然，这也不是说观察者可以对观察过程中幼儿突发的冲突行为置之不理，如果幼儿不能自主解决冲突，则需要成人或教师及时干预与指导，观察者应该根据具体情况采取相应的措施，以防幼儿因冲突行为受到伤害。这也是观察者在观察过程中应该注意的观察伦理，详见第六章。

二、事件取样法的运用

（一）确定观察行为和操作性定义

事件取样法是选取特定行为事件进行观察与记录的方法。运用事件取样法的第一步是确定观察行为，并对所要观察的行为事件进行分类和下操作性定义。观察者在对目标行为进行分类时要遵循互斥性原则和详尽性原则。[1] 互斥性原则是指对目标行为进行划分的类别之间是互相排斥的，不存在包含与被包含的关系。详尽性原则是指目标行为所划分的类别可以全面地说明和解释目标行为，没有缺漏。操作性定义是观察者对观察的目标行为做出清楚、详尽的说明和规定，确定观测指标。[2] 观察者对目标行为的操作性定义可以使观察者在观察过程中快速、清晰而准确地判断出所要观测的行为并进行记录，而不需要对发生的行为进行辨别、判断和加工，从而节省了观察的时间和精力，也能使观察更加精准。

对观察行为进行分类和下操作性定义是采用事件取样法开展观察记录的关键。观察者只有确定观察行为的类别并对其下操作性定义，在进入观察现场进行观察时才能快速地辨别哪些行为属于观察和记录的范围，哪些行为不属于观察和记录的范围，并进行相应的记录。如果观察者在进入观察现场之前只确定了观察行为，但是没有对行为进行分类和下操作性定义，那么观察者在观察时还需要先快速地对发生的行为进行辨别和判断，再记录属于观察范围内的行为，这往往会增加观察的难度，对观察者的能力要求也比较高。

尤其对于初学者来说，在观察前确定好观察行为并下操作性定义，事先对观

---

① 王晓芬：《幼儿行为观察与分析》，86 页，上海，复旦大学出版社，2019。
② 王晓芬：《幼儿行为观察与分析》，86 页，上海，复旦大学出版社，2019。

察行为有具体的了解，可在观察时不至于出现措手不及的情况。观察者进入观察现场后，难以预估观察对象的具体行为，也无法控制观察对象的行为，而且观察对象不会因为观察者而暂停活动或放慢行动的节奏以配合观察者进行观察和记录。因此，很多初学者在进入观察现场进行观察时，都会感慨事件发生得太快，根本来不及记录，更没有时间和精力在观察现场对行为进行辨别和判断。如果初学者事先明确观察行为并下了具体的操作性定义，了解行为的具体表现和观察范围，在现场进行观察和记录时，就比较容易聚焦于行为事件，难度也会降低，这些都有助于初学者进行观察和记录。

（二）了解观察行为的一般特质

了解观察行为的一般特质是指观察者对观察行为的具体表现、发生情境等有相应的了解。通过了解观察行为的一般特质，观察者能够在做观察计划时明确应该在何时、何地、何种情境下开展观察研究，以便做好观察准备。相对于初学者，幼儿园教师对幼儿的一日生活及幼儿的行为比较了解，清楚在何时、何地可以观察到幼儿的某些特定行为，所以较容易准确地选择相应的观察情境。如果初学者对幼儿的一日生活和幼儿的行为缺乏足够的了解，那么可以先进行预备性观察，在预备性观察中收集与观察行为相关的资料，加深对幼儿行为的一般特质的了解，明确观察行为的具体表现和发生情境，为正式的观察做好准备。

例如，如果观察者想要研究幼儿的同伴互动行为，那么可以事先了解对幼儿一日生活中的哪些环节进行观察比较适宜。一般来说，幼儿在一日生活中的区域活动环节，可以自由选择区域并参与游戏，在这一环节中幼儿的交往和互动行为相对来说比较多，这也是观察者了解幼儿的同伴互动行为的较为理想的观察情境。如果选择在集体教学活动这个环节中来观察幼儿的同伴互动行为则不够理想。这是因为集体教学活动通常以师幼互动为主，在这个环节中发生的幼幼互动行为相对较少，且在这个环节中的幼幼互动通常会因干扰集体教学活动而被制止。

（三）确定观察记录的内容和形式

观察者可以根据观察行为的操作性定义和对行为一般特质的了解，确定观察与记录的内容和形式。例如，观察者要观察幼儿的同伴互动行为，在对同伴互动行为下操作性定义及明确观察时间与情境后，观察者可以设计观察记录表，在表中写明观察与记录的具体内容。具体来说，有研究者针对幼儿同伴互动行为给出如下操作性定义。（1）寻求帮助：向同伴借用物品，或向同伴发出求助信号。（2）提出建议：向同伴提出自己的建议和想法，向同伴提供帮助。（3）表达情感：

通过语言、动作、表情来表达对同伴的鼓励、赞美。（4）争夺物品：与同伴出现争吵、抢夺物品等行为。（5）其他：不能归属于上述四种同伴互动类别的互动行为。另外，研究者还预先设计了同伴互动行为引发的结果：接受及回应、忽视、拒绝、协商。[①] 根据观察行为的操作性定义，研究者可以结合对行为可能发生的情境的了解，确定观察记录的内容，制定观察记录表（见表3-1-1）。

表 3-1-1　幼儿同伴互动行为观察记录表

观察时间：

观察地点：

观察者：

幼儿 1：姓名　　　性别　　　年龄

幼儿 2：姓名　　　性别　　　年龄

幼儿 3：姓名　　　性别　　　年龄

（观察对象人数依具体情况来填写）

幼儿编号	发生背景	互动原因	行为表现	行为结果	产生影响	互动时间
1						
2						
……						

在记录形式上，事件取样法既可以采取文字描述的形式，也可以采用编码的形式，还可以采用文字描述与编码相结合的形式。文字描述的形式有助于观察者记录具体、翔实的观察资料，但比较耗费时间。编码的形式有助于观察者在观察时快速记录，比较简单便捷。在编码方式上，观察者可以根据个人习惯对要记录的内容进行编码，如采用首字母的形式进行编码，或者采用提取关键词的方式进行编码等。编码的主要目的是便于观察者记录，节约记录时间。观察者需要事先对已经下操作性定义的行为进行编码，以便在观察时可以快速地使用编码进行记录。另外，如果需要记录的内容较多，观察者要事先熟悉编码内容，可提前将编码内容写在观察记录表上，方便观察时及时回顾和确认。

（四）整理与分析

事件取样法是选取特定行为事件进行观察记录的方法，用于了解婴幼儿行为的具体表现和发生脉络，有助于观察者深入探究和分析、理解婴幼儿的行为。观

---

① 王晓芬：《幼儿行为观察与分析》，82 页，上海，复旦大学出版社，2019。

察者采用事件取样法对特定的婴幼儿行为事件进行观察与记录，一旦观察到婴幼儿的特定行为就开始记录，就可以收集婴幼儿行为发生的背景、具体行为表现及行为发生的频率、行为引发的结果等丰富的资料。观察者在整理与分析事件取样法的观察记录时，可以重点对行为发生背景、行为表现、行为发生的频率、行为引发的结果等记录内容进行分析，从中梳理和归纳出婴幼儿行为的一般模式。

三、事件取样法的案例与分析

事件取样法重点对婴幼儿特定的行为事件进行观察，记录行为出现的频率和具体的行为表现，以便观察者进一步了解婴幼儿的行为模式。

在案例 3-1-1 中，观察者通过事件取样法记录中班幼儿在积木区的同伴互动行为。从观察者的操作性定义中可知，她把幼儿同伴互动行为划分为 6 种具体的行为表现；在观察过程中，只要幼儿表现出这些行为，观察者就开始记录，不受时间间隔的影响；在观察记录中可以具体看到幼儿同伴互动行为发生的背景、互动原因、行为表现、行为结果、影响及具体的互动时间等

案例 3-1-1 中班幼儿在积木区的互动行为观察

信息，记录了幼儿同伴互动行为的详细资料；从观察分析中可知，在积木区，小德通常是同伴互动行为的发起者，观察者具体分析了小德发起互动的具体情况以及由此引发的其他幼儿之间的互动，详细分析了幼儿的互动如何推动搭建活动的发展变化，从幼儿讨论搭建什么到最终完成坦克的搭建的过程中都包含了幼儿的具体互动；在观察评价中，观察者对幼儿发起互动、提出建议、解决问题等能力做出了具体的评价；在观察建议中，观察者就幼儿园教师在幼儿搭建活动中扮演的观察者和引导者的角色提出了具体建议。

四、事件取样法的评价

（一）事件取样法的优点

第一，事件取样法是一种比较简便、省时、实用的观察法。[①] 观察者确定要观察的行为并给出操作性定义后，便进入观察现场进行观察，只要看到幼儿出现具体的行为就立即记录，而不必受到时间间隔和时间段等因素的限制，较简便、省时、实用。例如，观察者要观察幼儿的攻击性行为，观察者在幼儿的一日生活中，

---

① 王晓芬：《幼儿行为观察与分析》，81 页，上海，复旦大学出版社，2019。

只有观察到幼儿的攻击性行为时才需要进行观察和记录，对幼儿的其他行为（与攻击性行为无关）则不必做观察记录，这相对来说是比较简便的，也不会耗费观察者太多的时间和精力。

第二，事件取样法收集到的资料比较全面、脉络清晰。[1] 事件取样法是以行为事件为样本进行观察记录的方法，重点关注行为事件本身。在采用事件取样法进行观察与记录时，只要行为事件发生便开始记录，因而能较具体、全面地收集到有关行为事件发生的原因、具体行为表现和行为的结果等重要信息，能够清晰而全面地呈现行为事件的起因、经过、结果等事件发展变化的脉络。例如，在案例3-1-1中观察者记录了中班幼儿在积木区的同伴互动行为，在观察记录中可以清晰地看到幼儿同伴互动行为的发生、同伴互动行为产生的原因、具体的互动行为表现、互动行为的结果及其产生的影响等具体信息，较全面地勾勒出了中班幼儿同伴互动行为的原貌。

第三，事件取样法可以综合运用多种记录方式，记录方式比较灵活、便捷。在观察前，观察者已经明确要观察的行为并给出具体的操作性定义，进入观察现场时仅带着事先设计好的观察记录表，一旦在观察过程中发现相应的行为，就在观察记录表中找到相应的地方，采用行为检核的方式或编码的方式进行记录即可。另外，事件取样法可以结合描述性观察记录的方法，通过具体而详细的文字来记录行为发生的情境和行为的具体表现，使观察记录更加详尽、完整和情境化。在案例3-1-1中，观察者除了运用编码的方式进行记录外，在编码后还相应地采用文字描述了幼儿同伴互动行为发生的情境、幼儿之间的互动等具体的信息，记录了较完整的幼儿同伴互动行为。

（二）事件取样法的不足

第一，事件取样法可能会缺乏测量的稳定性。[2] 事件取样法主要用于观察和记录特定的行为事件，在观察过程中主要聚焦与观察目的相关的行为事件，而忽略观察过程中伴随的其他行为。然而，个体行为的性质脱离不开具体的情境，同一个行为在不同的情境下可能代表着不同的意义，具有不同的性质。如果观察者以特定行为为样本进行观察和测量，忽略了行为的具体情境脉络，可能会使测量结果发生偏差，影响测量结果的稳定性。例如，观察者想要了解小班幼儿的入园适应情况，并主要记录幼儿在入园初期的哭泣行为。在小班幼儿入园的第一天，观

---

① 施燕、章丽：《幼儿行为观察与记录》，49 页，上海，华东师范大学出版社，2015。
② 施燕、章丽：《幼儿行为观察与记录》，49 页，上海，华东师范大学出版社，2015。

察者只要观察到幼儿的哭泣行为便立即记录，但是幼儿的某些哭泣行为可能确实是因入园不适应而表现出的哭泣，如入园与家人分离时的哭泣行为，而有些哭泣行为可能是其他原因引起的，如与其他幼儿争吵或感到被教师忽视等。那么，观察者记录下来的这些哭泣行为，就会影响观察者对幼儿入园不适应的哭泣行为的测量。

第二，事件取样法可能无法确保行为的完整性。[①] 行为之间具有一定的连续性，一个行为的产生可能是在某些行为的影响下出现的，也可能是由其他行为引起的。事件取样法只关注特定的行为事件，只是在观察者观察到行为出现时才开始记录，这样可能会割裂行为之间的连续性，无法确保行为的完整性，从而导致观察者在分析和理解幼儿行为时产生偏差。虽然观察者会记录引发行为的原因、行为的表现及其结果产生的影响等具体信息，尽可能地记录事件发生的起因、经过、结果等情境脉络，但是有时幼儿的行为可能与其经验中较早的行为事件有关，而不仅仅是与行为发生的前几秒或前几分钟的行为事件有关联。例如，观察者主要记录幼儿因分离焦虑而引发的哭泣行为，观察者只要看到幼儿表现出哭泣行为就进行记录。假设观察者看到两个幼儿在玩过家家的游戏，一个幼儿扮演妈妈，另一个幼儿扮演宝宝，她们在玩"妈妈送宝宝上幼儿园"的游戏，当游戏进行到妈妈送宝宝去幼儿园并要离开时，扮演宝宝的幼儿开始表演出"哭泣"的行为，随后越哭越大声，眼泪也掉下来了。由于观察者在观察过程中重点聚焦行为事件，在行为事件产生时才进行记录，这使得观察者容易忽略其他行为。观察者在这次观察中可能只注意到并记录了幼儿在角色扮演游戏中的哭泣行为，就有可能从角色扮演游戏、同伴互动的角度来分析幼儿的哭泣行为，而忽略了幼儿一开始在角色扮演游戏中的"哭泣"行为与随后的"大声哭泣"行为之间的内在联系，以及幼儿的分离焦虑与"大声哭泣"之间的内在联系，从而影响了观察者对行为完整性的分析。

第三，事件取样法只适用于发生频率较高的行为，而不适用于记录偶发行为或偶然事件。[②] 事件取样法主要是观察者在行为事件发生时进行记录，只适用于发生频率较高的行为。如果只是偶发行为或偶然事件，则不适于采用事件取样法。一方面，偶发行为或偶然事件的发生是难以预测的，观察者难以在观察准备阶段预估行为事件或了解行为的一般特质，难以开展具体的研究。另一方面，事件取样法是观察者在观察到特定的行为后即时进行记录，对于偶发事件或偶然事件，

① 施燕、章丽：《幼儿行为观察与记录》，49 页，上海，华东师范大学出版社，2015。
② 施燕、章丽：《幼儿行为观察与记录》，49 页，上海，华东师范大学出版社，2015。

观察者可能连续观察好几个小时都没有观察到相应的行为事件并进行记录。采用轶事记录法来记录偶发行为或偶然事件比采用事件取样法更加简便。

第二节 时间取样法的操作与案例

一、时间取样法的含义

时间取样法是指在事先设定的时间内观察目标行为，并记录目标行为出现的次数，借以了解行为模式的一种方法。时间取样法适用于记录发生频率较高的外显行为，既可以重点记录一个婴幼儿的行为，也可以同时记录多个婴幼儿的行为。[①]采用时间取样法观察和记录的行为需具备两个特征：一是出现频率较高的行为；二是行为是外显的，容易被观察和记录。

例如，幼儿之间的互助行为、分享行为在幼儿一日生活中出现的频率相对较高，这些行为通常有具体的、外显的表现，观察者可采用时间取样法进行观察与记录。而对于幼儿的学习动机、想象力与创造力等方面则不适合采用时间取样法进行观察记录：一是由于幼儿的学习动机、想象力和创造力等不一定是幼儿在一日生活中经常表现出来的行为；二是幼儿的学习动机、想象力与创造力等的表现难以像互动行为一样有操作性定义，也难以将其划分为具体的外显行为从而进行观察与记录。综上，对幼儿的学习动机、想象力与创造力等方面的研究，可通过描述性观察法、访谈法等深入研究，而不适合采用时间取样法。

二、时间取样法的运用

（一）确定观察行为和观察对象

时间取样法与事件取样法一样，是对特定行为事件的观察与记录，因而，采用时间取样法时也需要先确定观察行为，并且对观察行为进行分类和下操作性定义。这些要求与事件取样法相同，在此不再赘述。与事件取样法不同的是，在采用时间取样法进行观察时，要事先根据观察目标和观察行为，明确观察时长、间隔时间和观察次数。[②]观察时长是指每次观察所需要持续的时间，如10分钟、30分钟；确定观察时长后还需要确定观察时距，观察者可以根据观察行为出现的频

[①] 王晓芬：《幼儿行为观察与分析》，85 页，上海，复旦大学出版社，2019。

[②] 王晓芬：《幼儿行为观察与分析》，86 页，上海，复旦大学出版社，2019。

率、行为持续的时间和行为的复杂程度来决定观察时距。间隔时间是指时距与时距之间间隔的时间。观察者可以根据观察时距、观察对象的数量以及记录内容的多少来确定间隔时间。如果观察时长较长，观察对象数量较多，需要记录的内容也相对较多，那么间隔时间可以相应延长；反之，间隔时间可以相应缩短，或者不设置间隔时间。观察次数主要取决于观察者对观察行为的熟悉程度和观察资料的收集情况。具体来说，如果观察者对观察行为比较熟悉，可以适当减少观察次数；如果观察者对观察行为比较陌生、不够了解，可以适当增加观察次数，以获取更丰富的观察资料，从而增进观察者对观察行为的了解，对观察资料进行更深入的分析和解释。另外，观察者应结合观察资料的收集情况来确定观察次数。观察者在每次观察结束后应及时整理和分析观察资料，从而判断所收集的资料是否具有代表性，如果目前收集到的资料的代表性不强，观察者可以增加观察次数，以收集丰富的、具有代表性的资料。

在观察对象方面，时间取样法既可以用于记录某个特定婴幼儿的行为，也可以用于记录一组婴幼儿的行为。观察者在采用时间取样法时，可先根据观察目标确定观察对象[1]；确定观察对象后，可事先记录观察对象的基本信息，设计观察表格。如果以一个特定的婴幼儿为观察对象，则记录婴幼儿的姓名、性别、年龄、观察日期等基本信息。如果以一组婴幼儿作为观察对象，观察者可事先对婴幼儿进行编号，在进行观察与记录时即可在对应的编号处做记录，比较简便，不易混淆。

（二）记录客观事实

在确定观察行为和观察对象之后，观察者可设计观察记录表，以便在现场观察时进行记录。观察记录表上应标明观察行为的具体类别、观察对象、观察地点、观察时间、观察时距、间隔时间和观察者等基本信息。例如，观察者观察一名幼儿的游戏行为，将游戏行为分为无所事事、旁观、独自游戏、平行游戏、联合游戏、合作游戏等具体的行为类别。同时，观察者计划在9：00—9：30区域活动时间开展观察，5分钟为一个观察时距，中间不设置间隔时间，而是进行连续观察，观察者可以设计如下的幼儿游戏行为的时间取样记录表（见表3-2-1）。

---

① 王晓芬:《幼儿行为观察与分析》，85页，上海，复旦大学出版社，2019。

表 3-2-1　幼儿游戏行为的时间取样记录表

观察目标：幼儿游戏行为						
观察时间：						
观察地点：						
观察者：						
观察对象：						
游戏行为	时间					
	9：00— 9：05	9：05— 9：10	9：10— 9：15	9：15— 9：20	9：20— 9：25	9：25— 9：30
无所事事						
旁观						
独自游戏						
平行游戏						
联合游戏						
合作游戏						
观察分析：						
观察评价：						
观察建议：						

第三章·取样观察方法的操作与案例

表 3-2-1 是以一个幼儿为观察对象设计的观察记录表，如果观察者想要在同一个时间段内同时对多名幼儿的游戏行为进行观察，那么可以在表 3-2-1 的基础上增加观察对象的信息，并对观察对象进行编号，以便进行观察与记录。同时，观察者可以事先把即将观察的幼儿游戏行为类别进行编码，用编码进行记录，如此可以简化观察记录表。例如，表 3-2-2 是对 5 个幼儿的游戏行为进行观察的记录表，观察者事先对幼儿的游戏行为类别进行编码，采用首字母的方式进行编码，在相应的观察时间内观察到某个幼儿表现出某种游戏行为时，则在相应的表格处以编码的形式进行记录。例如，观察者观察到幼儿 1 在 9：00—9：05 这个时间段内表现出独自游戏的行为时，可在记录表中找到幼儿 1 所处的 9：00—9：05 这个时间段，并在表格内写上 "D"（独自游戏的编码）。

表 3-2-2　多个幼儿游戏行为的时间取样记录表

观察目标：幼儿的游戏行为

观察时间：

观察地点：

观察者：

观察对象：

游戏行为编码：无所事事（W）、旁观（P）、独自游戏（D）、平行游戏（PX）、联合游戏（L）、合作游戏（H）

幼儿编号	时间					
	9：00—9：05	9：05—9：10	9：10—9：15	9：15—9：20	9：20—9：25	9：25—9：30
幼儿 1						
幼儿 2						
幼儿 3						
幼儿 4						
幼儿 5						

观察分析：

观察评价：

观察建议：

　　观察者在采用时间取样法进行记录的时候，可以考虑采用统一的编码、符号和标识进行标注。如果观察者选择查核记号的方式进行记录，在某个时间段内观察到相应的行为，采用打"√"的方式进行记录；如果观察者选择记数记号的方式进行记录，当观察到相应的行为时，可采用写"正"字的方式来记录行为出现的次数。观察者还可以在表格最右侧增加一列"备注"，或者在记号标识后面用括号备注的方式，简单记录行为持续的时间、突出表现的特征等，以便记录更多的细节，使观察记录更加翔实、丰富。

（三）分析观察记录

　　观察者采用时间取样法对婴幼儿特定的行为进行观察与记录，收集婴幼儿行为的相关资料，接下来可结合观察目标分析婴幼儿行为出现的频率、持续的时间及行为中可能出现的问题等。例如，案例 3-2-1 是观察者采用时间取样法对一名大班幼儿的游戏行为进行的观察记录。

观察者通过观察记录中的具体信息，统计分析了幼儿在不同时段游戏中的参与情况。从观察记录中可看出，幼儿进行合作游戏的时间最多，共 15 分 25 秒；其次是联合游戏，共 7 分 25 秒；平行游戏、独自游戏、旁观的时间较少，分别是 4 分 45 秒、3 分 45 秒和 4 分 50 秒；而无所事事行为并未出现。由此观察者分析出幼儿在区域活动中以合作游戏和联合游戏为主。

案例 3-2-1
大班幼儿游戏
行为观察

从观察者的记录和分析中可以看出，采用时间取样法可以获得具体的量化数据，对幼儿的行为表现进行量化分析，可以更好地了解幼儿某种行为出现的频率和持续时间。不过，案例 3-2-1 中的记录与分析也能表现出时间取样法存在的不足，即在观察记录中只能看到行为出现的频率和时间，缺乏对具体的行为表现的记录，因而也难以了解幼儿在游戏行为中的具体表现。例如，观察者通过观察记录分析出幼儿在区域活动中以合作游戏和联合游戏为主，但是仅依靠时间取样法的数据却无从得知幼儿在合作游戏和联合游戏中的具体表现，相应也无法对幼儿在合作游戏和联合游戏中的行为表现进行具体、深入的分析。

（四）评价与建议

观察者在对观察记录进行分析后，可结合幼儿行为与发展的相关理论、常模，或《3—6 岁儿童学习与发展指南》中的相关指标对幼儿的行为表现进行评价，以了解幼儿行为发展的水平。观察者可结合观察分析和观察评价，为特定的婴幼儿的行为表现提供具体的、有针对性的教育指导建议。

三、时间取样法的案例与分析

案例 3-2-2 和案例 3-2-3 分别是观察者对一名大班幼儿的注意力进行的两次观察记录，通过比较，可以分析这名幼儿的注意力表现情况。

案例 3-2-2

幼儿注意力观察记录表（一）

观察对象：大宝　性别：男　年龄：5 岁

观察时间：2020 年 12 月 24 日　8：45—9：11

观察地点：深圳市某幼儿园大班活动室

观察情境：这节课教师主要是检验在上一节课中小朋友们提出的催熟香蕉的方法是否可行，且老师在前一天已经请 3 名有兴趣的小朋友带着未成熟的香蕉回家做实验，这节课主要检验实验的成果。

观察者：学前教育专业大学生　梁清清

时间	行为表现										
	看着老师	举手	发言	离开座位	受到别人干扰	与别人打闹	干扰别人	坐姿不端正	发出声音	发呆	其他
8：45—8：47	√			√							
8：47—8：49	√				√	√		√	√	√	√
8：49—8：51		√			√			√		√	√
8：51—8：53				√	√	√		√			
8：53—8：55	√	√		√							
8：55—8：57	√			√	√						
8：57—8：59	√					√		√		√	
8：59—9：01	√										
9：01—9：03	√										√
9：03—9：05	√	√		√							
9：05—9：07	√							√	√	√	
9：07—9：09	√							√	√	√	
9：09—9：11				√					√		

观察分析：

　　大宝在这节课上看着老师 10 次，这一行为在这节课中出现得最多；举手 3 次，但举手后未能得到老师邀请发言；发言 0 次；离开座位 5 次；受到别人干扰 4 次；与别人打闹 3 次；干扰别人 0 次；坐姿不端正 5 次；发出声音 6 次；发呆 5 次。

观察评价：

　　大宝在这节课上的注意力还是相对集中的。他对这节课的内容非常感兴趣，且这节课的教学方法也很不一样。老师拿着涂过白酒的香蕉给小朋友们闻时，大宝非常想闻闻这个香蕉是什么味道的，于是他拿着他的坐垫从最后一排坐到了第一排，积极参与了课堂的互动。在老师向集体提问题的时候，他会发出声音回应老师，跟随课堂的节奏。但如果缺少与老师的交流，大宝的注意力就容易分散。在课堂提问的环节，大宝举手想要发言，但可能是因为他坐得不够端正，他并未得到老师的邀请。他的弟弟小宝打扰了他，他大声地叫了起来，与小宝打闹起来。此外，他在这节课上没有出现干扰他人的现象，这点做得非常好，可以看出他具有一定的自制力。

观察建议：

　　在这节课中，大宝看着老师这一行为出现得最多，可以看出，从幼儿的生活中生成的课程内容更容易吸引幼儿的注意力，播放幼儿做实验的视频这个教学方法很有吸引力。幼儿观看精彩的视频后会对同伴发出赞美，提高同伴间互相欣赏的能力。后续的课程开发可以更加着重于幼儿的一日生活，从幼儿的生活中挖掘他们最感兴趣的内容，创新授课形式。

　　但在课堂提问环节，大宝举手想要表达自己的意见时，老师没有邀请他回答问题。他尝试站起来吸引老师的注意，但老师仍没让他回答问题，可能是因为他没有坐好，所以没有被邀请。老师在集体授课时，虽然很难做到关注每一个幼儿的课堂表现，但要提高观察能力，及时察觉幼儿想要表达的信号，并邀请幼儿回答问题，以免挫伤他们的积极性，以至于出现发呆、抠衣服等现象，影响课堂纪律。

观察反思：

　　我个人觉得大宝对这节课讲述的内容还是非常感兴趣的，因为他本来是坐在后面的位置上的，当他发现自己看得不太清楚时便拿起垫子坐到最前排。老师播放家长为小朋友做实验拍摄的视频，小朋友们在看到这些视频时反应非常热烈。大宝在这节课中看着老师和举手的次数较多，说明大宝的注意力比较集中。在这个过程中出现了受到别人干扰、与别人打闹、坐姿不端正、发呆等行为，说明他的注意力受到了影响。

案例 3-2-3

幼儿注意力观察记录表（二）

观察对象：大宝　性别：男　年龄：5 岁
观察时间：2020 年 12 月 25 日　8：45—9：13
观察地点：深圳市某幼儿园大班教室
观察情境：今天教师以中国的新年为主题，让幼儿根据已有的经验来谈论中国人在过年时的风俗习惯及饮食习惯等，并借助网络向幼儿普及关于新年的知识。
观察者：学前教育专业大学生　梁清清

时间	行为表现										
	看着老师	举手	发言	离开座位	受到别人干扰	与别人打闹	干扰别人	坐姿不端正	发出声音	发呆	其他
8：45—8：47	√	√	√					√			√
8：47—8：49	√	√						√	√		√
8：49—8：51											
8：51—8：53										√	
8：53—8：55					√		√			√	
8：55—8：57							√			√	√
8：57—8：59	√							√			√
8：59—9：01	√							√			
9：01—9：03	√							√			
9：03—9：05	√										
9：05—9：07	√							√			
9：07—9：09	√			√							
9：09—9：11	√				√		√				√
9：11—9：13	√			√			√	√			

观察分析：

大宝在这节课上看着老师这一行为出现得最多，有 10 次；但举手只有 2 次，且有 1 次发言；离开座位 2 次；受到别人干扰 1 次；与别人打闹 0 次；干扰别人 4 次；坐姿不端正 10 次；发出声音 1 次；发呆 5 次；其他行为有 9 次（其他行为包括弄自己的衣服、抠鼻子、抠手指、摇头晃脑等行为）。大宝在这节课上课堂参与不积极，虽然会看着老师，但注意力不够集中，出现发呆、坐姿不端正等现象，还会干扰他人上课，自制力有待加强。

观察评价：

　　大宝的课堂参与并不活跃，容易沉浸在自己的世界中。他的注意缺乏目的性和指令性。他不知道自己要干什么，在老师课堂提问时能跟随其他小朋友一起举手，但他并没有很强的表达愿望。他容易东张西望或摸旁边小朋友的衣服。此外，他对过年的风俗习惯这一话题的讨论缺乏持久的兴趣。如果他非常好奇，就会认真听小朋友的回答，但持续的时间并不长，还会出现乱抠东西的行为。

观察建议：

　　教师在上课之前可以先向小朋友们提出几个关于过年的风俗习惯的问题，启发小朋友们，让他们在课堂中积极思考。教师在课堂教学过程中要多关注坐在后排的小朋友，应该尽量避免只让一些语言表达能力稍强的小朋友回答问题，应多鼓励那些坐在后排的小朋友积极参与课堂活动。

观察反思：

　　我个人觉得可能是大宝对这节课的内容不感兴趣，因为幼儿是有过年的经验的，但大宝却很少举手发言，很多时间都在发呆。这可能是因为教师上课的形式还不够吸引他，或者是因为他没有听懂教师的话，没来得及回应教师。但在这节课中其他小朋友都非常积极参与到课堂中，所以大宝没有认真地听这节课，应该是他个人的原因。

　　上述两个观察案例呈现了观察者连续两天对幼儿在集体教学过程中的注意力表现进行观察记录，从观察记录中可以看到幼儿在两天内的注意力表现存在细微差别，这样既能找到幼儿注意力表现的一些共同要素，以便对幼儿的注意力有更多、更全面的了解，也能为幼儿园教师采取相应的教育指导策略提供具体的参考数据。

四、时间取样法的评价

（一）时间取样法的优点

　　第一，时间取样法比较简便、省时、高效和客观。[①] 观察者采用时间取样法对婴幼儿的行为进行观察与记录，可事先根据观察目标确定观察项目和目标行为，设计观察记录表，确定观察时长、间隔时间和观察次数。观察者只需要依据观察记录表中的内容进入观察现场，当婴幼儿出现目标行为时在相应的地方做标识即可，记录比较简便、省时、高效。观察者主要记录行为出现的频率、持续时长等，记录较为客观。如果采用描述性的方法来记录幼儿的高频率行为，需要进行重复

---

① 李晓巍：《幼儿行为观察与案例》，110 页，上海，华东师范大学出版社，2017。

的描述，比较费时费力，而采用时间取样法来观察和记录婴幼儿的高频率行为是比较合适的，只需要在观察记录表中相应的位置采用编码或记数的方式来做记录即可，比较简便、省时。此外，时间取样法可用于观察一名婴幼儿的行为，也可同时对多名婴幼儿进行观察，比较省时、高效。

第二，时间取样法可用于收集婴幼儿行为出现的频率和持续的时间等量化资料。观察者可采用时间取样法在特定的时间段内观察和记录婴幼儿特定行为出现的频率及持续的时间，通过这些具体的量化数据来分析和了解婴幼儿的行为模式。这也是采用描述性观察方法难以直接获取的量化数据。

第三，观察者可采用时间取样法重复进行观察，提高资料的准确性和全面性。观察者在采用时间取样法时，依据观察目标来确定观察行为从而编制观察记录表。观察者可根据观察记录表对婴幼儿进行重复观察，以便获得关于婴幼儿行为的更丰富、全面的资料，有助于提升观察资料的全面性和准确性，增进对婴幼儿行为的理解。另外，研究团队中的其他成员也可以采用观察记录表对婴幼儿的行为进行观察与记录，并将不同观察者收集的数据进行比较、分析，从而提升观察资料的准确性和全面性。

（二）时间取样法的不足

第一，时间取样法的观察准备工作比较耗时费力。采用时间取样法需要围绕观察目标预先确定观察项目和目标行为，对每一个观察项目下操作性定义，从而确定需要观察的具体目标行为。接着确定观察时长、间隔时间和观察次数等，制作观察记录表。这一准备工作是实施时间取样法的关键，但比较耗费时间和精力。

第二，时间取样法只能用于记录高频率且易于观测的外显行为。时间取样法主要是在一段时间内对婴幼儿经常出现的行为进行记录，而且这些行为必须是外显的、易于观测的行为。对于婴幼儿偶然出现的或内隐的行为，则无法用时间取样法进行观察记录。

第三，时间取样法主要记录目标行为发生的频率和持续的时间，缺乏对具体行为表现的描述。在采用时间取样法时，观察者主要依据预先设计好的观察记录表进行观察和记录，观察和记录的具体内容受限于观察记录表，主要针对观察记录表中的目标行为，记录相应行为出现的频率和持续的时间，但是没有关于婴幼儿实际行为表现的具体描述，对婴幼儿行为缺乏较为深入且全面的了解。

第四，时间取样法主要关注目标行为，缺乏对行为发生的具体情境和前因后果的记录。时间取样法主要记录观察项目中目标行为出现的频率和持续的时间，但是缺乏对婴幼儿行为发生的具体情境及行为发生的起因、经过、结果等的关注和记录。观察者无法从时间取样法的观察记录表中得知婴幼儿行为发生时的具体情况，在一定程度上会影响观察者对婴幼儿行为的分析和理解。脱离具体的情境脉络来分析婴幼儿的行为，往往容易造成对婴幼儿行为理解的偏差。

小 结

　　取样观察方法主要包括事件取样法和时间取样法。事件取样法主要以特定的行为或事件为取样标准，观察和记录目标行为出现与否，不受时间间隔的限制。时间取样法是在事先设定的时间内观察和记录目标行为出现的频率与持续的时间。事件取样法和时间取样法都需要在观察准备过程中预先确定观察项目，并对观察项目下操作性定义，明确观察的目标行为并设计观察记录表。在观察过程中，事件取样法和时间取样法都只需关注出现的目标行为并进行相应的记录，而不必对婴幼儿行为表现的细节进行描述和记录。事件取样法和时间取样法都是聚焦于目标行为展开的观察和记录，不仅比较省时、省力、便捷、高效，而且能获得相应的量化数据，便于分析婴幼儿的行为模式。不过，事件取样法和时间取样法主要依据确定的目标行为进行记录，对目标行为以外的行为或突发情况则缺少记录，缺乏灵活性。并且两者都缺少对婴幼儿行为表现的具体描述，对具体的行为情境和事件脉络的关注不够，会在一定程度上影响观察者对婴幼儿行为表现的分析，甚至使分析出现偏差。总的来说，取样观察方法有其独特的优势，但存在一定的不足。观察者可结合研究和观察的需要来选择适当的观察方法。

关键术语

　　事件取样法；时间取样法；观察项目；操作性定义；目标行为。

思考与练习

　　1. 取样观察方法主要有哪些？你是如何理解取样观察方法的？

　　2. 事件取样法的优缺点是什么？你是如何理解的？

　　3. 时间取样法的优缺点是什么？你是如何理解的？

　　4. 在事件取样法和时间取样法的观察中，教师应如何确定观察对象？

建议的活动

选择一个特定的婴幼儿行为或事件，分别采用事件取样法和时间取样法设计观察记录表，比较和分析这两种观察记录表的异同、优缺点。特别要选定有特殊需要的幼儿，了解并满足他们的需要。

第四章
评定观察方法的操作与案例

学习目标

1. 理解行为检核法、等级评定法的含义；

2. 掌握行为检核法、等级评定法的运用方法，能在实践中运用行为检核法、等级评定法进行观察与记录；

3. 掌握行为检核法、等级评定法案例的分析和解读的基本方法与技能；

4. 掌握对行为检核法、等级评定法进行评价的基本方法与技能。

学习导图

第四章　评定观察方法的操作与案例
- 第一节　行为检核法的操作与案例
  - 一、行为检核法的含义
  - 二、行为检核法的运用
  - 三、行为检核法的案例与分析
  - 四、行为检核法的评价
- 第二节　等级评定法的操作与案例
  - 一、等级评定法的含义与类型
  - 二、等级评定法的运用
  - 三、等级评定法的案例与分析
  - 四、等级评定法的评价

导入

今年是陈老师刚从大学毕业进入幼儿园工作的第一年，日常的教育教学工作已经让陈老师应接不暇，所以当她知道在教研会议上要求教师对幼儿进行观察和记录时，陈老师感到很苦恼，觉得自己很难有那么多时间对班上二三十个幼儿的行为进行观察和记录。陈老师向经验丰富的李老师请教，李老师笑着说可以教她一些简便的观察方法，让她同时对多个幼儿的行为表现进行观察、记录和分析，而且使用起来非常简便，既省时又省力。接着，李老师拿出自己的观察记录表，主要是一些清单式的表格或量表，并详细地向陈老师介绍了行为检核法和等级评定法。陈老师决定尝试运用这些方法来进行观察和记录。通过这一章的学习，你也能掌握这些简单、方便、高效的观察方法。

第一节 行为检核法的操作与案例

一、行为检核法的含义

行为检核法又称为清单法、检测表单法，是指观察者根据一定的观察目的，事先拟定所需要观察的项目，并将它们排列成清单式的表格，根据观察到的具体情况，在检核表上逐一查看幼儿的行为出现与否，并进行相应的记录的观察方法。[①]行为检核法主要关注行为事件出现与否，而不需要记录行为或事件的起因、经过与结果等脉络。所以在采用行为检核表进行观察的时候，观察者可以更好地将注意力聚焦于行为事件上，而且只需要对观察行为做"是"与"否"的记录，简单、便捷。因此，如果观察者想了解幼儿是否存在某些具体行为或幼儿在某些方面的能力与发展水平，采用行为检核法则是比较适宜的。

观察者可以采用行为检核法记录某个幼儿的行为表现或身心发展状况，也可以同时记录多个幼儿在某些方面的行为表现或发展水平，便于观察者对幼儿的行为表现与发展水平进行比较与分析，进而采取更具有针对性的教育指导策略。

例如，观察者想要了解某个幼儿的生活与卫生习惯，观察者可以参考《3—6岁儿童学习与发展指南》中3～4岁幼儿良好的生活与卫生习惯的具体指标[②]作为观察行为项目，设计3～4岁幼儿生活与卫生习惯行为检核表（见表4-1-1）。

---

① 王晓芬：《幼儿行为观察与分析》，94页，上海，复旦大学出版社，2019。

② 李季湄、冯晓霞：《〈3—6岁儿童学习与发展指南〉解读》，296页，北京，人民教育出版社，2013。

表 4-1-1　3～4 岁幼儿生活与卫生习惯行为检核表

观察目标： 观察对象： 观察时间： 观察地点： 观察者：					
在提醒下，能按时睡觉和起床，并能坚持午睡。	喜欢参加体育活动。	在引导下，不偏食、不挑食。喜欢吃水果、蔬菜等新鲜食品。	愿意饮用白开水，不贪喝饮料。	不用脏手揉眼睛，连续看电视等不超过 15 分钟。	在提醒下，每天早晚刷牙、饭前便后洗手。

　　观察者通过表 4-1-1 对特定幼儿的生活与卫生习惯进行观察，逐一对每个行为项目上的幼儿表现进行记录，如果幼儿表现出相应的行为，则以"√"的标记进行记录。如果幼儿没有表现出相应的行为，则可以空着或以"×"的标记来记录。由此，观察者就可以了解到特定幼儿的生活与卫生习惯的具体表现，从而进行原因分析，并考虑下一步的教育指导策略。

　　再如，观察者想要了解小班（3～4 岁）全体幼儿在平衡、协调方面的动作发展能力，可采用行为检核法对班上全体幼儿进行观察与记录，以便了解幼儿的动作发展能力，也可根据所记录的幼儿的动作发展情况来针对不同幼儿制定不同的教育指导方案。观察者可以参考《3—6 岁儿童学习与发展指南》中 3～4 岁幼儿动作发展指标[①]来确定观察行为项目，设计 3～4 岁幼儿平衡、协调能力行为检核表（如表 4-1-2 所示）。

表 4-1-2　3～4 岁幼儿平衡、协调能力行为检核表

幼儿编号	能沿地面直线或在较窄的低矮物体上走一段距离。	能双脚灵活交替上下楼梯。	能身体平稳地双脚连续向前跳。	分散跑时能躲避他人的碰撞。	能双手向上抛球。
1					
2					
……					

---

　　① 李季湄、冯晓霞：《〈3—6 岁儿童学习与发展指南〉解读》，293 页，北京，人民教育出版社，2013。

观察者通过表 4-1-2 对全班幼儿的平衡、协调能力进行观察与记录，可以获得全班幼儿在观察项目上具体行为表现的数据，了解、比较与分析班上每一个幼儿的平衡、协调能力的具体发展情况，为制定相应的教育指导方案提供参考依据。

二、行为检核法的运用

（一）确定观察目标和观察项目

观察者进行观察的第一步是确定观察目标，如果观察者想了解幼儿是否表现出相应的行为或是否具备相应的发展能力，就可以采用行为检核法进行观察与记录。在确定观察目标后，观察者需要围绕观察目标确定需要观察的行为项目。

例如，观察者想了解 3～4 岁幼儿对数、量关系的感知和理解，观察者可围绕这一目标确定需要观察的行为项目。观察者可以参考《3—6 岁儿童学习与发展指南》中 3～4 岁幼儿感知和理解数、量及数量关系的发展指标[1] 来设计观察项目，具体如下。

（1）能感知和区分物体的大小、多少、高矮长短等量方面的特点，并能用相应的词表示。

（2）能通过一一对应的方法比较两组物体的多少。

（3）能手口一致地点数 5 个以内的物体，并能说出总数。能按数取物。

（4）能用数词表述事物或动作。如我有 4 本图书。

确定观察项目是采用行为检核法的关键，观察者要确保观察项目是围绕着观察目标来设计的，不能脱离观察目标。

（二）列出目标行为

确定观察项目之后，观察者需要根据观察项目逐一列出与之相对应的目标行为。目标行为是观察项目的具体表现形式，目标行为应是具体、可观察和可测量的行为，便于观察者在观察时能够准确、客观地对观察到的行为做出判断和记录。

在此，我们以 3～4 岁幼儿对数、量关系的感知和理解的 4 个观察项目为例，设计相应的目标行为。具体如下。

第一个观察项目是"能感知和区分物体的大小、多少、高矮长短等量方面的特点，并能用相应的词表示"，由此可知，观察者一方面需要了解幼儿感知和区分物体的量的特点，另一方面还需要考察幼儿是否能用相应的词来表示物体量的特

---

① 李季湄、冯晓霞:《〈3—6 岁儿童学习与发展指南〉解读》，322 页，北京，人民教育出版社，2013。

点。据此可设计以下目标行为作为具体的观察内容（如表 4-1-3 所示）。

表 4-1-3　感知和区分物体量的特点的观察项目与目标行为

序号	观察项目	目标行为
1	感知和区分大小	当观察者摆出大小不一的两个苹果时，幼儿能否把大（小）的苹果挑出来？
2	感知和区分多少	当观察者把苹果分成两堆，一堆多，另一堆少，幼儿能否指出哪堆多（少）？
3	感知和区分高矮	观察者用积木搭建两座房子，一座高，另一座矮，幼儿能否指出哪座房子高（矮）？
4	用词语表示大小	观察者摆出两个大小不一的苹果让幼儿进行比较，幼儿能否用"大""小"来表述？
5	用词语表示多少	观察者把苹果分成不等量的两堆让幼儿进行比较，幼儿能否用"多""少"来表述？
6	用词语表示高矮	观察者搭建两座高低不同的房子让幼儿进行比较，幼儿能否用"高""矮"来表述？

　　第二个观察项目是"能通过一一对应的方法比较两组物体的多少"。幼儿需要具备将"多"这个概念与数量多的一组物体相对应，将"少"这个概念与数量少的一组物体相对应。据此可将观察的目标行为设计为：观察者给幼儿一些积木，让幼儿将其分成两堆，一堆多，另一堆少。幼儿能否分出两堆数量不同的积木，并说出哪堆多、哪堆少。

　　第三个观察项目是"能手口一致地点数 5 个以内的物体，并能说出总数。能按数取物"。这个观察项目是考查幼儿的点数能力及按数取物的能力。据此，观察者可设计如下目标行为：（1）观察者在桌面上摆出 5 个积木块，看幼儿能否一边用手指着积木一边数数，最后说出总数；（2）请幼儿从桌面上的一堆积木中挑出 5 块积木，看幼儿能否挑出来。

　　第四个观察项目是"能用数词表述事物或动作。如我有 4 本图书"。这个观察项目考查的是幼儿的数词表达能力。观察者可设计如下观察项目：观察者给幼儿 5 本图书，并问幼儿"你有几本图书"，幼儿能够回答"我有 5 本图书"。

　　通过以上几个例子可以看出，目标行为是将观察项目转化为具体、可观察和可测量的行为，以便观察者在观察过程中可以通过具体的行为来进行记录和判断。

（三）组织目标行为，设计观察记录表

根据观察项目列出目标行为后，需要按照一定的逻辑将目标行为进行整理、组织和排序，制作观察记录表。观察者可以结合自身的观察习惯、观察计划、幼儿活动的时间顺序或行为的难易程度等多种逻辑，对目标行为进行排序。[①] 例如，观察者可根据行为的难易程度，对 3～4 岁幼儿对数、量关系的感知和理解的 4 个观察项目的目标行为进行排序，先排列幼儿对数、量的感知项目，再排列幼儿使用数词表述事物的项目。

行为检核法可以针对一个幼儿的行为表现与能力进行检核，也可以同时对多个幼儿的行为表现与能力进行检核。在设计观察记录表的时候，如果观察对象是一个幼儿，在观察记录表的观察目标之前留有空格记录观察对象的信息即可。例如，表 4-1-4 是依据内容的难易程度和相似度来组织的 3～4 岁幼儿对数、量关系的感知与理解的检核表。如果观察对象是多个幼儿，则需要在观察记录表中设计幼儿的编号。

表 4-1-4　3～4 岁幼儿对数、量关系的感知与理解的检核表

观察对象：
观察目标：
观察时间：
观察地点：
观察者：

题项	是	否
1. 当观察者摆出大小不一的两个苹果时，幼儿能否把大（小）的苹果挑出来？		
2. 当观察者把苹果分成不等量的两堆让幼儿比较时，幼儿能否用"多"和"少"来表述？		
3. 当观察者把苹果分成两堆，一堆多，另一堆少时，幼儿能否指出哪堆多（少）？		
4. 观察者把苹果分成不等量的两堆让幼儿比较，幼儿能否用"多"和"少"来表述？		
5. 观察者用积木搭建两座房子，一座高，另一座矮，幼儿能否指出哪座房子高（矮）？		
6. 观察者搭建两座高低不同的房子让幼儿比较，幼儿能否用"高"和"矮"来表述？		

---

① 王晓芬：《幼儿行为观察与分析》，96 页，上海，复旦大学出版社，2019。

题项	是	否
7. 观察者给幼儿一些积木，幼儿能否分出两堆数量不同的积木，并说出哪堆多，哪堆少？		
8. 观察者在桌面上摆出 5 块积木，幼儿能否一边用手指着积木一边数数，最后说出总数？		
9. 观察者请幼儿从桌面上的一堆积木中挑出 5 块，幼儿能否挑出来。		
10. 观察者给幼儿 5 本图书，并问幼儿"你有几本图书"，幼儿能否回答"我有 5 本图书"？		

根据一定的逻辑顺序组织目标行为，是设计行为检核表的关键。对于按照哪种逻辑顺序进行组织，观察者可根据个人的习惯、需要以及对目标行为的理解来进行组织和排序。

（四）观察与记录

行为检核法是采用清单式的观察记录表对幼儿行为出现与否进行观察与记录的方法。采用行为检核法的关键在于事先确定观察目标和目标行为。在具体的观察过程中，观察者可通过幼儿的行为表现，在观察记录表中做"是"或"否"的标识来记录即可。使用行为检核法的观察过程相对灵活，观察者可根据对幼儿行为表现的回顾来进行记录，也可以组织相应的活动，在幼儿参与活动的过程中观察幼儿的行为并进行记录。例如，观察者如果想了解 3 ～ 4 岁幼儿对数、量关系的感知与理解，可结合幼儿在日常活动中对数、量关系的感知与理解的情况来填写观察记录表，也可以根据记录表中的目标行为，安排幼儿参与相应的活动，并在幼儿参与活动的过程中进行观察与记录。

如果观察者想要了解幼儿的区域选择和区域活动情况，由于幼儿园的活动墙上大多有关于幼儿每日区域选择的活动表，因此观察者还可以根据活动表来获取相应的资料，而不必在幼儿区域活动时进行观察与记录。例如，图 4-1-1 是观察者拍摄的某幼儿园中班活动墙上的幼儿区域选择情况。

观察者可根据在幼儿园里拍摄和记

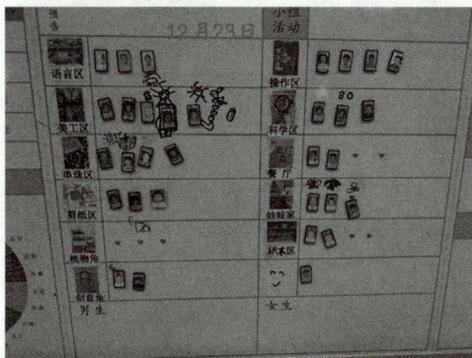

图 4-1-1　12 月 23 日幼儿区域选择情况

录的幼儿区域活动选择情况，采用行为检核表的方式设计观察记录表并进行记录。假设观察者在幼儿园连续 3 天拍摄和记录了幼儿的区域选择情况（区域选择数据为虚拟数据），那么观察者就可根据收集到的数据设计幼儿区域活动检核表（如案例 4-1-1 所示）。

案例 4-1-1

中班幼儿区域活动检核表

观察对象：某幼儿园中班幼儿
观察目标：幼儿区域活动情况
观察地点：某幼儿园中班教室
观察时间：× 年 × 月 × 日
观察者：× ×

	语言区	美工区	串珠区	科学区	操作区	植物角	娃娃家	角色区	积木区	创意角	剪纸区	情绪角	备注
小宝			√	*								#	
小乐			√		*	#							
欢欢				√ *#									
小梦			√			#	*						
小美				√ *			#						
小华				√ *				#					
小亮	*	√			#								
小森	*	#			√								
小阳	#						*		√				
小月							√ *#						
小涵						#	*	√					
小轩				*	#			√					
小天		*		#			√						
小牧			*			#		√					
小光					#		*					√	
小波							*		√				

小晨	√ *#							
小童		√ *	#					
小琪			√	*	#			
小盼			√		*	#		
小凯				√	*		#	
小明				√ *		#		

注：第一天记录"√"；第二天记录"*"；第三天记录"#"。

从案例 4-1-1 中可以看出，行为检核法的观察与记录是相对灵活的，观察者可根据观察需要和实际情况来决定如何展开观察与记录。

（五）分析行为表现，提供教育指导建议

行为检核法收集到的有关幼儿行为表现的数据大多属于可以进行量化统计的数据，便于观察者进行量化统计与分析，用以了解幼儿的行为表现和行为模式。例如，案例 4-1-1 收集了中班幼儿连续 3 天的区域活动情况，观察者可根据观察记录表中的数据，分析每个幼儿在这 3 天中的区域活动情况，了解不同幼儿的活动兴趣，并进一步考虑是否需要制定相应的教育指导策略。此外，观察者从观察记录表中也可以了解不同区域"被选择"的情况，从而考虑是否更换区域材料以更加符合幼儿的兴趣和需要。

例如，根据案例 4-1-1 中的检核表数据，观察者可进行多种统计分析。观察者可统计在 3 天中选择哪些区域的人数最多，选择哪些区域的人数最少。例如，根据上述检核表可知，科学区选择的人数最多，在 3 天中，共有 14 人次选择了科学区；创意角和剪纸区选择的人数最少，在这 3 天中没有幼儿选择这两个区域。观察者还可统计每名幼儿的区域选择变化情况。例如，根据上述检核表可知，在这 3 天中，有 3 名幼儿连续 3 天选择同一个区域；有 4 名幼儿有 2 天选择了同一个区域，其他幼儿在 3 天内选择的都是不同的区域。

三、行为检核法的案例与分析

以下呈现一则关于中班幼儿弹跳能力发展检核表的案例并进行分析，见视频 4-1-1 和案例 4-1-2。

视频 4-1-1
中班幼儿弹跳
能力发展

案例 4-1-2

中班幼儿弹跳能力发展检核表

观察目标：了解中班幼儿的弹跳能力

观察地点：深圳市某幼儿园

观察时间：2020 年 12 月 15 日

观察者：学前教育专业大学生　廖金秋

幼儿编号	连续弹跳 10 次及以上	连续弹跳高度高于 5 cm	弹跳时，双脚保持并拢	弹跳的每一次跳跃时间间隔较短	弹跳结束后，落地时为直立站立
1			√	√	√
2		√	√	√	
3	√			√	√
4	√	√		√	
5	√			√	
6		√	√	√	

观察分析：

　　《3—6 岁儿童学习与发展指南》对中班幼儿的平衡能力和弹跳能力都有一定的要求。被观察的这几个小朋友都已经具备了弹跳的技能。连续弹跳 10 次是教师给他们确定的目标，有的小朋友可以完成，有的小朋友却不能完成，目标完成情况存在一定的个体差异。

观察评价：

　　幼儿能在教师制定的规则下完成弹跳能力的练习，本次观察的 6 位幼儿的弹跳能力都基本达到《3—6 岁儿童学习与发展指南》中的相关要求。

观察建议：

　　对于幼儿弹跳能力的练习，教师可以采取多样的练习方式。例如，将类似于呼啦圈的圈子平放在地上，按直线或曲线进行紧密排列，要求幼儿双脚连续跳圈。

　　案例 4-1-2 是观察者运用行为检核法对 6 位中班幼儿的弹跳能力进行的观察与记录。在目标行为上，观察者列出了幼儿连续弹跳的次数、弹跳的高度、弹跳时双脚的动作、弹跳动作之间的时间间隔及弹跳结束后的站立姿势等几个目标行为来测量和观察幼儿的弹跳能力。这些观察项目及具体的行为目标是围绕了解幼儿的弹跳能力这一目标来展开的，而且每一个行为目标都是外显的、具体的、可测量的行为，便于观察者在观察过程中快速地判断和记录。观察者分析了不同幼儿在弹跳能力上的具体表现和个体差异。当然，还有许多可以具体量化的数据是观察者在观察分析中还未提及的。例如，弹跳间隔是所有被观察的幼儿都能做到的项目，说明幼儿在这个方面的弹跳能力发展得较好。但是弹跳次数、弹跳高度、弹跳时双脚的动作和弹跳结束后的站立姿势这几个项目，还有个别幼儿没有达标，说明这些幼儿还需要加强这些项目的练习。在观察评价方面，观察者结合《3—6岁儿童学习与发展指南》中对幼儿弹跳能力的要求来进行评价，有助于了解幼儿弹跳能力的基本要求。在观察建议方面，观察者主要针对弹跳能力的练习方式提出建议。其实观察者还可以结合观察到的幼儿弹跳能力的实际行为表现，对特定的幼儿进行有针对性的训练，以更好地提升他们的弹跳能力。

四、行为检核法的评价

（一）行为检核法的优点

第一，行为检核法比较简便、可广泛使用。[1] 观察者根据观察项目列出目标行为并编制观察记录表后，可随时随地使用行为检核表进行便捷、高效的观察与记录。观察者可根据幼儿的运动发展、语言发展、认知发展、社会性发展等不同领域的发展状况来设计相应的行为检核表，在户外活动、区域活动、集体教学活动等任意环节都可使用行为检核表进行相应的观察与记录。行为检验法是比较简便、高效且能广泛运用的一种观察方法。

第二，使用行为检核法收集的观察数据可进行量化统计分析。[2] 行为检核法主要用于记录幼儿的行为出现与否，观察者可根据观察记录表中的数据对幼儿的行为表现进行量化统计，分析幼儿各类行为出现的情况与整体发展水平。如果观察者采用行为检核法对多个幼儿的行为表现进行观察记录，还可以根据收集的量化数据对幼儿的行为表现进行比较，从而判断出不同幼儿在群体中处于何种发展水平。

第三，行为检核法可与其他方法综合使用。[3] 行为检核法使用范围较广，记录了幼儿某类行为出现与否的具体情况。观察者可以通过行为检核法获得观察数据，在此基础上结合其他观察方法深入分析幼儿的行为。也就是说，行为检核法可以与其他观察方法综合使用，并且为后续的观察提供基础数据。

（二）行为检核法的不足

第一，行为检核法难以提供婴幼儿行为表现的翔实记录。使用行为检核法主要记录观察对象是否表现出记录表中的目标行为。使用行为检核法的观察结果更

① 王晓芬：《幼儿行为观察与分析》，98 页，上海，复旦大学出版社，2019。
② 王晓芬：《幼儿行为观察与分析》，99 页，上海，复旦大学出版社，2019。
③ 王晓芬：《幼儿行为观察与分析》，99 页，上海，复旦大学出版社，2019。

多是提供目标行为出现与否的相关数据，缺乏对婴幼儿具体行为表现的描述，观察者难以从行为检核法的观察记录表中了解幼儿具体行为产生的原因、经过和结果等详细信息。

第二，行为检核法是观察者根据观察项目与目标行为编制观察记录表后展开的观察和记录，主要针对观察记录表中的已经列出来的目标行为，对观察记录表之外的目标行为则不予记录。如果在具体的观察过程中婴幼儿表现出预测之外的行为时，观察者就会感到困惑或犹豫，不知道是否应该予以记录，这容易对观察过程产生一定的干扰。有时因为观察者对目标行为的了解不够深入和全面，会导致在编制观察记录表时没有全部预测出与观察项目相应的目标行为，而这些预测之外的目标行为有可能在幼儿的实际活动中表现出来，如果观察者对观察记录表之外的行为置之不理，就有可能影响到观察者对幼儿行为的全面了解。

第三，行为检核法对观察者能力和素质的要求较高。[1]观察者需要对观察项目进行具体的解释，具有可操作性，列出与观察项目相对应的具体的目标行为。这些目标行为要求观察者要深入地理解观察项目，知道在具体情境中应该对哪些行为表现进行观察和测量才能达到相应的观察效果。如果观察者列出的目标行为太过宽泛或抽象，都会影响观察的开展和数据的收集。另外，如果是采用行为检核法对多名幼儿的行为进行观察和记录，就要求观察者具备较高的能力和素质，能够兼顾对多名幼儿的观察并准确记录。

第二节　等级评定法的操作与案例

一、等级评定法的含义与类型

（一）等级评定法的含义

等级评定法是指观察者在对婴幼儿的行为进行观察后，对其行为表现所达到的水平进行评定，并对其行为水平的高低进行量化判断的一种方法。[2]运用等级评定法可以具体了解婴幼儿行为发生的频率和程度，了解其行为的发展水平。观察者可以根据观察过程中婴幼儿的具体行为表现对其行为所处的水平或等级进行评定，也可以根据事后回忆或对婴幼儿的了解进行评定，因此在一定程度上可以说

① 王晓芬：《幼儿行为观察与分析》，99 页，上海，复旦大学出版社，2019。
② 王晓芬：《幼儿行为观察与分析》，101 页，上海，复旦大学出版社，2019。

等级评定法是一种评估方法。[①] 在婴幼儿发展心理学、幼儿教育心理学等领域通常使用的婴幼儿发展评估量表就属于等级评定表。

例如，"儿童饮食行为量表"（The Children's Eating Behavior Questionnaire，CEBQ）是对儿童饮食行为进行评估的量表，该量表由英国的简·沃德尔（Jane Wardle）等人于2001年运用病因学、心理学和抑制理论编制而成。[②] 表4-2-1是该量表的具体内容，它属于等级评定量表的一种。

表 4-2-1
"儿童饮食行为
量表"

（二）等级评定法的类型

1. 数字等级量表

数字等级量表是观察者预先将婴幼儿的行为区分成不同的程度或等级，并用数字定义相应的程度或等级，然后根据观察结果来选择与婴幼儿行为最匹配的等级所代表的数字用以记录的观察量表。[③] 数字等级量表通常采用三点、五点或七点计分方式。具体来说，三点计分方式的量表通常使用0，1，2或1，2，3这几个数字来表示三种等级或三种不同程度的行为；五点计分方式的量表通常采用0～4或1～5这几个数字来表示五种等级或五种不同程度的行为；七点计分方式的量表则通常采用0～6或1～7这几个数字来表示七种等级或七种不同程度的行为。[④]

例如，观察者想了解3～4岁幼儿的平衡、协调能力。观察者可以采用三点计分方式设计如下数字等级量表（见表4-2-2）。

表 4-2-2　3～4 岁幼儿平衡、协调能力评定量表

观察项目	等级		
1. 能在地面上沿直线或在较窄的低矮物体上走一段距离。	1	2	3
2. 能双脚灵活交替上下楼梯。	1	2	3
3. 能身体平稳地双脚连续向前跳。	1	2	3
4. 分散跑时能躲避他人的碰撞。	1	2	3
5. 能双手向上抛球。	1	2	3

（注：1表示无法做到，2表示基本做到，3表示做得非常好。）

---

① 王晓芬：《幼儿行为观察与分析》，101 页，上海，复旦大学出版社，2019。
② 杨玉凤：《儿童发育行为心理评定量表》，181 页，北京，人民卫生出版社，2016。
③ 王晓芬：《幼儿行为观察与分析》，102 页，上海，复旦大学出版社，2019。
④ 王晓芬：《幼儿行为观察与分析》，102 页，上海，复旦大学出版社，2019。

第四章·评定观察方法的操作与案例

2. 图形量表

图形量表是采用图形的方式来记录幼儿的行为表现，比较直观、形象。图形量表有两种不同的形式：一种是数轴形式；另一种是语义区分量表。数轴形式是观察者在一条横线上从左到右依次标注由低到高或由高到低的不同程度或等级，并据此表示婴幼儿行为的不同程度或等级的方式。例如，观察者可以设计如下观察评定量表来观察和记录婴幼儿用双手向上抛球的动作发展情况（见表 4-2-3）。

表 4-2-3　婴幼儿双手向上抛球动作能力的等级观察评定量表

项目	无法做到	基本做到	做得很好
双手向上抛球			

在上述婴幼儿用双手向上抛球的动作能力的观察评定量表中，观察者可根据观察到的婴幼儿用双手向上抛球的动作表现，在表 4-2-3 中三个等级的对应处用"√"或"○"等标记做记录。

语义区分量表主要由一组或多组语义相反的形容词组成，语义相反的词语中间用不同的数字代表不同的等级，用于表示幼儿不同程度的行为表现。[1] 例如，观察者想了解 3 岁幼儿是否能与同伴友好相处，可根据《3—6 岁儿童学习与发展指南》中关于幼儿与同伴相处情况的目标，设计如下语义区分量表（见表 4-2-4），表格由 3 组表示幼儿与同伴相处的语义相反的形容词组成，形容词中间有 7 个代表不同等级（程度）的数字。

表 4-2-4　3 岁儿童与同伴相处行为评定量表

	1　2　3　4　5　6　7	
孤单的 争抢的 冲突的		合群的 分享的 协商的

观察者可采用表 4-2-4 来观察和记录 3 岁幼儿与同伴相处的行为，表中 3 组语义相反的形容词表示的是幼儿与同伴相处时不同的行为表现，形容词中间有 7 个数字，观察者可根据对幼儿行为的观察，在相应行为的等级数字上标注。

3. 标准化量表

标准化量表是对幼儿的行为表现进行不同程度的划分，根据一定的标准区分

---

[1]　王晓芬：《幼儿行为观察与分析》，103 页，上海，复旦大学出版社，2019。

出不同的行为水平的量表。[1] 观察者可结合标准化量表，根据幼儿的行为表现来判断其属于哪一个标准。例如，观察者想评估 6 月龄婴儿在运动、语言、社会性适应三个方面的发育情况，可制定如下标准化量表[2]（见表 4-2-5），评估标准分为优秀、良好、中等、待提升四个等级。

表 4-2-5　6 月龄婴儿发育评估标准化量表

项目		优秀	良好	中等	待提升
运动发育	粗大运动：能翻身				
	精细运动：能伸出手抓东西				
语言发育	表达能力：能对着人发出声音				
	理解能力：能看着人笑				
社会性发育	生活技能：能自己吃饼干等				
	交往技能：能对镜子里自己的脸做出反应				

4. 累计点数量表

累计点数量表一般由两列表示幼儿不同行为的表格组成，观察者根据婴幼儿的行为表现进行评分，然后将各项分数相加得到总分（如果是负向描述则相减），以此评定婴幼儿的行为。[3] 例如，观察者可设计如下累计点数量表用于测量和评估婴幼儿的情绪发展情况[4]（见表 4-2-6），A 行是正向描述，B 行是负向描述，A 行和 B 行的各项描述均可赋值 1 分，根据评定情况，总分就是 A 行总分减去 B 行总分。

表 4-2-6　婴幼儿情绪发展评定量表

A 行	B 行
能一直保持温和状态	总是容易情绪激动，发怒
能安静合作地参与游戏活动	总是不安，需要教师单独陪伴
能积极愉快地度过幼儿园生活	总是心情低落，对任何事提不起兴趣
敢于尝试各种活动	总是害怕尝试新活动

---

① 王晓芬：《幼儿行为观察与分析》，103 页，上海，复旦大学出版社，2019。
② 童连：《0～6 岁儿童心理行为发展评估》，103 页，上海，复旦大学出版社，2017。
③ 王晓芬：《幼儿行为观察与分析》，104 页，上海，复旦大学出版社，2019。
④ 李晓巍：《幼儿行为观察与案例》，137 页，上海，华东师范大学出版社，2017。

5. 强迫选择量表

强迫选择量表由对婴幼儿不同程度的行为表现的一系列描述组成，观察者采用强迫选择量表时，需在这一系列描述中选择与婴幼儿的实际行为表现最相符的一项，且只能选择一项。例如，观察者可设计如下强迫选择量表用以测量和评估幼儿收拾玩具的行为（见表 4-2-7）。[①]

表 4-2-7　幼儿收拾玩具行为评定量表

请您评定幼儿收拾玩具的行为（　　）
A. 拒绝收拾玩具
B. 在老师的要求下收拾好玩具
C. 自觉收拾好自己的玩具
D. 不但收拾好自己的玩具，还帮助其他小朋友收拾玩具

二、等级评定法的运用

（一）确定观察目标

等级评定法主要用于观察和记录婴幼儿行为发生的程度与频率，如果观察者的观察目标是了解婴幼儿特定行为发生的程度与频率，采用等级评定法是比较适宜的。值得注意的是，等级评定法的类型多样，有数字等级量表、图形量表、标准化量表、累计点数量表和强迫选择量表，这些量表虽然都适用于观察和记录婴幼儿的行为程度与频率，但其具体的表现方式和记录形式不同。观察者可结合观察目标和观察需要，明确要采用哪种类型的等级评定法。

（二）选择或编制适宜的等级评定量表

在确定观察目标后，观察者需要选择或编制适宜的等级评定量表。观察者可以选定目前相关领域通用的、权威性的等级评定量表，也可以结合观察目标和观察需要自行设计等级评定量表。在婴幼儿发展相关领域，已有许多通用的、具有一定权威性的量表，以下列举一些在婴幼儿行为发展方面广泛使用的量表。

1. 儿童行为量表

"儿童行为量表"（Child Behavior Checklist, CBCL）是由美国心理学家阿肯巴克（Achenbach T. M.）和埃德尔布罗克（Edelbrock C.）于 1976 年编制、1983 年

---

① 王晓芬：《幼儿行为观察与分析》，104 页，上海，复旦大学出版社，2019。

修订的父母用儿童行为量表，用于评定儿童广谱的行为和情绪问题及社会能力。[1] 根据评估对象及评估人员的不同，分为 4 个版本，分别为：家长或照料者使用的针对 2～3 岁幼儿的量表（CBCL/2～3）及 4～18 岁儿童青少年的量表（CBCL/4～18）、教师使用的评价 5～18 岁儿童青少年学校行为问题的量表及 11～18 岁青少年自我报告的行为和情绪问题的量表。[2] 表 4-2-8 节选 "Achenbach 儿童行为量表（父母问卷）" 中的主要内容 [3]，供大家了解和参考。

表 4-2-8
"Achenbach 儿童行为量表" 的社会能力部分

2. Conners 评定量表

"Conners 评定量表" 是由康纳（Conners）在 1970 年编制的一套评估儿童常见行为问题的量表，适用于 3～17 岁儿童。随后扩展成 93 项的 "Conners 父母评定量表"（Conners Parent Rating Scale）及 39 项的 "Conners 教师评定量表"（Conners Teacher Rating Scale）。[4] 表 4-2-9 附上 "Conners 父母症状问卷" [5]，供大家参考。

表 4-2-9
"Conners 父母症状问卷"

3. 2～6 岁学龄前儿童行为量表

"2～6 岁学龄前儿童行为量表"（见表 4-2-10）是由深圳市妇幼保健院万国斌教授等人于 2006 年编制的一套符合中国文化、为国内开展学前儿童心理卫生工作比较实用的评估工具，自 2009 年起开始应用到托幼机构幼儿的行为问题筛查及儿童心理门诊的辅助诊断。[6]

观察者可以根据自己的观察需要选择上述介绍的儿童行为评定量表对儿童的相关行为进行测量和评估。除了采用通用的、权威性的等级评定量表外，观察者也可根据观察目标自行设计等级评定量表。在设计等级评定量表的时候，首先需要根据观察目标确定需要观察的项目和具体行为表现。例如，观察者想了解和评估 3 岁幼儿的艺术

表 4-2-10
"2～6 岁学龄前儿童行为量表"

---

① 杨玉凤:《儿童发育行为心理评定量表》，151 页，北京，人民卫生出版社，2016。
② 杨玉凤:《儿童发育行为心理评定量表》，156 页，北京，人民卫生出版社，2016。
③ 杨玉凤:《儿童发育行为心理评定量表》，160～161 页，北京，人民卫生出版社，2016。
④ 杨玉凤:《儿童发育行为心理评定量表》，165 页，北京，人民卫生出版社，2016。
⑤ 杨玉凤:《儿童发育行为心理评定量表》，160～161 页，北京，人民卫生出版社，2016。
⑥ 杨玉凤:《儿童发育行为心理评定量表》，161～164 页，北京，人民卫生出版社，2016。

表现与创造能力，可以结合《3—6岁儿童学习与发展指南》中关于艺术表现与创造能力的指标，确定如下观察项目和行为：（1）能模仿学唱短小歌曲；（2）能跟随熟悉的音乐做身体动作；（3）能用声音、动作、姿态模拟自然界的事物和生活情景；（4）能用简单的线条和色彩大体画出自己想画的人或事物。①

在确定观察项目和具体行为表现后，观察者需要确定等级标准，这是运用等级评定法的关键。一般来说，观察者可以根据观察目标来确定需要运用几个等级标准来测量行为出现的程度与频率。例如，观察者可以运用五个等级标准来测量行为出现的频率（从不、极少、偶尔、经常、总是），运用四个等级标准来测量行为发生的程度（优秀、良好、中等、差）。在设计等级量表的过程中，观察者还需要注意使用简洁、客观、中立的语言来描述相关的行为表现，避免采用模糊的、带有主观色彩的形容词，以免影响观察者对行为的评定。

（三）观察评估与分析

观察者根据观察目标和观察需要选择适宜的等级评定量表或自行设计等级评定量表后，可以运用等级评定量表对婴幼儿的行为表现进行观察和评估。一般来说，观察者可以带着等级评定量表进入现场，根据对婴幼儿行为表现的实际观察来记录和填写等级评定量表。观察者也可以根据事后回顾或结合对婴幼儿行为的了解来填写等级评定量表，不过这种方式要求观察者对幼儿的日常行为表现和行为发展水平有较深入的了解，否则会影响评定结果。一般来说，家长或教师在日常生活中跟幼儿的接触比较多，对幼儿的行为表现和发展水平都比较了解，可以根据对幼儿的了解或事后回顾来填写等级评定量表，但如果是跟幼儿接触较少的观察者，则建议其通过观察或安排专门的活动来了解幼儿的行为表现后再填写等级评定量表，以便获得较为准确的数据资料。

观察者通过观察或事后回顾填写等级评定记录表后，可根据等级评定量表的维度和等级标准来分析及评定幼儿行为及其发展水平。例如，案例4-2-1是一位母亲对6月龄婴儿进行的婴儿社会性反应问卷的记录。

---

① 李季湄、冯晓霞：《〈3—6岁儿童学习与发展指南〉解读》，328页，北京，人民教育出版社，2013。

案例 4-2-1

6 月龄婴儿社会性反应问卷

观察对象：6 月龄女婴　　观察者：母亲	
填写说明：请根据婴儿的日常表现，在相应的题目中勾选出最佳答案。	
社会性反应	**发生频率**
1. 对妈妈不同语气（感情色彩）的话做出不同的反应	没有　有时　经常√
2. 听到叫他名字时会转头	没有　有时　经常√
3. 玩玩具或看到动物时会出声，像是在说话	没有　有时　经常√
4. 以伸手够、拉人，或以发音等方式主动与人交往	没有　有时　经常√
5. 双手抱奶瓶喝奶	没有　有时　经常√
6. 会撕纸	没有　有时　经常√
7. 蒙面游戏：用手帕蒙住婴儿面部，婴儿会抓蒙面物	没有　有时　经常√
8. 会玩"卟"游戏	没有　有时　经常√
9. 躺着时能将玩具从一只手换到另一只手	没有　有时　经常√
10. 躺着时抓自己的脚玩	没有　有时　经常√

在 6 月龄婴儿社会性反应问卷中，条目 1、条目 2、条目 3、条目 4 属于应人—应物维度，条目 5、条目 6、条目 7、条目 8 属于游戏性反应维度，条目 9 和条目 10 属于自主运动维度。[①] 问卷中设置了没有、有时、经常三个等级标准来测试婴儿行为发生的频率。从观察者填写的记录来看，在应人—应物维度四个条目中的记录结果均是经常，表示该婴儿在这类观察项目上的行为发展水平较高。在游戏性反应维度四个条目上的记录结果均是经常，表示该婴儿的游戏性反应良好。在自主运动维度两个条目上的记录结果也都是经常，表示该婴儿的自主运动发展水平良好。

三、等级评定法的案例与分析

观察者可采用等级评定量表对婴幼儿行为发生的程度与频率进行观察和记录，以此了解和评估婴幼儿的行为表现及发展水平。一般来说，观察者可通过实地观察和事后回顾两种不同的方式来记录婴幼儿的行为表现，评定婴幼儿的发展水平。

---

① 杨玉凤：《儿童发育行为心理评定量表》，329～330 页，北京，人民卫生出版社，2016。

以下分别列举通过实地观察和事后回顾两种不同的观察记录方式来运用的等级评定法。

视频 4-2-1 是观察者在实地观察中记录的中班幼儿双手抓杠悬空吊起的一则观察记录。

视频 4-2-1
中班幼儿双手抓杠悬空吊起

案例 4-2-2

中班幼儿双手抓杠悬空吊起评定量表

观察对象：7 名中班幼儿（根据衣服颜色进行编号）

观察时间：2020 年 12 月 23 日

观察地点：深圳市某幼儿园

观察者：学前教育专业大学生　廖金秋

观察记录：

	能双手抓杠悬空吊起	能悬空 15 秒左右	能保持身体不晃动	能直立跳下
1（白色衣服）	5	4	3	5
2（荧光绿衣服）	5	4	2	2
3（园服女孩）	5	2	1	5
4（粉色衣服）	5	4	1	1
5（白色衣服）	5	2	1	5
6（黄色衣服）	5	5	4	4
7（灰色衣服）	5	5	3	5

注：数字 1～5 代表 5 个等级，数字越大表示等级越高。

观察分析：

根据《3—6 岁儿童学习与发展指南》，中班幼儿能双手抓杠悬空吊起 15 秒左右，但是在我观察的这几个小朋友中只有一个小朋友能够达到这个目标，其他小朋友仅能双手抓杠悬空吊起，能悬空的时间并不是很长，所以在我看来，还需要为小朋友制定和提供更具体的游戏规则，这样才可以更好地锻炼幼儿的手臂力量。

观察评价：

7 名中班幼儿双手抓杠悬空吊起的能力基本上已经达到《3—6 岁儿童学习与发展指南》中提到的目标，只有小部分幼儿没有完全达到该目标。

观察建议：

教师可以在户外活动的时候通过游戏的方式来锻炼幼儿双手抓杠悬空吊起的能力。

案例 4-2-2 记录了 7 名中班幼儿双手抓杠悬空吊起的情况，从记录情况中可知，7 名幼儿在"能双手抓杠悬空吊起"这个项目上都达到了最高的等级标准，但是在"能悬空吊起 15 秒左右"和"能直立跳下"这两个项目上的表现存在两极分化的情况，一部分幼儿表现较好，另一部分幼儿在这两个项目上的表现相对较差。在"能保持身体不晃动"这个项目上的表现则整体处于中等偏下水平。观察者在观察分析中能结合《3—6 岁儿童学习与发展指南》对幼儿的运动能力及其表现进行分析，但是缺乏对数据进行量化和分类的统计分析。在观察评价部分，观察者主要结合《3—6 岁儿童学习与发展指南》中的指标对幼儿的运动能力进行评价，以此作为幼儿是否达标的评价标准。在观察建议部分，观察者认为通过游戏的方式来锻炼幼儿双手抓杠悬空吊起的能力是一个比较好的方式。当然，游戏是幼儿学习的基本方式，如果能通过游戏的方式提升幼儿的兴趣，并促使幼儿积极地投入到相关项目的练习中，应该能较好地提升幼儿的运动能力。不过，观察者可结合幼儿在这个项目中的不同表现及运动能力的差别来进行个别化的教育指导。

这里提供一则观察者根据对婴幼儿的了解或事后回顾来采用等级评定法的案例。案例 4-2-3 是一则由养育者根据对婴幼儿发展状况的了解来填写的量表。"幼儿人格发展趋向评定量表"（Personality Tendency Scale for Children, PTSC）是陈学诗、郑毅等人于 2002 年编制的，适用于 2.5～3.5 岁婴幼儿。该量表分为探索主动性（13，18，23，26，29，31，36，37，38，41，43，44），合群和适应性（15，19，20，27，28，30，35，42），情绪稳定性和自我控制（6，12，14，16，17，21，22，24，32，33，34，45），独立性（1，2，3，4，5，7，8，9，10，11，25，39，40）四个维度[①]，共计 45 个项目，评分标准有 5 个等级：从不 =1、极少 =2、有时 =3、经常 =4、总是 =5。其中项目 14、项目 16、项目 34 为反向计分题。[②]

案例 4-2-3
幼儿人格发展趋
向评定结果

该量表的高分情况说明如下。（1）探索主动性强：求知欲和好奇心强，能主动尝试新的活动，探索未知的外部世界。（2）合群和适应性好：对人友好，喜欢与他人在一起，主动与他人交往；情绪经常保持愉快，且与环境相协调，善于以恰当的方式表达情绪。（3）情绪稳定性和自我控制能力较强：能忍受一定的痛苦，

① 陈学诗、郑毅、吴桂英等：《幼儿人格评定量表的编制及其信效度研究》，载《中国临床心理学杂志》，2001，9（1）。
② 杨玉凤：《儿童发育行为心理评定量表》，331～332 页，北京，人民卫生出版社，2016。

克服困难，完成预定的事情，自我控制意识强。（4）独立性强：幼儿在生活中能够自理，不过分依赖他人和环境，有与独立意识相对应的行为。该量表的低分情况说明如下。（1）对外界兴趣低：喜欢熟悉的环境和事物，不敢进行新的尝试。（2）交往困难：与人交往被动，对人冷漠，喜欢独处。（3）情绪不稳定、坚持性差：常出现消极情绪，情绪表达不恰当；忍耐力差，自我控制能力差，做事缺乏坚持性。（4）独立性差：幼儿生活自理能力差，需依赖他人的照顾，缺乏独立意识或没有养成与年龄相符的独立能力。[1]

从案例 4-2-3 中可知，该女童在探索主动性、合群性和适应性、情绪稳定性和自我控制、独立性这四个维度上的得分分别是 55，42，27，45，说明该女童的探索主动性强，合群适应性好，情绪稳定性和自我控制能力强，独立性强。

四、等级评定法的评价

（一）等级评定法的优点

第一，等级评定法比较简单、方便。[2] 等级评定法与行为检核法相似，观察者可以根据事先准备好的观察记录表进行观察与记录。观察者只需要在观察过程中逐一根据表格中所罗列的婴幼儿行为表现进行记录即可，记录方式较为简单，一般采用勾选或画圈的方式，不需要做文字描述。

第二，可对等级评定法获得的数据做量化统计分析。等级评定法所获取的数据一般是婴幼儿行为的频率或程度，便于进行量化统计分析，有助于了解婴幼儿行为表现及其发展水平。

第三，等级评定法有助于发现婴幼儿的个体差异。[3] 观察者可以运用等级评定法对一个或多个婴幼儿的行为表现进行观察与记录。如果观察者是对一个婴幼儿进行观察与记录，可将观察结果与相关领域的常模或指标进行比较，有助于观察者了解婴幼儿的个体表现。如果观察者是对多个婴幼儿进行观察与记录，观察者可将多个婴幼儿的行为表现与发展水平进行比较分析，有助于观察者了解不同婴幼儿在群体中的发展水平及其差异。

第四，等级评定法使用范围较广。[4] 等级评定法适用于对婴幼儿的健康、运动、

① 杨玉凤：《儿童发育行为心理评定量表》，332 页，北京，人民卫生出版社，2016。
② 王晓芬：《幼儿行为观察与分析》，106 页，上海，复旦大学出版社，2019。
③ 王晓芬：《幼儿行为观察与分析》，106 页，上海，复旦大学出版社，2019。
④ 王晓芬：《幼儿行为观察与分析》，106 页，上海，复旦大学出版社，2019。

认知发展、社会性发展等各个方面的行为表现进行观察、记录与评估。目前关于婴幼儿行为与发展领域有许多已经比较成熟的、通用的、权威性的等级评定量表，可供观察者参考、借鉴和使用，有助于观察者科学、深入地了解婴幼儿在特定领域中的行为表现。

（二）等级评定法的缺点

第一，等级评定法容易因观察者的主观评定而造成评定结果出现偏差。等级评定法主要是观察者对婴幼儿的行为表现进行主观评定的方法，因而很容易受到观察者主观偏见的影响，影响评定结果的客观性。有时观察者根据事后回顾来对婴幼儿的行为进行评定，在评定时可能会夹杂着个人的联想和猜测，导致评定结果出现偏差。另外，观察者在进行等级评定时，有时可能为了避免出现极端的现象而选择中间的等级，即避免选择最好和最差的等级，造成对婴幼儿行为的评定趋向于集中。[1]

第二，等级评定法的等级标准划分不明确，容易使观察者根据主观感受进行评定。[2] 等级标准划分是等级评定法的关键，但很多时候等级评定量表只是宽泛地用不同的数字、频率或程度来进行等级划分，没有具体明确哪一种行为属于哪一个等级。这就使得观察者容易根据个人的主观感受来进行判断和评定。特别是不同的观察者对等级标准的理解可能存在差异，因而不同观察者在对同一个婴幼儿行为进行评定时可能会出现不同的评定结果。

第三，等级评定法只对行为出现的频率和发生的程度进行记录，缺乏对具体行为表现的记录。等级评定法通常只关注婴幼儿行为出现的频率或行为发生的程度，缺乏对具体行为表现的记录，难以了解行为发生的具体情境、原因、经过、结果等具体脉络。这也就使得观察者难以获得关于婴幼儿行为的全面、详细的了解，不利于观察者对婴幼儿行为进行深入的分析。[3]

---

① 王晓芬：《幼儿行为观察与分析》，107 页，上海，复旦大学出版社，2019。
② 王晓芬：《幼儿行为观察与分析》，107 页，上海，复旦大学出版社，2019。
③ 王晓芬：《幼儿行为观察与分析》，107 页，上海，复旦大学出版社，2019。

小 结

　　评定观察方法主要分为行为检核法和等级评定法两种类型。行为检核法是观察者根据事先确定的观察目标列出相应的观察项目和设计相应的目标行为，在此基础上编制观察记录表，并观察和记录观察对象的行为出现与否的一种方法。观察者围绕观察目标选择相关领域已有的、权威的等级评定量表或自行设计等级评定量表，对婴幼儿行为发生的频率与程度进行观察、记录和评估的一种方法。等级评定法分为数字等级量表、图形量表、标准化量表、累计点数量表、强迫选择量表等多种类型。但不管是哪种类型的等级量表，其关键在于划分行为的不同等级标准或程度。行为检核法和等级评定法都属于评定观察法，二者的优点在于简单、方便、高效，记录方式简单，观察数据便于量化处理。但也存在一定的局限，如容易受到观察者主观因素的影响，缺乏对行为发生的具体情境的描述，不利于观察者对所观察的行为进行全面、深入地分析。

关键术语

　　行为检核法；等级评定法；数字等级量表；图形量表；标准化量表；累计点数量表；强迫选择量表。

思考与练习

　　1. 行为检核法的优缺点是什么？你是如何理解行为检核法的？

　　2. 等级评定法有哪几种类型？不同类型的等级评定法之间有什么联系和区别？

　　3. 小班的王老师发现，幼儿入园一个月了，在娃娃家区域活动结束后，幼儿收拾玩具的速度总是最慢的。王老师想通过观察了解为什么在娃娃家的幼儿收拾玩具时总是最慢，是玩具不好分类，还是幼儿动作磨蹭或者其他原因。请你帮王老师选择一种合适的观察方法，并设计观察记录表。

　　4. 如何运用好行为检核表？如何避免标签效应，真正为婴幼儿的发展服务？

建议的活动

　　1. 确定一个观察目标，如观察幼儿的数学能力或艺术表现等，尝试运用行为检核法来列出观察项目和目标行为，设计观察记录表。看看不同观察者设计的观察记录表在观察项目和目标行为上有何不同，并讨论为什么会出现这些区别。

2.拍摄一段适合用等级评定法进行观察和记录的婴幼儿行为视频，尝试运用不同类型的等级评定法，比较不同类型等级记录法之间的异同和优缺点。

3.拍摄一段适合用等级评定法进行观察和记录的婴幼儿行为视频，邀请不同的观察者运用同一个等级评定量表进行记录，比较不同观察者的记录结果之间的异同，并讨论为什么会出现这些异同。

第五章
婴幼儿行为观察的实施

∧
∨
∨
∨
∨
∨
∨
∨

学习目标

1. 掌握婴幼儿行为观察需要做好准备的事项；

2. 掌握婴幼儿行为观察的具体实施步骤；

3. 理解可能造成婴幼儿行为观察误差的各种因素；

4. 理解婴幼儿行为观察的伦理问题、常见议题及其自我反省。

学习导图

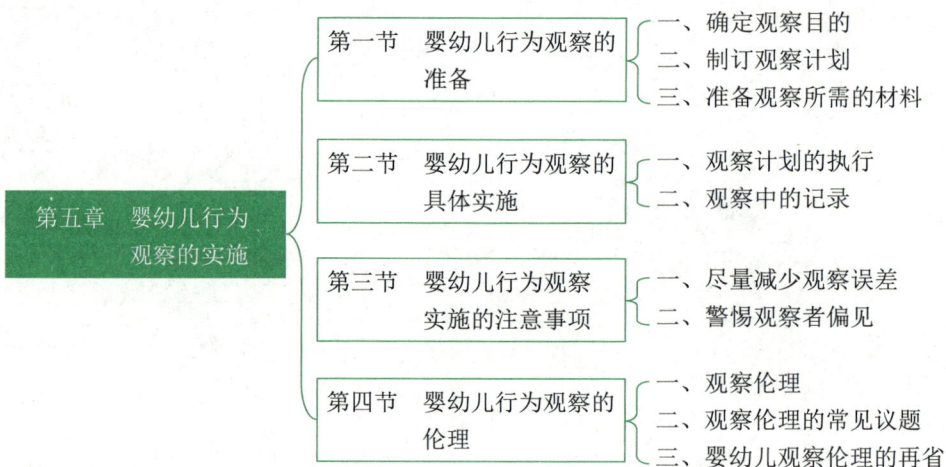

第五章　婴幼儿行为观察的实施

第一节　婴幼儿行为观察的准备
一、确定观察目的
二、制订观察计划
三、准备观察所需的材料

第二节　婴幼儿行为观察的具体实施
一、观察计划的执行
二、观察中的记录

第三节　婴幼儿行为观察实施的注意事项
一、尽量减少观察误差
二、警惕观察者偏见

第四节　婴幼儿行为观察的伦理
一、观察伦理
二、观察伦理的常见议题
三、婴幼儿观察伦理的再省

导　入

　　"凡事预则立，不预则废。"在开始观察之前，观察者需要先做一些准备工作。这些准备工作包括：确定观察目的、制订观察计划、准备观察所需的材料等。下面我们先来看看幼儿园王老师写的一份行为观察计划。

幼儿语言发展领域的行为观察计划

观察目标：观察大班幼儿在表演区运用道具表演熟悉故事的能力

观察者：王老师

观察时间：2020 年 10 月 15 日

观察者的角色：旁观者

观察对象：6 名大班幼儿

观察环境创设：供幼儿表演的绘本《我也要搭车》

表演区背景创设：森林、草地、小河

道具：动物旅游车、木屋、方向盘

提供材料：

低结构（无具体形象特征、无固定玩法规则的材料）——废旧纸箱、饮料瓶、纱巾、大小盒子、积木、塑料袋等。

高结构（有固定形状和结构、有特定玩法规则的材料）——动物头饰、面具、动物简易服饰、录音机。

观察内容：

观察幼儿表演故事《我也要搭车》时的行为表现。

（1）对故事主要元素的表现，包括时间、地点、角色、事件等。

（2）故事情节的变化。

（3）角色的独白和对话。

（4）角色的表情、动作。

（5）呈现故事的时间概念。

观察记录方法：实况记录

婴幼儿行为观察计划包括观察目标、观察者、观察时间、观察对象、观察环境创设、观察内容和观察记录方法等事项。一个成功的观察离不开充分的观察准备以及严谨的观察实施。因此，本章将重点介绍婴幼儿行为观察的准备、婴幼儿行为观察的具体实施以及婴幼儿行为观察的注意事项和伦理。

第一节　婴幼儿行为观察的准备

观察的准备是指在进入观察情境前必须做好的各项工作。科学的婴幼儿行为观察，并非"看"一些东西，而是有目的地观察一些现象与事件，在观察前应做好充分的准备工作。本章节将为你提供观察婴幼儿行为的准备行动框架。观察者可以在这个框架的范围内，结合自己的观察目的，制订适用于各种活动情境的观察计划。婴幼儿行为观察的准备包括三方面内容：确定观察目的、制订观察计划和准备观察所需的材料。

一、确定观察目的

对于"观察新手"（如幼儿园的新老师）来说，他们在观察中常常遇到的问题包括：不知道从哪里开始或从什么地方入手观察婴幼儿。那么，是什么原因造成这一现象的呢？

案例 5-1-1

邓老师为何什么都"看"不到

幼儿园教育是渗透在一日生活中的。盥洗、进餐是幼儿一日生活的一部分，蕴含着许多教育意义。小邓老师是刚到幼儿园工作的老师，她今天的任务是观察幼儿一日活动中的进餐环节。当保育老师将饭菜送来时，她组织幼儿洗手，并在盥洗室门口看幼儿洗。许多幼儿草草洗完就擦手了，小邓老师没有发现。幼儿开始吃饭，许多幼儿还没有掌握拿筷子的正确方法，存在吃饭姿势不正确等问题，小邓老师仍然没有发现，她只看到幼儿吃得非常香。等幼儿吃完饭后，桌面和地板一片狼藉，有许多饭粒和菜叶，保育老师苦不堪言。在整个进餐环节中，小邓老师一直在看，却什么也没看到。这是为什么呢？

科学的婴幼儿行为观察是有目的地观察一些事物或现象，首先必须确定好观察目的。确定观察目的，可以避免遗漏重要部分，也可以避免记录过多无关现象。[1]观察者能够观察到真正想要了解的婴幼儿行为，而不是记录一大堆无关的现象或事件。反观案例 5-1-1 中的新教师小邓，她没有明确的观察目的，似乎一直都在"看"幼儿，但一直处于对幼儿的行为"视"而"不见"的状态。没有目的的观察是盲目的，容易导致幼儿做什么教师就看什么，但什么也没看见。

如案例 5-1-2 所示，观察目的是指将要观察什么和完成对观察内容的表述，是观察的全部意图。[2]观察目的就是要弄清我们想要观察的是什么，想要了解学前儿童的哪些行为或哪些现象。婴幼儿行为观察并不是对任意婴幼儿的任意行为进行

---

① 施燕、韩春红：《学前儿童行为观察》，82 页，上海，华东师范大学出版社，2011。
② 施燕、韩春红：《学前儿童行为观察》，82 页，上海，华东师范大学出版社，2011。

观察与记录，要求观察者在确定观察目的的情况下，在观察目的的指引下敏感地捕捉婴幼儿在成长与发展过程中的关键事件或独特的、具有教育意义的行为。因此，观察者在观察时，首先应该明确观察目的。行为观察的目的也会决定观察者所采用的观察与记录的类型和方法。

案例 5-1-2

在自主游戏中大班幼儿的合作行为

观察目的：观察大一班幼儿在自主游戏中的合作行为。

观察目标：了解大一班幼儿在自主游戏中的合作行为的水平、影响因素。

观察内容：

观察合作行为发生的场所、情境、人物年龄及性别、对话。幼儿合作就是指两个或两个以上幼儿为了实现共同目标而结合在一起，通过互相配合和协调以期达到统一目标的过程。

观察方法：事件取样法。

观察工具：笔记本、笔、自制观察表。

表 5-1-1　大班幼儿在自主游戏中的合作行为观察记录表

日期	幼儿姓名	性别	过程	主题	背景	实施方式
				□共同游戏 □维护规则 □互相帮助 □获取玩具 □分享、交换物品	□小组游戏 □个人游戏 □双人游戏	□协商 □帮助 □轮流、等待 □建议 □妥协、服从 □自觉配合 □威胁、告状 □命令、指挥

明确观察是为了让观察更有针对性和具体性，观察记录更加有依据、具体、细致，让观察者能有效地完成观察任务。观察目的重在列出观察者想探究的具体领域，包括幼儿的情感、态度、社会性、智力、语言发展等。新教师在撰写观察目的时，常感觉无从下笔，或者有些观察目的范围很大，有些含糊笼统，有些则雷同。如何撰写观察目的，新教师可从以下两点入手。

（一）从探究幼儿行为问题的原因角度入手

观察者可以从不同角度撰写观察目的和观察目标，以了解幼儿出现行为问题的原因。以李老师对幼儿攻击性行为的观察为例，李老师锁定了打人的小蕾。为了解小蕾攻击性行为背后的原因，可以设定以下两种目的。

角度一：关注小蕾的日常交往

幼儿在面对同伴冲突时的交往方式，常常和他日常的社会交往习惯和交往模式有关。观察者李老师为了解小蕾在日常生活中的社会交往，通过观察总结出小蕾在日常生活中的社会交往特点，观察目的是记录小蕾在与同伴交往时表现出的语言、动作和情绪，进一步分析小蕾发生过激行为是一贯表现，还是在特殊事件下的偶尔表现。这个观察还可以进一步帮助教师抓住时机，预防小蕾出现攻击性行为。

角度二：关注小蕾与同伴发生冲突时的行为表现

李老师发现小蕾的攻击性行为，并希望长期、深入地了解小蕾攻击性行为的表现、攻击性行为背后的原因和解决策略。李老师可以设定观察目的，即观察小蕾的社会交往情况，以及观察小蕾与同伴发生冲突时表现出的语言、身体动作和情绪等。

（二）从参照婴幼儿的发展水平角度入手

观察者为了解婴幼儿在身体智力、情绪情感、社会性、语言等方面的发展，首先需要了解婴幼儿各方面发展的常模，详细知晓婴幼儿在各年龄阶段、不同领域的发展水平。《3—6 儿童学习与发展指南》列出了婴幼儿在健康、语言、社会、科学、艺术领域的发展表现，并提出了教育建议。例如，在社会领域中，3～4 岁幼儿喜欢与同伴一起游戏，学习分享、等待与轮流，体验与教师和同伴共处的快乐。观察者可以拟定如下观察目的：了解 3 岁幼儿的社会交往能力。

观察者只有提出明确的目的，才能将注意力集中到观察对象的行为上，才能深入、细致地观察。从宏观层面上讲，观察目的是了解婴幼儿行为的事实真相，从而针对问题提出科学、可行的教育策略。婴幼儿行为观察除了可以了解婴幼儿的行为意义外，还可以了解有关教育功能实现方面的目的。例如，通过对婴幼儿发展评价和发展状况的了解，间接了解教师保教工作开展的情况。从微观层面上讲，观察目的就是要清楚我们想要观察的对象是什么，想要了解婴幼儿的行为，我们要通过观察达到什么样的目的，不同观察目的对应不同的观察主题、内容以及方法。

二、制订观察计划

观察者在明确观察目的和观察任务的基础上，制订严密的观察计划，预先做好充分的准备和安排，这样才能尽可能保证观察活动顺利进行。[1] 如案例 5-1-3 所示，观察者要按照观察计划提高观察的效率和质量，增强所得资料的准确性和可靠性。

观察计划一般包括以下内容。

（1）观察目标。

（2）观察对象：性别、年龄、所在班级以及基本肖像描述等。

（3）观察环境：写出较为详细的地址以及场所环境。

（4）观察时间：确定具体的观察时间、次数等。

（5）观察方法：从描述性观察法、取样观察法、评定观察法等方法中选择合适的观察方法。

案例 5-1-3

区域活动观察记录

观察对象：文文　性别：女　年龄：5 岁

观察目的：

（1）了解文文在区域活动中的兴趣；

（2）了解文文与其他同伴之间的交往。

观察目标：

（1）文文与其他小朋友一起玩的次数及时间；

（2）文文在区域活动中与同伴之间的交往以及喜欢她的人有多少。

观察方法：

（1）轶事记录法；

（2）行为检核表。

婴幼儿行为观察不是随兴所致、尝试错误的过程，而是有目的、有计划的活动。教师在实践中产生了问题，想要了解及解决它，就产生了观察的想法，有了观察目的。为了达到观察目的，在观察前就必须先制订计划，即对具体观察什么行为、如何收集资料、在什么时候收集以及观察记录方法的选择等做好思考及策

---

[1] 施燕、韩春红：《学前儿童行为观察》，83 页，上海，华东师范大学出版社，2011。

划，以避免观察资料收集错误及偏向，甚至做出过分夸张的、歪曲的判断。观察计划要考虑以下几个要素。

（一）观察目标

在明确观察目的以后，就需要界定观察的具体目标。观察目标是对所要观察的具体行为的陈述，也就是观察的主题，是有方向、有范围的观察。只有确定具体行为观察的目标，才能在观察记录、分析及判断的时候有迹可循。观察者不可能全部感知被观察者行为的所有方面并进行观察记录。所以，在对婴幼儿行为进行观察之前，如果观察者没有弄清自己真正关心的行为，那么其所感知的行为信息便会因没有"重点方向"而显得零散而无法组织，也就不能通过观察得到行为整体的意义。观察目的和观察目标的确定，如下文所示。

观察目的：观察一个 7 月龄婴儿的身体运动能力。

观察目标：

（1）观察 7 月龄婴儿头部、肩部和颈部的运动；

（2）观察 7 月龄婴儿从仰卧到俯卧的姿势动作。

观察目的：了解 4 岁幼儿如何将语言作为社会性互动的工具。

观察目标：

（1）观察和记录有互动行为的 4 岁幼儿的语言行为；

（2）记录 4 岁幼儿在沟通时使用的特殊语言。

观察目的：观察小泽与同伴的社会交往。

观察目标：

（1）小泽在与他人交往时，是否一起分享物品，适时等待，轮流使用物品；

（2）小泽在交往时的情绪情感表现。

课堂练习

你能确定以下哪个是观察目的，哪个是观察目标吗？

（1）了解班级幼儿的情绪管理能力。

（2）观察每个幼儿的大肌肉动作的发展情况。

（3）在生气或不满时的行为表现（低头生气、大声哭喊、小声抽泣、毁坏物品、攻击他人）。

（4）跑跳抛球接球、拍球、攀爬的能力。

（二）观察对象

观察者需要考虑观察对象的数量及范围：要观察一名幼儿还是一群幼儿？如果想要了解的事实只是个别现象，那么观察者要观察的是任意一个幼儿，还是某个特定的幼儿？如果想要了解的事实是群体现象，观察者要观察一组幼儿，那么是观察任意一组，还是观察特定的一组？教师可以依据其专业知识及经验，在日常工作中根据观察需要，确定观察对象。因为观察对象情况的复杂性，所以教师在进行观察之前，应该先将观察对象界定清楚，针对婴幼儿的情况考虑如何进行观察和记录。

（三）观察环境

观察环境包括观察时的场所和情境。场所主要指包含物质实体的硬件因素，如空间、设施或者玩具资源等。观察婴幼儿的具体场所可能会在托育机构 / 幼儿园内，包括活动室、室外场地、走廊、餐厅、睡眠室、功能室甚至厕所等，也可能是托育机构 / 幼儿园以外的场所，如在婴幼儿的家里或者所在的社区中。情境是指观察场所中与社会和心理有关的一些情况，如婴幼儿正在进行的游戏、与教师正在互动的情况等。有些场所有助于某些特定情境的产生，有些场所则不利于某些特定情境的产生；相同场所可以制造不同的情境，相同情境也可以在不同的场所发生。[①] 虽然观察场所和情境之间确实存在着许多联系，但是在具体的操作过程中，有时很难区分场所和情境。场所和情境是有关联的，它们之间的关系有以下两种可能性。

第一种可能性，场所和情境的关系是固定的。例如，在相对宽松、愉悦的环境中，幼儿的创造性表现会更加频繁；但是在受到压制的环境中，幼儿发起的创造性表现就比较少。

第二种可能性，场所和情境的关系不是固定的。在同一个场所，幼儿的行为也是不同的：有的幼儿可能情绪良好、笑逐颜开，有的幼儿可能情绪低落、愁眉苦脸。

观察者应思考以下几个问题：准备在什么场所进行观察，这些地方有什么特点？在什么情境中进行观察？观察者与被观察者之间是否有距离，是否会影响幼

---

① 施燕、韩春红：《学前儿童行为观察》，84 ～ 85 页，上海，华东师范大学出版社，2011。

儿的行为表现而导致观察结果出现偏差?

一般来说，教师常常在自然环境中观察幼儿，而某些观察情境还需要根据观察目标做出选择或者"设计"。例如，要观察幼儿在语言发展领域的表演行为，教师需要创设表演区，为幼儿提供剧本、用于表演的道具，或提供可供制作道具的材料等，以便激发幼儿表演行为的产生。另外，如果考虑到观察者会影响婴幼儿的行为和活动，则可以利用专用的婴幼儿行为观察室进行观察。

（四）观察时间和观察次数

观察时间是指每次观察特定的期限，具体是指在什么时候进行观察，一共观察多少时间。观察时间还包括记录行为的持续时间和反应时间。时间是观察记录中很重要的一个指标。在有些观察中，观察者并非只记录行为出现与否，还需要记录行为的持续时间。观察次数是指在实施观察中需要做多少次观察，以及观察行为在一定时间内发生或重复的频数。重复观察多少次为宜，应以观察研究的精确程度而定，一般来说，在相同条件下，观察次数越多，观察的精确程度越高，行为次数的多少往往反映了行为质量的不同程度或水平。

（五）观察者的角色

婴幼儿天生是富有好奇心、灵敏的观察者，在被观察的过程中，他们也经常会跑来询问成人（观察者）在做什么，有时他们也会刻意表现出一些不常出现的行为来取悦观察者。在婴幼儿行为观察过程中，根据观察者与被观察者的互动程度，即观察者参与被观察者的活动的程度，社会学者高登（Roymoud L. Gold）将观察者的角色分为四种类型。[①]

1. 局外观察者

局外观察者是指观察者完全不参与被观察者正在进行的活动，不让被观察者知道自己被观察。例如，通过单向玻璃进行的观察活动，被观察者不知道正在被观察。

2. 观察者的参与

观察者的参与指观察者的身份是被知道的，但其参与被观察者的活动仅止于外人的角色，以及在观察过程中一些必要的互动而已，即观察者被接受的程度不深。

3. 参与者的观察

参与者的观察是指被观察者不仅知道观察者的角色，而且也能接受，因此有更多的互动和相互的影响。但必须注意的是：不能因观察者的出现而使被观察者

---

① 施燕、韩春红:《学前儿童行为观察》，88 页，上海，华东师范大学出版社，2011。

产生压力或自我保护反应，导致观察结果的改变。一般来说，婴幼儿教育工作者是参与式观察者，婴幼儿能接受自己的教师，这便于教师能够在自然的状态下观察他们。但是，教师在参与婴幼儿活动的同时开展观察存在一定困难。虽然我们的注意力可以集中在婴幼儿身上，但参与活动会妨碍观察和记录。另外，如果参与婴幼儿的活动，可能会使得观察记录遗漏一些重要信息。

4.完全参与观察

完全参与观察是指观察者的角色不为被观察者知道，被观察者只知道观察者是他们中的一分子。观察者和被观察者的互动如同伙伴一样非常真实和深入，观察者在观察之前必须有与被观察者建立关系的过程。这种类型往往出现在社会学的研究中。

观察者角色的四种类型之间的比较如表 5-1-2 所示。

表 5-1-2　观察者角色的四种类型

观察者的角色	观察者是否参与活动	是否公开观察者的身份	举例	幼儿园教师经常扮演的观察者角色
1.局外观察者	×	×	通过单向玻璃进行观察的观察者	
2.观察者的参与	×	√	专门的学前教育研究者	
3.参与者的观察	√	√	幼儿园教师在指导幼儿活动时进行的观察	√
4.完全参与观察	√	×	与原始部落一起生活的社会学家	√

对于幼儿园教师来说，他们在观察中的角色可能会发生变化。例如，在自主游戏开始时，教师作为旁观者观察幼儿的社会交往行为。教师在发现"小卖部"始终无人光顾，扮演老板的幼儿无所事事时，就以顾客的身份光顾"小卖部"，使幼儿得以继续他的游戏，同时启发他思考如何吸引其他幼儿前来消费。当"顾客"不断前来时，教师再回到旁观者的角色，继续观察"老板"怎样与其他幼儿互动，以及"老板"是否能够更好地扮演角色。

（六）观察记录的方法、手段

观察记录的方法贯穿于观察的全过程，客观的观察记录方法是获得正确结论的基础。[①] 在制订观察计划时，必须考虑观察记录的方法，准备运用什么方法进行观察，运用什么记录手段，是否利用现代化的设备进行记录等。因为观察者的观察目的不同，就会采用不同的观察记录方法。每一种观察记录方法都有其不同的特性、不同的使用方式、不同的优缺点，相应地有其最适合运用的特定情况和目的。关于具体的记录方法，本章第二节有详细的介绍。

观察记录方法选择的原则，要考虑被观察者的年龄和发展水平，如果被观察者是一个 5 岁的幼儿，那么必须使检核表、事件取样等记录工具适应该幼儿的行为能力和发展水平。如果运用轶事记录法则不需要事先计划，因为在记录形式下，幼儿所做的每件事情都可以成为观察与分析的对象。

除了婴幼儿的年龄和发展水平外，观察者还需要考虑其他两个因素。第一，是否要保留原始信息。如果需要，那么采用实况记录、事件取样、轶事记录或日记法就比较合适；如果观察者只想了解某一行为是否发生，或者婴幼儿是否掌握了某种技能，并且对细节或者行为、技能产生的情境不是很感兴趣，就可以采用时间抽样、检核表。第二，观察记录时间有多长，记录方法是否便于使用，以及在采用每种方法之前需要做多少准备，等等。

不同的观察方法对观察者的主观推断会有不同的要求，有些方法在观察时不需要做推断，只需要如实地记录和描述，推断是观察者在分析时才需要做的事，如轶事记录法；有些方法则在观察记录时要有一定的推断，要求观察者判断观察到的行为是否符合操作性定义，是否要记录，属于哪个等级等，如等级评定法。

三、准备观察所需的材料

确定观察目的和制订观察计划等方面的工作，都属于观察活动的准备，除了这些外，在观察活动正式开始之前，还需要做好一些具体材料的准备。观察的具体材料包括：设计并印制好记录所需要的表格、准备好观察中所需要的辅助材料和设备，以及实地检查观察场所环境等。

（一）设计并印制观察记录所需要的表格

观察的同时需要记录观察对象的行为，记录的手段有很多种，包括详细、连续性的记录，用表格符号进行的记录，以及使用摄像和录音等方式的记录。除了使用摄像、录音等方式进行记录以外，前两种记录方式都需要预先准备好记录的表格，如案例 5-1-4 中的表 5-1-3 所示。

---

① 施燕、韩春红：《学前儿童行为观察》，89 页，上海，华东师范大学出版社，2011。

幼儿自尊心观察

观察目的：了解幼儿情感社会性发展水平

观察目标：幼儿自尊心的发展

观察对象：班级_____ 姓名_____ 年龄_____

评价标准：

1. 幼儿是否主动表现自我，努力寻求他人的注意和肯定评价。

2. 幼儿对表扬或批评是否有明显的情感体验（愉快、不好意思、得意或内疚、羞愧）和外部表现（微笑或脸红、低头）。

3. 幼儿在受到不公平对待（同伴中的欺负行为 / 幼师的忽视行为）时是否能做出适当的反应（气愤地告诉老师、抗议、情绪低落等表现）。

实施情境：

观察方法：

评价工具：轶事记录法 + 检核表

评价人员：

收集信息

表 5-1-3　幼儿自尊心观察评价检核表

幼儿姓名：　　　班级：　　　观察者：　　　日期：		
评价指标	幼儿表现	评价（√ / ×）
介绍自己的作品		
寻求别人的注意和肯定评价		
受到表扬时表现出兴奋、自豪或害羞、不好意思		
受到批评时表现出不高兴、不好意思或不服气、辩解		
受到小朋友的不公平对待或故意攻击		
受到老师的忽视或不理解		

文字记录：

解释判断：

（二）准备好观察中所需要的辅助材料和设备

除了上述所提到的观察记录的正式表格以外，观察中可能还会用到其他辅助材料。例如，当观察者想要采用照片提名法了解小班幼儿之间的友谊的情况时，观察者可以给每个幼儿拍照，将照片以相同的尺寸冲洗或打印出来，并将照片一一摆放在幼儿的面前。这些都应该在观察前做好准备。

若观察记录没有正式的表格，则选用记录纸，观察者可根据个人的习惯选用记事本、便笺纸等。由于观察者需要在现场边观察边记录，因此需要考虑纸的大小和硬度等问题。如果纸太大，则可能会给记录带来一定的不便，一般建议采用16K 大小的纸，而不建议采用 A4 大小的纸。记事本最好有一定的硬度，或者自带一个夹板，有一定的硬度支撑会比较方便观察者记录。

此外，还应该准备好记录所用的笔，一般可以采用黑色签字笔或多种不同颜色的签字笔，或者选用三合一、四合一等多种颜色组合的圆珠笔，可在记录过程中用不同的颜色做区分和记号，方便事后的整理与分析。最好有备用的笔，以免发生因突然没有油墨而无法记录的状况。

如果是采用多媒体手段，需要录音和摄像的，那就更需要仔细检查所用的记录器材以及辅助材料，如确认电池电量是否充足、内存卡的内存是否足够、三角支架是否完好等。尤其注意，如果在教室里观察时需要用录像、录音设备，可能会引起婴幼儿的好奇而暂时分散他们的注意。应事先将设备放置一段时间，让幼儿先满足一下探究的需要，让他们看看、摸摸、问问，适应一段时间后再正式开始拍录，这样可以使婴幼儿将全部注意集中于自己的活动。

（三）实地检查观察场所及周边环境

在正式观察之前，有必要实地了解和查看观察场所及周边环境。通过对观察场所的实地考察，观察者可以确认观察位置，包括与婴幼儿的距离、观察角度、观察场所的流通性等，以及查看周边环境是否存在影响观察效果的不利因素，并考虑如何避免。如果是利用摄像机记录，还需要检查场地的光线或者不同角度的光线情况；如果是利用录音机或摄像机，还需要考虑有无过大的噪声，以及该如何改善等。

一、观察计划的执行

（一）根据观察情况及时调整观察计划

在观察的实施过程中，观察者必须明确观察的目的和任务，并严格按照观察计划操作。[①] 观察者在正式实施观察计划之前，可以进行预观察，以便及早发现在各个环节中可能存在的问题，及时修改观察计划。在正式观察过程中，也可能会发现观察计划不完善，或者有时观察对象会有一些变更，尤其是在观察过程中发现一些重要的、值得注意的事件时，可以及时修订计划，以便使观察过程更加符合研究的目的，取得最佳的观察效果。

（二）选择合适的观察方式

根据观察需要，选择合适的观察方式。观察方式有三种。一是扫描观察法，也称时段定人法，这是观察者在相等的时间段里对观察对象依次轮流观察，适合粗略地了解全班幼儿的情况，如通过观察可以掌握游戏开展了哪些主题、幼儿选择了哪些主题、扮演了什么角色等一般行为特点。二是定点观察法，也称定点不定人法，随区域活动进行，观察者固定在某一区域进行观察。适合于了解某主题或区域幼儿的情况，了解幼儿的现有经验及他们的兴趣点，以及幼儿之间交往、做游戏等动态信息，教师能够较为系统地了解某一事件发生的前因后果，避免指导的盲目性。三是追踪观察法，也称定人法，观察者根据需要确定1~2个幼儿为观察对象，观察他们在活动中的各种情况，定人而不固定地点，适用于通过观察了解个别幼儿在活动或游戏中的发展水平。教师可以自始至终地观察，也可以就某一时段或某一情节进行观察。

（三）保证足够的观察次数或时间

针对婴幼儿的同一行为应观察足够的次数或时间，以保证观察结论的可靠性。在某个情境中一次观察到的行为可能是偶然出现的，不能代表某个婴幼儿的某种行为类型。要想得出相对稳定、准确的结论，需要在该行为可能发生的情境中多观察几次。

---

① 施燕、韩春红：《学前儿童行为观察》，83 页，上海，华东师范大学出版社，2011。

二、观察中的记录

观察记录实际上是将观察到的婴幼儿的行为或者现象转变成文字或者符号的过程。记录在婴幼儿行为观察中的地位十分重要，它贯穿于观察实施的全过程，无论是采用哪一种观察方法，只有通过记录，才能将观察者的所见所闻保留下来。

（一）观察记录的分类

常见的观察记录方法分为以下四类。第一类：连续记录法，又称文字记录方法，即质性的观察记录，常用于日记描述法、实况详录法、轶事记录法和事件取样法等观察方法中。第二类：表格符号记录法，即量化的观察记录，常用于时间取样法、行为检核法、等级评定法等观察方法中。第三类：影音记录法，即通过科技设备进行记录，如使用摄影、录音等设备录制。第四类：综合记录法，即综合两种以上的记录方法。

1. 连续记录法

在日记描述法、轶事记录法、实况详录法、事件取样法等观察方法中，都需要观察者在一段时间内连续记录被观察者的行为，这就是连续记录法。在实际应用中有两种情况：第一种是观察当时的、当场进行的记录，一般用于实况详录法、事件取样法；第二种是对已经发生的行为事件进行描述性追记，一般用于日记描述法、轶事记录法等。连续记录法的优点包括以下内容。（1）连续性：能够将行为经过、细节以最大的可能性保留下来，且按照行为事件发生的先后进行记录。（2）描述性：记录的是行为事件发生的过程，对被观察者的表情、语言、动作、姿态，和谁说了什么，有什么样的身体接触，以及与周边环境的互动等，都以详细或简略的方式进行记录。缺点是要快速地记录观察者的行为，并且尽可能完整详尽地记录，这非常考验观察者的专业素养，对于新手来说无疑是存在困难的。

连续记录法的使用要点包括以下内容。（1）尽可能地快速记录。婴幼儿行为的发生，稍纵即逝。要做到记录文字简洁，不能遗漏，也不能字迹潦草导致整理时难以辨认。（2）需要记录有关婴幼儿行为的所有情况。（3）将婴幼儿与其他同伴的互动都记录下来，不能有遗漏。（4）要按照事件、行为发生的顺序进行记录，能够一一再现当时发生的情境。（5）记录的语言具体，通俗易懂。连续记录法最大的特点就是运用文字进行记录，要注意准确用词，用事实性的而非观念性的词语，不能使用抽象性、概括性的总结性词语进行描述。

表 5-2-1　观察记录词语建议表 [1]

避免使用	请使用
该幼儿爱……	他经常选择……
该幼儿喜欢／喜爱……	我看到过他……
他在……上花了很多时间	我听到她说……
似乎……	他花了 5 分钟做……
看上去，显得……	他说……
我认为……	几乎每天他……
我觉得……	每月有一两次……
我想……	她持续地……
他做……做得非常好	我们观察到一种模式……
他不擅长……	
对于他来说，……是很困难的	

2. 表格记录法

表格记录法主要有三种形式：频数记录法、等级记录法、符号记录法。（1）频数记录法：将观察内容按规定的行为分类系统及各种行为定义，列成表格式清单，预先制作好表格，在观察现场根据婴幼儿行为即时以符号形式进行记录。（2）等级记录法：根据一定的等级标准，对观察到的婴幼儿行为做出评定的方法。在记录时一般使用数字"1，2，3，4"，或者字母"A、B、C、D"，或者"优秀、良好、及格、不及格"。（3）符号记录法：在观察记录过程中，常出现涉及对象过多、情况较复杂的状况，可以使用预先规定的代码符号进行记录。例如，E= 吃点心（eat）；T-CH（1）= 老师与一个孩子互动（teacher to 1 child）；T-CH（AL）= 老师对全体说（teacher to all children）；SR= 独自看书（single read）；3R= 三个人一起看书；SP= 独自游戏（single play）；PP= 平行游戏（parallel play）；Pair= 互动游戏（pair play）。

3. 影音记录法

影音记录法是指数码影音工具在行为观察记录上的应用。常用的影音记录工具包括：照相、录影、录音。[2] 由于影音设备技术的成熟，因此影音记录法目前在

---

① ［美］盖伊·格朗伦、贝夫·英吉儿：《聚焦式幼儿成长档案袋——幼儿完全评估手册》，季云飞、高晓妹译，86 页，南京，南京师范大学出版社，2007。

② 蔡春美、洪福财、邱琼慧：《幼儿行为观察与记录》，154 页，上海，华东师范大学出版社，2020。

幼教现场使用得比较多。在运用影音记录法时需要提前做好各种准备，包括掌握设备的基本操作和技巧（对焦、取景、构图等）；把相机等设备调整到适合的状态（检查电池、内存、三脚架等），找准最适合拍摄的位置等。在事先计划好拍摄的观察主题后，可以提前练习取景，拍摄片段进行检查。在拍摄时，可以注意多拍几张照片或视频片段以供后期选择。如果影音资料结合网络，在运用公众号或博客等发布婴幼儿行为观察的影像记录时应注意：是否会造成对婴幼儿隐私权或肖像权的侵犯。

影音记录法的优点：（1）记录的细节生动、丰富；（2）可以随时暂停、倒退以反复琢磨细节，弥补文字的不足；（3）克服观察者注意力、书写速度与记忆的限制，避免遗漏情节；（4）提供具体影音记录以便做客观分析与说服他人；（5）运用影片的回放等技术提供反思与评价。

4. 综合记录法

很多时候，观察者会综合运用两种以上记录法。例如，文字记录配合检核表，更常见的是，影音记录通常会与文字说明或记录相整合，成为具有整合视听与文字内容的影音多媒体记录报告。在轶事记录法中使用文字描述的方式配合影音记录，可以让轶事记录更加生动。例如，婴幼儿活动场景描述可以配有照片，可以用录音记录师幼对话，等等。不同的记录方法形成文字结合影像、声音的观察报告。例如，近年来，学习故事越来越受到幼教工作者的高度关注。学习故事是一套来自新西兰的儿童学习评价体系，由新西兰早期教育专家卡尔教授和他的团队研究、发展形成。在新西兰各类幼教机构中，学习故事被广泛地用来帮助教师观察、理解并支持儿童的持续学习，同时记录每一个儿童成长的轨迹和旅程。学习故事法包括注意、识别、回应三个主要部分。（1）注意：教师对儿童学习的观察，记录"令人感叹"的时刻或"魔法"时刻（故事和照片）。（2）识别：教师对学习的分析、评价和反思，如"我认为我在这个情境中看到了什么样的学习？""关于汤姆，我今天又有了哪些新的认识？"（3）回应：教师为支持儿童进一步学习制订的计划，如"我们还能做些什么，以支持、促进和拓展儿童的学习？"学习故事记录表鼓励教师运用故事和照片的方式呈现儿童令人感叹的时刻，见案例5-2-1。

东里幼儿园学习故事记录表 ①

名称：通州地铁站	
时间：2021 年 6 月 11 日　作者：汤老师　幼儿姓名：洋洋和航航	
有助于学习的心智倾向： 认真专注； 不怕困难； 善于探索和尝试	照片和故事： 图 5-2-1　分工搭建地铁站
发展领域： 健康 语言√ 社会√ 科学 艺术	 图 5-2-2　讨论安检门搭建　图 5-2-3　安检门搭建完成 　　今天在户外搭建活动中幼儿的计划是搭建"通州地铁站"，他们自主地做了分工，洋洋负责搭建，其他小朋友负责搬运。洋洋先用围拢的方式搭建了地铁安检门的底部，再用长板铺在上面，其他小朋友用长方形积木在长板上面垒高搭建成安检门，最后他们又在上面完成封顶。这时洋洋说："这个地铁安检门有点晃动，你们安检的时候小心一点哦。"航航说："你这个门不牢固，待会儿要砸到小朋友怎么办？"洋洋说："所以我说了让你们小心一点啊。"航航说："那你应该加固一下，这样就会很安全。"洋洋问道："那你说应该怎么弄？"

---

① 　北京市通州区东里幼儿园供稿。

航航说："你这个安检门得换了，换成别的积木。我们去那边看看都有哪些积木结实一些。"于是他们挑选出来了一些异形积木，将原有的拆了换成异形镂空积木，航航说："你看，换成大的镂空积木就比你原来那个坚固了吧。"洋洋说："是这样的。那我在镂空积木里再加个长方形积木块，这样就更坚固了。"于是在两人的共同合作下，安检门更加安全了。
幼儿支持什么样的学习在这里发生了？（关注幼儿能做的和他们的长处） 　　幼儿能够根据自己的生活经验，在绘画计划中尽情发挥自己的观点。在搭建过程中，洋洋能够专心致志地搭建，在遇到搭建不稳固后，能主动询问航航怎样解决。两人在共同商量与合作下，共同完成搭建。
机会和可能性 　　1. 请幼儿与全班小朋友分享一下自己在搭建作品的过程中，是如何搭建的以及如何解决问题的。 　　2. 请坐过地铁的幼儿回忆乘坐地铁的经验。幼儿一起排列"乘坐地铁"步骤流程图，全面了解如何安全乘坐地铁。
家长或儿童的反映

（二）记录的注意事项

1. 坚持客观记录，避免用主观印象记录婴幼儿的行为

在观察记录中应坚持的首要原则：客观地记录。客观地对观察到的行为做出记录，这样才能确保收集到的数据和信息是可靠而有效的，为评价婴幼儿行为提供全面、准确、客观的信息。在观察过程中主观参与是难以避免的（详见第一章），因此在记录中，观察者往往会加入自己的主观判断，或者不能完整地记录婴幼儿行为发生的全部过程和背景，导致在分析和评价的时候缺乏客观观察记录的支持。的确，在观察实践中，婴幼儿的性别、外貌、气质、家庭背景，以及幼儿留给观察者的整体印象等，往往会影响观察记录的真实性与客观性，并且观察者可能会不自觉地将主观观点渗透到观察中，如案例 5-2-2 所示。

案例 5-2-2

笑笑的攻击性行为

观察记录：

笑笑经常欺负班里的小朋友，大家都不愿意跟他玩。在今天的区域活动中，他先跑到图书区抢了小航的书；接着又跑到娃娃家，抢了妞妞的玩偶，还特别生气地推倒了刚刚。

在今天的音乐活动中，笑笑特别不乖，总是打扰别的小朋友，甚至故意把别人绊倒，然后觉得自己的阴谋得逞了似的，特别高兴。

观察者应真实、客观地记录所发生的行为、事件，但在案例 5-2-2 中观察记录过多地表达了观察者对幼儿的主观印象和主观评价，记录的不是幼儿客观、完整的行为和事件。这样的记录无疑是观察者粗略的主观印象的简单合成，观察者并未思考幼儿当时为什么会有这样的表现。例如，在案例中，笑笑为什么要抢东西，他是故意的吗？还是他想玩但不知道怎样沟通？这段观察记录把描述性语言和评价性语言相混淆，如"经常欺负""特别不乖"等都是评价性的词语。这样违背了观察记录的初衷，不能真实地记录所发生的事件，最终就掩盖了问题的本质。观察者需要做的不是去否认或完全杜绝自己的主观评价，而是要在清醒中对自己内隐的观念进行反思、分析、判断甚至调整。这样的过程，也是观察者专业成长与发展的过程。观察的初学者应增强观察的客观性练习，可以利用仪器设备进行辅助观察记录，在记录完成后回看婴幼儿的行为表现，尽可能利用可量化的指标进行记录；在使用文字进行记录时，应反复检查观察记录中所用的词语。

课堂练习

请区分以下描述哪些是客观的？哪些是主观的？

1. 跳了 18 米远。

2. 很聪明。

3. 漂亮的男孩。

4. 抢过来玩具，说"是我的"。

5. 做得好。

6. 她是个问题儿童。

7. 懂礼貌。

8. 能够数到 8。

9. 认得名字标牌。

10. 骂人。

11. 陶醉于音乐时段。

2. 及时对所做的记录进行反思

观察者可以在观察记录后面增加一个模块，即主观反思和解释。这样可以很好地将客观与主观区分开，在客观的观察记录后面，观察者记录主观的想法、反思，以及对行为的解释。反思与解释的依据是婴幼儿的动作、语言和表情。同时，记录是一个选择的过程，重要的不是选择记录了什么，而是放弃记录了什么。观察者需要反思的是什么原因导致放弃记录。

3. 记录内容带有文化价值烙印

人是文化的产物。无论是婴幼儿还是成人，概莫能外。当然，人也创造文化。从这个意义上而言，记录就是一种文化，尤其是带有主观选择性的记录。观察者在做记录时，要根植于婴幼儿的活动或教学活动所处的文化，尤其是制度文化背景。在选择记录内容乃至对内容进行解释时，也不应排斥文化所产生的影响。

第三节　婴幼儿行为观察实施的注意事项

在实施观察的过程中，有一些容易疏忽的问题需要注意，这些问题会影响观察的结果，甚至可能会影响或伤害到婴幼儿的身心发展，因此需要十分重视。

一、尽量减少观察误差

（一）避免引起观察对象的注意

减少观察误差最主要的就是避免引起观察对象的注意。因为当一个陌生人出现在婴幼儿的活动现场时，难免会使婴幼儿表现出与平时不一样的行为，从而造成误差。为避免这种误差，有两种办法。（1）在一个不容易被婴幼儿看到的地方进行观察。有条件的地方，可以利用专用的婴幼儿行为观察室，设置单向玻璃以避免观察者对被观察者的活动产生影响，具体视研究情况和条件而定。（2）在正式观察之前，事先熟悉现场，与婴幼儿建立关系，等婴幼儿熟悉观察者的存在或对观察者的活动失去兴趣后再进行记录。

在大多数情况下，观察者是托育机构 / 幼儿园的教师或幼儿熟悉的其他人员。这样就为观察创造了一个比较宽松、不受干扰的环境。但有两点应注意：不让婴幼儿知道有人正在观察和记录自己，以避免婴幼儿做出虚假行为，从而获得真实可靠的观察材料；不干预婴幼儿的活动，不对婴幼儿在活动中的行为进行评价，不影响自然行为的产生。

（二）其他因素

减少引起误差的因素的影响，关键在于及时发现或觉察其源头、内容，通过反省、澄清与掌握其过程，消除可能的影响。这些因素包括以下内容。

1. 敏感度

敏感度是指观察者对婴幼儿的行为及其所反映出的个性、需要、兴趣等不同方面的即时理解和判断。人的敏感度会随着经验和训练而改变，会影响观察的过程和对观察资料的解释。[1]

案例 5-3-1

观察记录

5 月 26 日下午，甜甜先在图书区翻了会儿书，又去娃娃家看了看，然后又到自然角给小草浇了浇水，最后她去科学区玩起了火山实验。

案例 5-3-1 中的观察记录像是在记流水账，观察者没能敏感地捕捉婴幼儿在成长与发展过程中的关键事件或独特的细节，没有记录具有教育意义的行为，也就很难更好地理解婴幼儿的行为，不能为促进婴幼儿的成长与发展提供教育指导与建议。

2. 观察者的自我或个性的影响

观察者在观察时，个人的经验、态度、需要、情绪情感、动机愿望、教育经历与个人特质以及与被观察者的关系等会使观察和解释有所偏好，并且出现一系列误差，极大影响观察的客观性，包括首因效应、近因效应、光环效应、恶魔效应、刻板印象等，见案例 5-3-2。例如，我们可能会偏爱具有某种个性特征或表现某种行为的婴幼儿，这会使我们过多关注这些个性特征或行为而忽视其他重要部分。同样，对不喜欢的个性特征或行为的强调或忽视也会造成观察的缺失或偏颇。

---

① 施燕、韩春红：《学前儿童行为观察》，99 页，上海，华东师范大学出版社，2011。

案例 5-3-2

首因效应：也叫首次效应、优先效应或第一印象效应，指交往双方形成的第一印象对今后交往关系的影响，也即"先入为主"带来的效果。例如，如果教师在第一次见到小然后就觉得他是个霸道的孩子，那么教师在观察记录中可能会戴着"霸道"的这个"有色眼镜"去看小然的行为表现。

近因效应：与首因效应相反，是指在多种刺激依次出现的时候，印象的形成主要取决于后来出现的刺激，即在交往过程中，我们对他人最近、最新的认识占了主体地位，掩盖了以往形成的对他人的评价，因此，也被称为"新颖效应"。

光环效应：又称晕轮效应，类似"一好百好""爱屋及乌"的心理知觉的特点，具体指的是人们会根据他人某些主要的、好的品质而推论其他行为性质，这就像月晕的光环一样，向周围弥漫、扩散，所以人们就形象地称这一心理效应为光环效应。

恶魔效应：与"光环效应"相反的一种效应，即"一坏百坏""憎其人者，恶其余胥""恨屋及燕"，具体指的是对某人某一品质或物品的某一特征有不良印象，就会对这个人、这件物品的整体评价偏低。

刻板印象：主要是指人们对某个事物或物体形成的一种概括、固定的看法，并把这种看法推而广之，认为这个事物或者整体都具有该特征。

3.观察者疲劳或身体不适

由于观察不仅是人的感觉器官直接感知事物的过程，而且是人的大脑积极思维的过程。[①]这个过程需要观察者的注意力高度集中，难免会引起疲劳，而身体不适也会影响注意力的集中程度。这些身体因素来自心理紊乱，或来自外部环境，如噪声、光线、气温等。消除这些影响的方法是尽量避开这些因素，而对于超出观察者所能控制范围的，则要尽量意识到这些因素可能的影响，并尽可能消除这些影响。

4.观察环境

环境的影响包括物理环境、仪器设备。物理环境的影响包括：是否能够清楚地听到婴幼儿之间的对话，空间大小、布局和视线是否有利于观察到每一位观察对象，灯光是否合适，等等。此外，还要考虑天气状况等对观察造成的影响。仪

---

① 施燕、韩春红：《学前儿童行为观察》，100页，上海，华东师范大学出版社，2011。

器设备的干扰体现在：一方面，婴幼儿可能会对仪器设备感兴趣，注意力分散，从而影响婴幼儿的行为表现；另一方面，仪器设备产生噪声、故障等影响婴幼儿的情绪，干扰观察。因此，在观察前观察者应对仪器设备进行调试，熟练掌握仪器设备的操作方法。

二、警惕观察者偏见

每个人都会受个人经验、态度、喜好、愿望等的影响而有偏见，虽然无法完全消除偏见，但我们应该意识到其它们的存在，并采取措施予以控制，尽量保持观察记录的客观性。观察者在推论或解释时尤其要警惕以下三种主观偏见的发生。

（一）期待性偏见

期待性偏见是指观察者因对研究对象期望较高或较低而影响推论的一种偏见。观察者在预期观察对象会有某些表现时，便会期待能够得到相应的结果。[1] 例如，当我们不喜欢攻击性行为时，可能就会夸大某个儿童的攻击性行为，甚至给这个儿童贴上攻击性的标签。这种偏见会误导推论，违背观察的客观性、准确性和科学性。因此，观察者要实事求是，尽可能忠实地记录原始情形，再结合专业的理论和实际的情境进行推论。

案例 5-3-3

针对同一件事，两位教师的观察记录

教师甲：素素在吃点心时不小心把瓷碗摔碎了，她难过地哭起来。见我走过来，她一脸无辜地盯着旁边的小宝，好像在告诉我瓷碗是小宝打碎的。素素平时就因为怕被老师骂，做了坏事故意撒谎，将责任推给其他小朋友。

教师乙：素素和隔壁的小宝边吃点心边玩，素素的瓷碗放在桌沿，小宝一挥手，瓷碗掉在了地上，摔碎了。素素看着小宝，哭了起来。[2]

在案例 5-3-3 中，教师甲根据素素日常的表现，对素素有比较低的期待，主观臆测素素的行为的原因，导致判断与事实的不符。教师乙则能够实事求是，客观且翔实地观察和记录了事情发生的整个过程。

---

① 李晓巍：《幼儿行为观察与案例》，187 页，上海，华东师范大学出版社，2017。
② 李晓巍：《幼儿行为观察与案例》，23 页，上海，华东师范大学出版社，2017。

（二）角色性偏见

角色性偏见指观察者受社会对某类观察对象的角色定位的影响。[①] 我们所观察的婴幼儿是有个体差异性的，可能来自不同文化、不同地区的家庭。但我们应该公平公正地对待每一个观察对象，尊重每一个婴幼儿，一视同仁。

（三）理论性偏见

理论性偏见是指观察者因受某种理论观念的影响而进行推论的一种偏见。主要有两种情况：一是每种理论都有局限性，有时会使观察者的思维受限；二是观察者对理论理解得不够深入，存在误用理论的情况。[②]

第四节　婴幼儿行为观察的伦理

一、观察伦理

（一）观察伦理的含义

什么是观察伦理？或许我们可以从研究伦理中探寻。研究伦理是研究过程中必须遵守的规范和准则。在学术领域，研究伦理更多是指为了保证研究客观、真实，研究者应该遵循的规则。越来越多的人认识到在涉及人的教育科学研究中不仅要考虑一般科学研究的学术道德，还要把人文道德融入研究过程中。[③]

基于以上对研究伦理的探讨，我们认为观察伦理是对观察与记录过程中的人文道德的讨论，包括观察方法的使用是否适当，观察结果的推论是否翔实，是否为了观察而略失教学本质，观察与记录的资料的保存与使用是否能保障婴幼儿的权益等，都属于伦理问题的讨论范围。[④]

---

① 李晓巍:《幼儿行为观察与案例》，187 页，上海，华东师范大学出版社，2017。

② 李晓巍:《幼儿行为观察与案例》，187 页，上海，华东师范大学出版社，2017。

③ 霍力岩、姜珊珊、李敏谊等:《学前教育研究方法》，43 页，北京，高等教育出版社，2011。

④ 蔡春美、洪福财、邱琼慧等:《幼儿行为观察与记录》，209 页，上海，华东师范大学出版社，2020。

（二）为何需要关注伦理问题

1. 伦理问题的澄清是保障幼儿权益的积极作为 [1]

对观察对象的保护应该是一切研究在实施之前都必须关注的问题，而对于以人为主要研究对象的教育科学研究来说，这个问题显得尤为重要。我国在 2008 年通过的《高校人文社会科学学术规范指南》介绍、说明、解释了人文社会科学学术研究的基本伦理、纪律和法律约束，以及相关的技术规范。其中有一条"以人为本"涉及研究对象保护："人文社会科学应将体现人性、尊重人格、保障人权作为基本的价值取向，将增进全社会和每个社会成员的进步和幸福作为终极目标。人文社会科学研究既要考虑全社会的整体利益，又要尊重人的个性发展。"这些规范强调了保护研究对象的要求。

2. 观察与记录属专业范畴，应遵循专业规范

对于专业知识与技能，专业组织通常需形成规范或共识，供组织成员作为行为的参照。因此，关于如何进行婴幼儿观察与记录，学前教育学科也有相关研究与论述，以使学前教育研究者在进行该专业行为时能有所参照。[2] 例如，在美国，与教育研究者密切相关的准则是《美国教育研究协会（AERA）道德准则》。

3. 伦理问题的明晰有助于研究者观察与记录的实施

面对复杂的教育现场与多元的研究对象，研究者往往需要做出恰当的专业判断。伦理问题的澄清有助于研究者在应为与不应为的思考中，有可承袭价值判断的依据和逻辑，以更顺畅地进行观察与记录。因此，研究者在专业社群中共同探讨和澄清观察中的伦理问题，有助于其形成价值体系和专业行为的践行。[3]

二、观察伦理的常见议题

在观察记录中，观察者应以伦理道德规范自己的行为，维护和保障观察对象的权益。观察伦理具体包括以下三个方面。

（一）观察前

在观察前，观察者应取得观察对象及其监护人的知情同意并尊重他们的意见。如果观察是在托幼机构进行，也应得到该机构负责人的许可，如园长等。

---

[1] 蔡春美、洪福财、邱琼慧等：《幼儿行为观察与记录》，206 页，上海，华东师范大学出版社，2020。

[2] 蔡春美、洪福财、邱琼慧等：《幼儿行为观察与记录》，206 页，上海，华东师范大学出版社，2020。

[3] 蔡春美、洪福财、邱琼慧等：《幼儿行为观察与记录》，206 页，上海，华东师范大学出版社，2020。

如果观察被用于正式研究，还需要有知情同意书。其具体内容主要包括以下五点：避免造成伤害、知情同意、个人资料保密、结果告知、不隐瞒，如案例5-4-1所示。

案例 5-4-1

知情同意书样例

尊敬的家长：

您好！xxx实验室与xxx幼儿园联合进行幼儿发展测评。该测评可以帮助我们更好地了解幼儿发展水平，进而指导保教工作，希望得到您的支持。

这次测评要收集来自家长、幼儿双方的信息，需要您配合填写问卷，也需要您的孩子跟我们的专业人员共同进行8分钟左右的情境游戏。请您仔细阅读以下内容。

保密：

您在问卷中提供的信息属于隐私，为了对您的个人信息保密，所有参加这项调查的家庭都会有一个数字编码，家长和孩子的姓名将不会在研究数据库中出现。非本研究组的成员无权查阅您和孩子的个人信息。但是，在以下两种特殊情况下我们无法遵守保密原则。第一，如果家长或孩子提及任何虐待儿童的事件，我们会立即与您沟通；第二，如果任何参加者显示出具有严重的抑郁症状或伤害他人倾向，我们将立即通知家人。

我们承诺：

参与这项测评不会给您和您的孩子带来任何不适。在游戏中，我们会以鼓励和关爱的方式与您的孩子互动，假如孩子排斥游戏，我们会立即停止。只有在孩子愿意时，游戏才会继续进行。

您可以获得什么：

（1）了解您的孩子在各个方面的发展水平；

（2）反思自己的教育方式；

（3）反思自己与幼儿园教师之间的沟通；

（4）得到被试费xx元。

如果您想要了解孩子的测评结果，请将您的电子信箱留下，我们会在对数据进行分析后，给您答复。您的电子信箱：＿＿＿＿＿＿＿＿＿＿＿＿＿＿＿＿＿＿＿

（如果没有电子信箱，可以留下您的家庭住址和邮编，我们会将结果邮寄给您。）

本测评为自愿参与项目，您有权拒绝参加，但您和您孩子的参与对我们非常重要，我们非常需要您的参与！

我们再次承诺：您所提供的信息将仅供幼儿发展研究使用，请您放心填写。题目没有对错之分，请您根据真实情况填写。

如果您愿意参加这项测评，请在这里签名：_____

非常感谢您的支持与合作！

xxx 大学幼儿心理研究实验室

20xx 年 10 月 12 日

（二）观察和记录进行时

观察过程不对婴幼儿造成伤害。《儿童权利公约》规定儿童享有生存权、受保护权、发展权和参与权，并且强调应遵循儿童最大利益原则来处理关涉儿童的事务，要求关于儿童的一切行动，均应以儿童的最大利益为首要考虑。观察者须留意婴幼儿的感受，不对婴幼儿造成伤害。同时，观察对象有权拒绝或停止观察者对他的观察。因此，观察者在观察时，需要考虑在什么情境下由谁来收集信息更有可能让婴幼儿感到安全，并能获得有关婴幼儿行为表现的真实、客观的信息。

（三）观察结束后

1. 观察者应注意观察对象的隐私

涉及隐私的观察记录要小心保存，做好保密工作。在使用上，应确定不同对象调取记录资料的权限，包括家长、园长、专家、研究者等。在公开发表或口头报告观察结果时，除非有必要用真名，否则不使用婴幼儿的真实姓名，而以代号或化名呈现；影音记录资料的使用，也必须获得监护人的知情和同意，必要的时候对婴幼儿的照片或视频中的肖像进行打码处理。

以下是对运用和保存观察资料的三点建议：（1）幼儿园或研究机构在管理工作中，应当完善保存和使用观察资料的制度；（2）观察者在保存观察记录与分析时，应尽量采用加密的方式，以保证观察资料不能被他人打开并使用；（3）当观察资料需要被公开时，观察者应告知婴幼儿的家长或监护人，在得到他们的允许后才可以公开。此外，还应提前将资料进行匿名处理。

2. 尽量客观翔实地解读观察记录

观察者在解读观察记录的过程中常常会出现一些误差，主要有以下三种情况。一是观察者在进行婴幼儿行为观察与记录后，觉得"好不容易"获得一份观察记录资料，应该好好地加以利用，获得一些"特殊的发现"，才不枉辛苦记录一次。观察者的这种心态很容易将自己的期望、对婴幼儿的主观印象或刻板印象强加于观察中，在分析解读时就容易产生先入为主的偏见，出现解释方向的偏差。二是单纯地将关注的焦点放在行为出现的频率上，忽略了行为发生的情境，导致行为解读产生偏差。三是观察者受限于特定的教育理论、原则或教学经验法则等，在缺少完整行为信息的情况下就自行做出解释或推断。在向婴幼儿的父母说明观察结果时，尤其需要根据专业知识做出明确说明，不宜过度解读或不考虑研究对象的感受。

案例 5-4-2

观察记录与分析

观察记录：晨晨今天带了一本书，走进教室后，她马上开始看自己的书。一会儿，很多小朋友来了，晴晴走到她跟前，拿起她的书准备和她一起看，谁知晨晨一把抢过图书："不行，书是我的，谁也不给看。"

分析：晨晨具有很强的占有欲，以自我为中心，认为自己的物品别人都不能动。我们应该多与家长配合教育，让她懂得与别人分享玩具、图书，这样才能交到更多朋友。[1]

在案例 5-4-2 中，教师在看到"晨晨拒绝和小朋友分享图书"后，就做出"晨晨占有欲强，以自我为中心"的推论，显然是过于仓促的，需要多加观察以了解晨晨更多的行为信息。例如，晨晨今天带的书是否对她有特殊意义？晨晨在其他情境下是否也有这种行为表现，等等。

为避免过度解读婴幼儿的行为，在此给观察者提供四条建议。

（1）确保观察记录的客观与完整。在解读婴幼儿的行为之前，应先确定收集的各项行为观察记录是否完整，及时补足缺少的部分。

（2）在观察之前不带先入为主的观念。观察与记录是为了了解婴幼儿的行为表现，应尽量避免对结果产生主观期待。

（3）慎重使用教育理论解读婴幼儿的行为。教育理论是对婴幼儿行为表现的

---

① 徐启丽：《幼儿教师进行儿童行为观察的现状与对策探析——以 G 省为例》，载《早期教育·教科研》，2013（5）。

规律性总结，但婴幼儿的行为受个性、环境因素的影响，具有独特性，因此观察者不能期待婴幼儿的行为与教育理论的描述完全相同。观察者在解读婴幼儿行为时，可以参考教育理论总结的发展规律，同时结合婴幼儿的实际行为表现，做出适当的评价。

（4）采用多主体分析的方法提高对观察记录分析解读的客观性。比如，教师可以利用教研活动的机会，与多位教师共同分析观察记录，以便对婴幼儿的行为进行全面客观的解读。

三、婴幼儿观察伦理的再省

婴幼儿观察伦理的再省，是指回归婴幼儿观察与指导的初衷，即让观察与指导的每个环节能扎实地实践并符合婴幼儿的利益，唯有如此，才能让观察与记录的结果切实呈现婴幼儿行为的真实样貌。为使研究者能落实此初衷，以下提出几点具体做法的建议。

（一）从小处着手，但求对婴幼儿行为的真切掌握

研究者在对婴幼儿行为进行观察与记录不是很娴熟时，建议先"从小处着手"，挑选班级中有特殊行为表现的婴幼儿，或将对教学造成相对较大困扰的婴幼儿行为作为观察与记录的对象。

（二）先求客观地呈现婴幼儿行为，暂不急于评价

研究者在了解婴幼儿行为形成的原因时，可能会急于对观察结果进行评价或推论，这样过早地形成定论可能会使收集信息的方向有所偏差。因此，建议教师在进行婴幼儿行为观察与记录时，以客观呈现婴幼儿的行为表现为主要目标，通过多种渠道收集多样的行为表现，并记录行为产生的情境。若教师在此过程中有自己的看法，可单独区分记录，而后再依据丰富的婴幼儿行为表现资料进行推论或解释。

（三）及时且定期反思，必要时寻求同事合作或专家厘清

为减少观察记录与解释的主观性，观察者应养成及时且定期反思的习惯。在有多位教师一同观察的情况下，应一同对观察记录加以讨论和分析，对于记录观察过程中产生的疑问，应在往后的观察与记录中寻求厘清，必要时可寻求专家的协助。

小 结

科学的婴幼儿行为观察需要观察者在进入观察情境前做好充分的准备工作，包括以下几方面的内容：（1）确定观察目的；（2）制订观察计划；（3）准备观察所需的材料。

婴幼儿行为观察的具体实施包括三个方面：观察计划的执行、观察过程中的记录、观察资料的整理。

婴幼儿行为观察应十分注意可能会造成观察误差或对婴幼儿形成影响、伤害的事项，包括尽量减少观察误差，警惕观察者偏见。此外，还需要理解婴幼儿行为观察伦理的含义，以及婴幼儿行为观察的常见议题。

关键术语

观察目的；观察计划；观察执行；观察误差；期待性偏见；角色性偏见；理论性偏见；观察伦理。

思考与练习

1. 婴幼儿行为观察的准备包含哪几个方面？

2. 婴幼儿行为观察的具体实施包含哪几个方面？有哪些注意事项？

3. 在婴幼儿行为观察中应如何进行观察记录？怎么才能做到客观、具体、翔实？

4. 婴幼儿行为观察伦理的含义是什么？

5. 在婴幼儿行为观察中应该如何进行反省，主要对哪些环节、内容进行反省？如何才能真正走进婴幼儿的心理世界？

建议的活动

1. 试着根据下列观察目的写出观察目标。

"观察一个 2 岁幼儿的大动作运动能力。"

"观察一个 4 岁幼儿的语言发展。"

"观察一群 5 岁幼儿参与一项科学探究活动的情况。"

2. 请判断在以下观察记录片段中，每一句描述是否客观和准确？

（1）小依走进积木区。

（2）她穿了件短衬衫，想要拿自己的马甲。

（3）小西问她："你为什么想穿马甲？"

（4）她说她冷。

（5）小依耸耸肩。

（6）小西走过去为小依拉上马甲的拉链。

（7）小依对她说"谢谢"。

3. 根据所学知识选择自己感兴趣的主题，尝试制订一份完整的观察计划，实施观察计划并做好记录。

4. 确保在观察练习中遵守观察伦理，并在观察完成之后对观察过程中的伦理问题进行反省。

第六章
婴幼儿行为观察的分析与解释

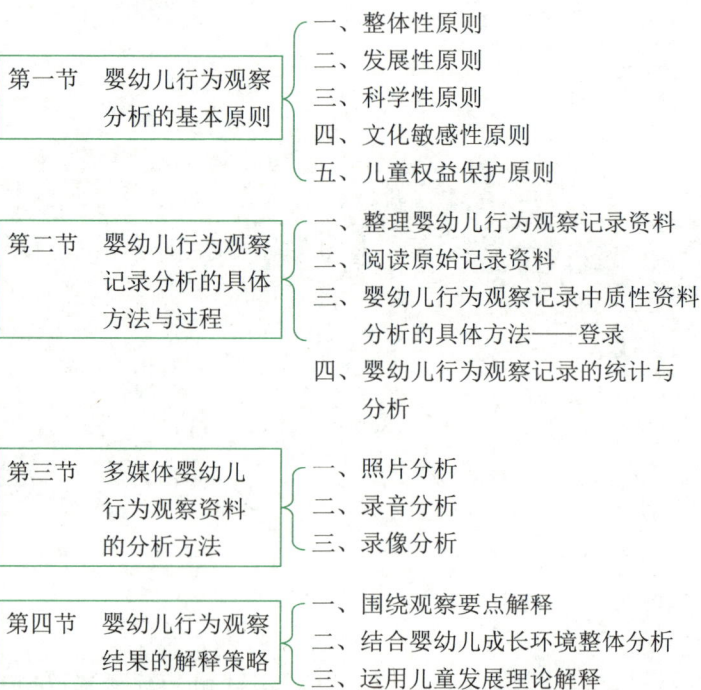

学习目标

1. 了解婴幼儿行为观察分析的基本原则；

2. 能够选择合适的原始资料整理和分析的类型；

3. 熟悉整理和分析婴幼儿行为观察的原始记录资料的流程；

4. 学会整理和分析婴幼儿行为观察记录资料的技能及要领；

5. 理解并在实践中掌握婴幼儿行为观察结果的解释策略。

学习导图

第六章　婴幼儿行为观察的分析与解释

第一节　婴幼儿行为观察分析的基本原则
- 一、整体性原则
- 二、发展性原则
- 三、科学性原则
- 四、文化敏感性原则
- 五、儿童权益保护原则

第二节　婴幼儿行为观察记录分析的具体方法与过程
- 一、整理婴幼儿行为观察记录资料
- 二、阅读原始记录资料
- 三、婴幼儿行为观察记录中质性资料分析的具体方法——登录
- 四、婴幼儿行为观察记录的统计与分析

第三节　多媒体婴幼儿行为观察资料的分析方法
- 一、照片分析
- 二、录音分析
- 三、录像分析

第四节　婴幼儿行为观察结果的解释策略
- 一、围绕观察要点解释
- 二、结合婴幼儿成长环境整体分析
- 三、运用儿童发展理论解释

面对好不容易记录下来的婴幼儿行为观察的内容，却不知道应该沿着什么思路去分析和解释？在分析的时候又要遵循什么原则呢？分析的具体方法和过程是怎样的？可以通过什么工具进行分析呢？结合以下"给爸爸住的城堡"案例，思考以上问题，带着这些问题学习本章知识。对这个案例的解读在本章末。

观察案例：给爸爸住的城堡	
日期：2020 年 1 月 3 日 15：05	观察地点：广州市某幼儿园建构区
观察对象：涛涛 年龄：3.5 岁	观察者：学前教育专业大学生 张某
背景信息：吃完点心后，在自选区域活动时间，涛涛选择了建构区。	
到了自选区域活动时间，涛涛安静地坐在座位上，没有去玩，只是看着建构区的方向。李老师蹲下来温柔地对涛涛说："去吧，建构区还有位置呢。"涛涛先犹豫了一会儿，然后脱了鞋走到垫子上，开始搭积木。老师询问旁边的小朋友："你搭的是什么？看起来可真壮观呀！""这是公主住的城堡！"随后老师用手机拍下了这个城堡。涛涛看了几眼这个城堡，也开始忙起来，一边看旁边的城堡一边寻找自己想要的积木，他先拿了好几块大小不一的长方形积木，随后在搭的过程中，发现有一块积木长了一点，于是他比较了一番，选择了一样大小的积木，独自一人小心翼翼地搭建起来。过了一会儿，旁边的小朋友跟涛涛说："可以把红色积木给我吗？"涛涛找了一会儿后递给她。涛涛拿起了三角形的积木，继续搭建，不一会儿，搭建完成了，他高兴地拍拍手。老师蹲下来问："涛涛看起来很开心哦，你搭的是什么呀？""这是给爸爸住的城堡。"	

第一节　婴幼儿行为观察分析的基本原则

在第五章中，我们开展了婴幼儿行为观察活动并做了观察记录，接下来，我们需要及时对收集到的观察资料进行分析与解读，这不仅能让我们获得对婴幼儿的认识，也为婴幼儿科学指导策略提供依据。因此，这是整个婴幼儿行为观察与指导活动中最核心的一个步骤。对婴幼儿行为进行观察是一线教师做得最多、感触最深的工作，但是过分追求观察记录过程，轻视分析与解读是目前普遍存在的误区。[1]

婴幼儿行为观察分析的基本原则是指在对观察到的婴幼儿行为进行分析与探

---

[1]　吴亚英：《幼儿教师观察幼儿的误区与对策》，载《早期教育·教育教学》，2019（12）。

究过程中所遵循的行为准则。这些行为准则建立在婴幼儿发展的科学理论与婴幼儿教育评价的科学理念的基础上，具体包括对婴幼儿发展情况的价值导向、功能取向、主体、内容、资料与方法等分析要点进行审视与解读。[①] 分析过程中的每一个原则都是为了让观察者能够明晰自身应遵循的立场，更好地促进婴幼儿的全面发展，主要包括以下具体原则。

一、整体性原则

婴幼儿行为分析的整体性原则主要体现在分析内容的全面性、整体性。观察者需要将婴幼儿的行为视为一个整体，从多个综合领域进行分析。婴幼儿所表现的行为是一个整体，具体可分为五个发展领域，即身体动作、智力发展、情绪情感、社会性互动、语言刺激。每个领域之间相互联系，形成一个整体，共同影响着婴幼儿的发展。例如，在婴幼儿的语言发展方面，教师在观察婴幼儿的语言使用情况时，不仅能从婴幼儿语言发展方面来分析，还能从社会性发展方面来分析。

《幼儿园教育指导纲要（试行）》明确提出要"从不同的角度促进幼儿情感、态度、能力、知识、技能等方面的发展"，并且在教育评价中要求教育者"全面了解幼儿的发展状况，防止片面性，尤其要避免只重知识和技能，忽略情感、社会性和实际能力的倾向"。可见，婴幼儿行为分析不能只注重知识或技能某一方面的发展，还要关注婴幼儿情感、态度、社会性、个性、能力等方面的发展。促进婴幼儿身体、认知、情绪、社会性、语言等方面全面且和谐地发展，是当代婴幼儿教育的根本任务，教师在对婴幼儿行为观察进行分析时，也理应遵循与服从整体性原则，促进婴幼儿的全面发展。

教师要全面、立体地认识婴幼儿，通过在不同情境下（如一日常规、区域活动、户外游戏等）的多次观察，再结合多种渠道（家长、其他教师或幼儿）收集的资料，从多个领域综合分析婴幼儿的行为表现。或许我们收集到的资料只是婴幼儿行为表现中的单个领域，但教师还是要学会从整体性原则出发，单个领域联系多个领域，将其从单独的个体整合成一个整体，从整体性的视角探索其行为背后的原因与意义。

二、发展性原则

一方面，婴幼儿行为分析的发展性原则要求：要认识到婴幼儿是不断发展的个体，其成长过程就是不断发展的过程。《幼儿园教育指导纲要（试行）》指出，

---

① 潘月娟：《学前儿童观察与评价》，15～16页，北京，北京师范大学出版社，2015。

幼儿教育活动内容的选择应体现以下原则：既适合幼儿的现有水平，又有一定的挑战性；既符合幼儿的现实需要，又有利于其长远发展；等等。同理，婴幼儿教育内容的选择应着眼于婴幼儿的长远发展，不仅要指向婴幼儿的现在、过去，还要指向婴幼儿的未来，这是一种动态的发展。婴幼儿的发展有普遍的、可预测的顺序，即具有一定的阶段性。教师可以根据婴幼儿的身心发展规律，把握其成长的关键要点，对其行为进行剖析与解读。

　　另一方面，婴幼儿在身体和心理上都有巨大的发展潜能，教师要善于发现婴幼儿个性化的优势与发展过程中的进步，关注婴幼儿的纵向发展，挖掘婴幼儿言行背后闪亮、积极的一面。《幼儿园教育指导纲要（试行）》明确提出："幼儿园教育是基础教育的重要组成部分，是我国学校教育和终身教育的奠基阶段。城乡各类幼儿园都应从实际出发，因地制宜地实施素质教育，为幼儿一生的发展打好基础。"婴幼儿的成长能够为今后打下良好的发展基础，就像毛竹的生长历程一样。毛竹用了 4 年的时间，仅仅长了 3 厘米，但从第 5 年开始，每天以大约 30 厘米的速度疯狂生长，只用了 6 周，就长到了 15 米。其实，在前面的 4 年，毛竹已经将根在土壤里延伸了数百平方米。由此，教师要相信每一个幼儿都是可以积极成长的，要对教育好每一名幼儿充满信心。

课堂故事

　　在接待新生入托的第一天，2 岁半的琦琦的妈妈告诉黄老师，琦琦还不太会说话，但是她能完全听懂成人的话。黄老师当时觉得很意外，但没想太多。过了几周，黄老师在经过教室的窗口时，听见从屋里传来"黄、黄"的声音，黄老师连忙跑进教室，原来是琦琦在叫老师，当时黄老师别提多开心了。

　　接下来，黄老师对琦琦进行了观察记录。

　　9 月 26 日，琦琦说出了一个"兔"字。

　　9 月 28 日，琦琦说出了"动物园"三个字。

　　10 月 11 日，琦琦说出了班里许多小朋友的名字："晴晴""小芳""艳艳""俏俏""辉辉"等。

　　11 月 9 日，琦琦说出了四个字的动画片名字：《黑猫警长》《虹猫蓝兔》。

　　12 月 16 日，她唱出了儿歌："消防车一身红，哪里着火哪里冲。"

　　随着时间的推移，琦琦会说的话越来越多了。在一次户外活动中，她指着班里种的辣椒，对黄老师说："等辣椒长大后，我要把它送给厨师叔叔做菜。"更让人感到开心的是，在元旦活动中琦琦和小朋友一起演唱了《新年好》这首歌曲。

三、科学性原则

科学性原则指婴幼儿行为的标准制定、行为信息的收集与分析、分析方法的体系等方面都是多元化的，使得分析的结果具有较高的信效度。

在行为信息的分析标准上，首先，避免个人价值观、对活动结果的预期、已有的经验等主观因素带来对婴幼儿先入为主的判断，甚至是偏见与扭曲（见第五章第三节关于观察误差的分析）。观察者要以客观、实事求是的态度去阅读、梳理、分析有关婴幼儿的原始的文本资料。其次，学会借助婴幼儿发展理论，参考婴幼儿发展常模、婴幼儿行为评价量表等工具。婴幼儿发展理论是教育家从相关的实验研究与实践经验上升到理论观点而得到的智慧结晶，是教师观察分析工作的重要依据。相关发展理论能够解释婴幼儿的言行，并且这些解释都能让人信服。此外，《3—6岁儿童学习与发展指南》提供了五大领域中不同年龄阶段幼儿的典型表现作为评估幼儿发展水平的框架，在分析时可以作为参考依据之一，再结合幼儿个体发展的差异性，对幼儿的行为进行解读和评价，以提高观察的科学性和有效性。

在分析方法的体系上，每一种评价体系都有优势与不足。譬如，量化研究方法科学、有效率，观察者可以通过量化数据对婴幼儿的行为做出解释，但是婴幼儿的情感、态度、兴趣、需要等内容是很难真正量化的，若对此直接忽视或只是简单地处理，那么观察分析的信效度难以保证。同理，在质性研究中，单纯的文字描述分析使得我们重过程、轻结果，分析的结论也是片面的、不科学的。所以，应将两者结合起来，采用多元化的方式进行分析，既能发挥各研究方法的优势，又保证了婴幼儿行为分析的科学性。

四、文化敏感性原则

文化通常指一个社会中的价值观、态度、信念、取向以及人们普遍持有的见解。[1] 每种文化都有自己的独特性，且无处不在地渗透在教育中，对教育的影响不可忽视。不同文化对人的发展要求、评价发展定位也是不同的。婴幼儿行为观察分析的标准是对婴幼儿发展的合理期望，在分析过程中要求观察者遵循文化敏感性原则。[2]

从宏观的角度看，在不同文化背景下婴幼儿的教育表现出一定的差异性。例如，东、西方在婴幼儿的社会性教育上存在差异。东方崇尚"人的社会适应性"，人是社会上的人，强调社会、集体和个人的和谐统一性，集体利益高于个人利益；

---

① 潘月娟：《学前儿童观察与评价》，20页，北京，北京师范大学出版社，2015。
② 王晓芬：《幼儿行为观察与分析》，115页，上海，复旦大学出版社，2019。

要求每个人生活在集体中要尊重他人，有时候会为他人或集体放弃自己的利益；婴幼儿从小就被教育要学会和身边的人友好相处，遇到长辈时要有礼貌地打招呼，尊重与顾及他人的感受。西方主张"个性"，注重个人主义的发展，重视个人的权利与独立性，认为婴幼儿是以个人为中心了解世界的。婴幼儿的主要任务主要是发展和健全自己，只需要遵从自己内心的想法即可，没有必要一定与集体协调。

另外，不同文化间使用的语言系统也是有差异的，幼儿语言发展的规律、特点以及语言对其他领域的作用也有所不同。所以一些国家使用的测量工具不一定适用于我国。例如，在运用皮博迪图画词汇测验对非英语背景的幼儿进行测试时，由于幼儿对使用图画进行交流的方式不熟悉，或者对英文词汇不熟悉，或者两者同时存在，就有可能出现偏差。[①]

观察者探讨和分析婴幼儿的行为时，不能照搬其他国家的分析标准与工具，而要根据我国的国情综合衡量婴幼儿的发展水平。在我国，不同地区婴幼儿的发展情况也是有差异的，所以，观察者自身需要保持一定的文化敏感性，遵守文化敏感性原则。要理解和尊重不同的文化特点，学会欣赏文化差异，利用文化差异，让其成为解决问题的源泉。

五、儿童权益保护原则

婴幼儿作为教育和观察的对象，同时也是一个个独立的个体，有个人尊严和思想。观察者要时刻提醒自己尊重和理解婴幼儿，站在婴幼儿的角度审视他们的发展，深入婴幼儿的内心去了解他们，而不是简单地使用各种行为标准和测量工具衡量婴幼儿，更不是以各种行为标准为依据，错误地认为婴幼儿的发展就应如此。

《儿童权利公约》提出幼儿享有生存权、受保护权、发展权和参与权，凡事都应以儿童的权利为中心。在涉及有关幼儿事务的处理时，都应遵循尊重儿童尊严、观点和意见、儿童权益最佳、不能歧视儿童的原则。《中华人民共和国学前教育法草案（征求意见稿）》强调："国家保障学前儿童的受教育权。对学前儿童的教育应当坚持儿童优先和儿童利益最大化原则，尊重儿童人格。"观察者应认识到观察分析的目的就是创造良好的教育环境，让婴幼儿在教育中得到更好的发展与影响，保障婴幼儿的权利。因此，观察者在分析信息时，应遵守婴幼儿权益保护的原则。尽可能看到婴幼儿积极、正面的行为表现，保护婴幼儿的信息与隐私，不可轻易对婴幼儿的行为做出个人判断。

---

① 潘月娟：《学前儿童观察与评价》，21 页，北京，北京师范大学出版社，2015。

午睡后，小朋友们跑来告诉黄老师，"自然角里的小孔雀鱼都死了"。可是大家都不知道这是怎么回事。这时候晴晴说："我知道，是庆庆弄的，我早上看到她把一块脏抹布放进鱼缸里了。""什么？"黄老师大吃一惊，真的是庆庆吗？她为什么要这样做呢？

事后，黄老师找到庆庆，对她说："庆庆，你这样做肯定是有原因的，对不对，可以和我说说吗？"庆庆小声地告诉黄老师："我看到鱼缸里有脏东西，所以……"黄老师并没有批评、指责她，而是让她在活动中总结问题，寻找问题的解决方法。事后黄老师就这个事件开展了班会活动，和小朋友们解释了庆庆的想法，让小朋友们不要谴责她，而是共同想办法学会解决问题。

在"脏抹布事件"中，黄老师体现出关怀、接纳、尊重庆庆的探索行为，能够细心观察幼儿的探究行为并及时调整教育策略。黄老师的做法支持了庆庆的探索欲望，保护了庆庆的情感，鼓励庆庆去发现与尝试。

第二节　婴幼儿行为观察记录分析的具体方法与过程

片段一：小格子的"家"

小格子来到建构区，独自玩了将近 15 分钟。一开始，他从玩具筐里取了一些长条积木，在垫子上一块一块地连接起来，围成了一个大大的长方形。"我在家里搭个电视机吧！"他一边说一边去选材料。他先取了两块大小一致的长方形积木做底，然后拿了两块细长条形状的积木分别放在底的两边。当他拿了两块圆柱形积木分别摆放在两边时，他发现它们的大小不一样，于是又来到材料处通过观察、对比找了两块大小一样的圆柱形积木。后来，他又选取了同样大小的拱形、三角形的积木，左一个、右一个进行拼搭……最后，家有了，电视机也搭好了。"休息一下。"小格子一边说一边躺了下来，闭上眼睛舒舒服服地休息了一会儿，好像这真的是个温馨而舒适的家。

休息了一会儿，他爬起来，想要把家再变得大一些。他拉开长方形短边的长条积木，去拿了一些积木来进行围合。当用到最后一块积木时，他发现积木太短了，不能完全围合。于是，他又重新取了一块长点儿的积木来围合，发现还是短了。

在尝试失败后，小格子将两边的积木往里挪了挪，最终完成了围合。之后，小格子在这个长方形的"游泳池"和"家"里很享受，玩起了"游泳"和"请客"的游戏。

片段二：小灰灰的"弹射器"

小灰灰来到游戏区内，被邀请进了"家"里。小格子向他介绍了"家"外面的"监视器"，这引起了小灰灰搭建"弹射器"的想法。他取了三根细条形积木，交叉垂直摆放在垫子上，但是上面的积木总是倾斜，于是，小灰灰不断调整积木的摆放位置，直至平衡。后来他拿了一块半圆的拱形积木摆在上面，用力压了一下中间那根积木的末端，上面的积木立即被弹了出去。"耶！成功了！"小灰灰一脸兴奋。此后，他重新收拢材料，反复拼搭，玩了一次又一次，乐此不疲。

片段三：小条纹的"马桶"

小条纹用一些长条积木在场地上原有的"家"旁边围了一个自己的"家"，并且向同伴介绍："我是他的邻居。"在看到同伴用两块半圆的拱形积木拼了一个圆形的马桶后，他也立即开始行动。他拿了四根长条积木，围了一个正方形，又在后面竖着摆放了一块半圆的拱形积木当靠背，"马桶"完成了。"这是我的小马桶，小呀小马桶……"小条纹一边开心地唱着自己编的歌曲，一边坐了上去，正合适！

案例选自郑芳：《他们也在游戏吗》，载《幼儿教育》，2014（11）。

在上述观察记录中，有多少信息是客观的描述？记录的信息是否详细？是否足以反映婴幼儿的发展水平和个性特征？婴幼儿的发展信息隐藏在这些原始记录中，需要观察者进一步整理、归纳，并进行有效的分析，这样才能有助于我们了解和掌握婴幼儿发展的脉络。如何整理、分析观察记录将是本节所要着重探讨的。

婴幼儿行为观察的价值在于观察记录资料的运用，而不是文档的收集，每位观察者都应该通过对资料的分析，最大程度地了解、解读和理解婴幼儿。观察者通常选用的观察记录方法可以分为两大类，即质性观察方法（如日记描述法、轶事记录法等）和量化观察方法（如行为检核法、等级评定法等），获得的观察资料包括文字和数字两大类。相应地，分析资料的方法也可以分为两类：质性分析方法和量化分析方法。这两种分析方法在具体操作上存在很大差异。相比之下，质性分析方法更为复杂，它是在复杂的行为中找出与主题有关的重点行为，并用简明的语句记录下来，在分析的基础上才可以对行为进行解释。对于量化分析方法，由于在实施观察前已经设计好记录表且对观察的脉络进行了梳理，所以对记录资料的分析就有所不同，只需要对记录资料（主要是数据）进行量化及统计，就能得出相应的结论。但无论是质性分析方法还是量化分析方法，在分析过程中都有一些相同的步骤。另外，资料的分析并没有一套完全固定的、适用于所有情境的规则和程序，意义的阐释既是一门科学，也是一门艺术，不可能机械地、按照固定的一套程序来进行。①

一、整理婴幼儿行为观察记录资料

婴幼儿行为观察记录资料的整理是指运用科学的方法，对记录的原始资料进行检查、筛选、编码、分类、汇总等初步加工，使原始资料得以系统化、条理化，以集中、简明的方式反映婴幼儿行为发展情况的过程。②对资料的整理和分析是一种加工的过程，是通过一定的分析手段将记录资料"打散""重组""浓缩"的过程。③其中，分析包括一种转变的过程，在这个过程中原资料变成了"发现"（findings）或者"结果"（result）。④

（一）整理婴幼儿行为观察记录资料的意义

对使用日记描述法、轶事记录法等质性观察方法所记录下来的资料的分析非常繁复，通常几十页甚至几百页的记录使观察者无从下手。而且，在记录过程中遗漏、重复、前后颠倒等也都是时有发生的事情。⑤因此，观察者在收集资料以后，及时整理具有十分重要的意义，具体表现如下。

1.明确观察目的

在整理观察资料时，可以对与观察目的无关的、多余的、虚假的原始记录资料进行删减，或去粗留精、去伪存真，并及时发现资料的欠缺，及时增补。这个过程能够使观察者时刻保持清醒的认识，明确自己的观察目的，促进观察活动顺利进行，如案例6-2-1所示。⑥

---

① 施燕、韩春红：《学前儿童行为观察》，126页，上海，华东师范大学出版社，2011。
② 孙诚：《幼儿行为观察与指导》，114页，长春，东北师范大学出版社，2014。
③ 施燕、韩春红：《学前儿童行为观察》，126页，上海，华东师范大学出版社，2011。
④ [美]约翰·洛夫兰德、戴维·A.斯诺、利昂·安德森等：《分析社会情境：质性观察与分析方法》，林小英译，223页，重庆，重庆大学出版社，2009。
⑤ 韩映虹：《婴幼儿行为观察与分析》，59页，上海，上海科技教育出版社，2017。
⑥ 孙诚：《幼儿行为观察与指导》，117页，长春，东北师范大学出版社，2014。

案例 6-2-1

观察对象：中班幼儿心心　　　　记录者：王老师

观察日期：20××年5月15日　　　情境：建构区

原始记录：建构区里满地都是积塑片玩具，心心让小雨一起来收拾。小雨不干，不理睬他，继续玩自己的玩具。

整理资料：区角游戏要结束了。建构区里的积塑片玩具撒到地上了，老师请小朋友们收拾好后再离开。心心对小雨说："如果不玩了，玩具就要放到篮子里。"小雨还在玩自己的玩具，一边找自己需要的玩具一边扔掉不要的。心心一个人继续收拾玩具，他走到小雨跟前，又说："不要的玩具，要放到篮子里。"

案例 6-2-1 中的原始记录比较简单，通常是教师在即时记录时为了节约时间做的简要记录。由于及时回忆，教师还能记得当时事件的来龙去脉，及时整理以获得完整的记录资料，这可以为后面的分析、解释和评价提供关键的内容。如果事后不及时整理，就可能会遗漏很多关键信息。

2. 理解和发现婴幼儿行为的真正含义

在整理资料的过程中，一些记录资料会不断地引发我们思考：婴幼儿为何有这种行为？这种行为和语言是否反映了婴幼儿的某种发展水平？能否发现婴幼儿在活动中满足了基本需要？营造的环境是否适合婴幼儿？婴幼儿的行为是否在寻求成人或同伴的注意？婴幼儿的行为是否受到周边人的影响？婴幼儿能否认识到自己的行为的目的与对错？通过不断地与记录资料对话，我们会更加理解和发现婴幼儿行为的真正含义[1]，由此调整和改善自己的教育理念、教育方法、措施或行为，以促进婴幼儿健康成长。

（二）整理婴幼儿行为观察记录资料的要求

1. 整理和分析同步

一般认为，整理和分析资料这两个环节似乎是分开进行的。但事实上，在实际操作过程中，很难将这两个环节截然分开。它们是一个同步进行的过程：整理资料必须立足于一定的分析基础之上，而任何一个整理资料的行为都受制于一定的分析体系。整理和分析实际上是一个整体，不可能截然分成两个相互独立的部分。在整理资料的过程中，我们面对的都是活生生的行为内容，不可能完全对这

143

第六章·婴幼儿行为观察的分析与解释

---

① 孙诚：《幼儿行为观察与指导》，115 页，长春，东北师范大学出版社，2014。

些资料内容视而不见。①

案例 6-2-2

有一天，雯雯和小强在玩五子棋，雯雯稍没注意就败给了小强。只见雯雯兴奋的小脸瞬间转阴，豆大的泪珠滚落下来，并大声喊着："这盘不算！这盘不算！咱们再来一盘！"第二次对弈，小强仍然棋高一着，眼看落下棋子便要结束这场战役，雯雯伸手一把横扫过棋盘，搅乱了整个棋局，并气急败坏地喊道："不玩了！不玩了！"边说边起身离开，眼里噙满了泪水。

——案例选自马宁：《如何面对幼儿的"玻璃心"》，载《学前教育》，2020（6）。

当我们看到以上这样的记录时，无论是教师还是专业研究者，都会自然地对这名幼儿的行为产生自己的判断和想法。虽然整理资料的过程看似机械、单调，但它本身就是一个初步的分析活动。在整理资料的过程中，对资料的接触，会使我们一步步地接近被观察者的真实状态。

2. 及时对原始资料进行整理和分析

观察者应及时对记录资料进行整理和分析。观察记录被观察者的资料以及整理分析记录资料是一个整体，与前面所述，整理和分析记录资料不能截然分开。整理和分析记录资料往往是依照这样的程序进行的：观察记录—整理分析—再观察记录、整理分析……对资料进行整理和分析不仅可以对已经收集到的资料有一个比较系统的把握，更为重要的是可以为下一步的资料收集提供方向和聚焦的依据。因此，越早进行观察资料的整理和分析越好。如果不及时进行整理和分析，不仅会使资料越积越多，令观察者无从下手，而且更为严重的是，会使原本观察的方向丢失，记录的资料成了一堆无用的纸片。当然，在观察记录以后，有时观察员需要稍许留些时间整理一下思路，但是时间不能太长。

（三）整理观察资料的具体流程

首先，要将所记录的资料内容进行编号，并建立一个编号系统。编号系统一般包括以下内容。（1）观察对象的姓名及基本情况：年龄、出生年月、性别、在家中的排行、身体情况，以及家庭情况等。（2）观察的日期、时间、地点和情境。（3）观察者的身份，包括姓名、性别、角色等，还要注明是带班教师，还是专业

---

① 施燕、韩春红：《学前儿童行为观察》，127～128页，上海，华东师范大学出版社，2011。

研究者。（4）记录资料的排列序号，如记录这是对某幼儿的第一次或第几次观察等。例如，在表 6-2-1 中，观察对象为 A 幼儿，观察情境为教学活动，观察时间为 2018 年 10 月 10 日，由此，在编码系统中观察对象的姓名编号为 A，教学活动编号为 T，再加上观察时间，完整的编码为 A-T-20181010，表示在 2018 年 10 月 10 日对 A 幼儿在教学活动 T 中亲社会行为表现的观察记录。[①]

表 6-2-1　观察记录编码表 [②]

观察对象	观察情境	观察时间	编码及说明
A 幼儿	教学活动 T	2018 年 10 月 10 日	A-T-20181010（说明：在 2018 年 10 月 10 日对 A 幼儿在教学活动中亲社会行为表现的观察记录。）
B 幼儿	小组活动 C	2018 年 10 月 12 日	B-C-20181012（说明：在 2018 年 10 月 12 日对 B 幼儿在小组活动中亲社会行为表现的观察记录。）
A 幼儿	常规活动 D	2018 年 10 月 15 日	A-D-20181015（说明：在 2018 年 10 月 15 日对 A 幼儿在常规活动中亲社会行为表现的观察记录。）

在案例 6-2-3 中，资料的类型多样，观察者需要对资料的类型进行编号以便于后期的分析工作。"活动设计"的代码为 SJ、"观察记录表"的代码为 G、"活动图片"的代码为 P、"幼儿作品"的代码为 ZP 等。在对资料进行编号时采用"资料内容类型＋时间＋序号"的形式，如"G-20191104-01"的资料编号表示"2019 年 11 月 4 日第一次观察记录表"。

案例 6-2-3

维生素书店中亲社会行为的观察

研究对象编码

教师：L、F

幼儿：Y、L、W、Z

[①]　施燕、韩春红：《学前儿童行为观察》，128～129 页，上海，华东师范大学出版社，2011。

[②]　郭徽：《多元文化背景下幼儿亲社会行为表现的跨个案比较》，硕士学位论文，金华，浙江师范大学，2019。

资料收集编码清单

数据类型		日期	资料编号
活动设计	参观购书中心	2019 年 11 月 05 日	SJ–20191105–01
	有趣的图书	2019 年 11 月 07 日	SJ–20191107–02
	图书中的数字朋友	2019 年 11 月 08 日	SJ–20191108–03
	神奇的造纸术	2019 年 11 月 11 日	SJ–20191111–04
	维生素书店开张了	2019 年 11 月 12 日	SJ–20191112–05
	创编广告歌	2019 年 11 月 14 日	SJ–20191114–06
	图书分类放	2019 年 11 月 15 日	SJ–20191115–07
	制作小书签	2019 年 11 月 21 日	SJ–20191121–08
	自制图书	2019 年 11 月 29 日	SJ–20191129–09
	有趣的汉字	2019 年 12 月 02 日	SJ–20191202–10
	图书救助站	2019 年 12 月 06 日	SJ–20191206–11
	好书齐分享	2019 年 12 月 12 日	SJ–20191212–12
观察记录表		2019 年 11 月 04 日	G–20191104–01
		2019 年 11 月 14 日	G–20191114–02
		2019 年 11 月 16 日	G–20191116–03
		2019 年 12 月 04 日	G–20191204–04
		2019 年 12 月 06 日	G–20191206–05
		2019 年 12 月 11 日	G–20191211–06
		2019 年 12 月 12 日	G–20191212–07
活动图片		2019 年 11 月 14 日	P–20191114–01
幼儿作品		2020 年 11 月 25 日	ZP–20201125–01
		2019 年 11 月 25 日	ZP–20191125–02
		2019 年 11 月 25 日	ZP–20191125–03
		2019 年 11 月 25 日	ZP–20191125–04
		2019 年 11 月 25 日	ZP–20191125–05

数据类型	日期	资料编号
教师省思日志	2020 年 11 月 08 日	RZ-20201108-01
	2019 年 11 月 15 日	RZ-20191115-02
	2019 年 12 月 11 日	RZ-20191211-03
研讨记录	2020 年 11 月 06 日	YT-20201106-01
	2019 年 11 月 25 日	YT-20191125-02
	2019 年 12 月 10 日	YT-20191210-03
反思总结	2020 年 11 月 08 日	FS-20201108-01
	2019 年 11 月 27 日	FS-20191127-02
	2019 年 12 月 18 日	FS-20191218-03

其次，在将资料进行编号后，观察者应该再次检查原始记录资料是否完整。特别是在质的分析中，对资料整理的要求更为严格，通常需要将观察到的内容一字不漏地记录下来。在观察记录过程中，观察者常常会因记录时太匆忙而漏记或错误记录，在记录时因为婴幼儿下一个行为已经发生而无法再进行纠正补记。这时需要观察者在整理时尽可能将其补充完整，包括被观察者的姓名、事件发生的时间等。为了不漏记且尽快记录，观察者对需要记录的内容进行简化，并对简化的内容进行扩展。还有些时候，观察者在整理资料时会觉得一些内容是无用的，但之后也许会发现那些内容是非常具有价值的，所以，观察者应该尽可能保留所有的内容。参见案例 6-2-4 中原始记录与整理后的记录的对比。

案例 6-2-4

原始记录：思琦、庄妍妍、超市、蔬菜、汉堡。

整理后的记录：思琦、庄妍妍两位小朋友在超市里卖蔬菜和汉堡。

观察者一定要及时将照片、录音、录像中的内容转录成文字或者以图文结合的方式记录下来，否则很难进行下一步的分析。观察者不仅要将被观察者及其对话者的语言内容逐字逐句地整理出来，而且还需要将他们的非言语行为，包括他们在对话时的语气语调、表情等全部内容都整理出来。观察者在整理一些非言语行为时，可以用括号加以标注。

最后，根据观察记录的共同特点对补充完整的原始资料进行科学的类别划分，可以依据观察时间、观察对象、观察目的等标准来进行划分。例如，根据观察记录的年龄段分为小班、中班和大班；根据观察对象所属地域可以分为农村幼儿和城市幼儿；或者根据观察对象的性别可以分为男孩和女孩；等等。但是在分类过程中，观察者要注意以下事项。[①]

第一，分类的标准要具有同一性。每次分类应该按照一个统一的标准进行，如果不这样就会出现逻辑关系混乱的情况，使分类无法进行。例如，"我们幼儿园对男孩、女孩和学前班的儿童分别进行了观察。"这里对儿童的分类既有性别的标准，又有年龄的标准，就出现了分类标准混乱的错误。

第二，分类要具有顺序性。要按照一定的顺序逐级进行分类，不能跨越顺序级别。例如，将学前儿童分为男幼儿、女幼儿，这就没有按照儿童的顺序级别分类，结果漏掉了男婴儿、女婴儿。

第三，分类后的各个项目要具有相对性。分类后的各个小项目之间应该是相互排斥、相互对立的关系，各项目之间不能相互包含。例如，可以把儿童分为男孩、女孩，但是，如果将儿童分为男孩、女孩、婴儿、幼儿，这里就出现了小项目之间相互包含的现象，在婴儿、幼儿中有男孩也有女孩，他们是不能在同一分类等级内存在的。

第四，分类项目要有穷尽性。也就是说，分类后的各个小项目的外延之和，要与分类前的外延相等。如果把幼儿园的班级分为大班和小班，相加后的外延就与实际外延不相等，因为通常幼儿园班级的划分是以年龄阶段为依据的，即 3～4 岁在小班，4～5 岁在中班，5～6 岁在大班。总之，只有进行了恰当的分类，才能使材料进一步清晰明了。

二、阅读原始记录资料

观察者在对记录资料进行整理后，便可以开始分析了。分析资料的第一步是要认真阅读原始记录，至少通读两遍，这个原始记录是经过上述整理后的内容。认真阅读原始记录的目的是熟悉观察记录的内容，仔细琢磨其中的意义和相关关系。这种对原始记录的阅读，应该一直延续到观察者对记录资料非常熟悉为止。

---

① 罗秋英、周文华：《儿童行为观察与研究》，80～81 页，上海，复旦大学出版社，2011.

在阅读原始记录的过程中，有以下几个方面需要特别注意。①②

（一）尊重原始记录

在阅读原始记录的过程中，分析者一定要将个人的主观认识或预设的目的搁置在一边，理性地阅读和分析记录资料，不因个人好恶而影响自己对记录资料的正确判断。这也就是要让记录资料"说话"，就事论事，而不是以分析者的身份先入为主来判断。在观察记录中，收集到的记录资料已经成了"文本"，而"文本"有自己的"声音"。如果分析者带有个人的预设目的或带有主观偏见阅读资料，就很有可能会受自己先前的想法的影响，导致错误解读婴幼儿行为的意义，忽略或错误解读关键信息，不能够倾听记录资料自身的"声音"。

（二）关注主观感悟

要尊重原始记录，并不是说就不需要关注分析者自身在阅读原始记录过程中产生的一些想法和感悟。虽然这些原始记录本身是有特性的，会对分析者的阅读过程起到一定的约束作用，但是每一次阅读都会使分析者产生一些新的想法。这些思想上和情绪上的反应，是理解记录资料的一个有效的来源。应该说，任何对记录资料的分析都不可能离开分析者个人的背景以及他之前的设想。见案例 6-2-5和案例 6-2-6。

案例 6-2-5

在结构游戏中，有的幼儿在"盖房子"，有的幼儿在"建城堡"，有的幼儿在拼小熊图案，每个角落里的幼儿都在专注地玩着，就连平时不会玩的伦伦也进入建构区开始认真地搭积木了，可是，不一会儿老师就听见伦伦与强强在吵架。老师急忙走过去询问原因，伦伦生气地说："他说我是第一名！"老师说："这不是夸你呢吗？为什么还要跟人家吵呢？伦伦还是生气地说："他说我是第一名……"（别人说他是第一名应该是在夸他，但是他为什么要生气？真奇怪。）

案例摘自吕聪颖：《中班幼儿游戏活动中违规行为研究》，硕士
学位论文，鞍山，鞍山师范学院，2016。

案例 6-2-5 中的这段文字记录的是客观发生的事件，括号内则是观察者根据当时的情景做出的主观反应。在案例 6-2-6 中，杨老师在表格中划出一个边栏来记录"片段整理与疑惑"。

---

① 施燕、韩春红：《学前儿童行为观察》，129 页，上海，华东师范大学出版社，2011。
② 孙诚：《幼儿行为观察与指导》，116 页，长春，东北师范大学出版社，2014。

案例 6-2-6

背景信息介绍

· 儿童姓名：夏伊木（同音化名）

· 年级：中班

· 时间：2018 年 12 月 1 日　9：10—9：45

· 地点：实验幼儿园"小城大厨"区域

· 记录者：杨老师

· 记录方式：现场笔录 + 现场录音 + 现场拍摄

记录内容

（1）早上 9 时，老师在分给小朋友一定数额的游戏纸币后，小朋友开始利用手上的纸币进行"买卖"，现场设有早餐店、烧烤店、甜品店等。今天夏伊木是"小厨师"，他戴着厨师帽，穿着白大褂，来到他的店铺"阳光小食店"（见图 6-2-1）。

图 6-2-1　"阳光小食店"

（2）活动刚开始，夏伊木将小店里的食材莲藕直接放在盘子里，递给小朋友。但是，他并没有告诉顾客这份莲藕的价格。顾客直接递过来了一张纸钞，他看也没看，先张开嘴巴咬住钱，然后用手接过来塞到小柜子里（见图 6-2-2）。

图 6-2-2　幼儿收钱图

片段整理与疑惑

（1）"小城大厨"是阳光小世界活动日的一个小区域，在这个活动里，园方邀请了一些家长来参与活动，在"小城大厨"区域，家长主要完成拍摄任务，教师则充当指导角色。现场所设小店里物品的高度、大小、重量等都较适合孩子。同时，小店里的物品较丰富、真实，能满足幼儿的假想需要。

（2）使用轶事记录法时，观察者应该客观地观察与记录，在出现一些不当行为时，如当夏伊木用嘴巴咬住钱时，观察者是否应该介入？若要介入，那么观察者的记录行为可能中断，并且可能导致婴幼儿原本应该做出的行为发生改变，观察活动可能会直接变成教育活动。

（3）随后，越来越多的顾客围了过来，有一名顾客大喊："老板，我要香肠，给我来一份。"夏伊木却无动于衷，用手摆弄他前面的锅，眼神左顾右盼，没有理会他店里的顾客。

过了一会儿，他在店铺里待不住了，就跑到了店铺外边的餐桌旁，象征性地咬了咬餐桌上的食物，又跑回到店铺里。这时老师来了，老师亲身示范如何"销售"。她吆喝道："5块钱一个串，没钱可以扫二维码。"老师转过头笑着对另外一个老师说："×老师，你忘记弄二维码了。"之后，有一个顾客跑来问："老师，没钱可以买东西吗？"夏伊木说："扫二维码。"顾客说："可是你这里没有二维码呀。"随后，顾客走开了。

没过多久，小朋友的店铺又变得"冷清"了。这时，老师过来当顾客，问："这里有什么好吃的吗？"夏伊木没有回应她的问题。刚好，一个顾客走过来说："我想吃辣椒。"老师指了指盘子里的辣椒，问："这个东西炒过了没有。"夏伊木说："炒过了。"但是，他又默默地将辣椒倒入铁锅里翻炒。

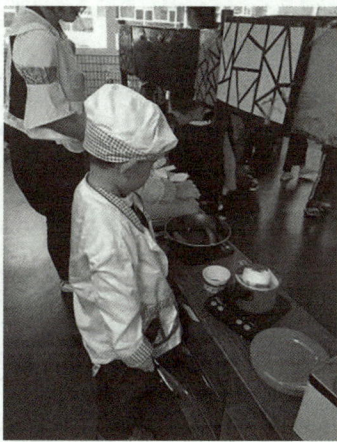

图6-2-3　幼儿在炒鸡蛋

（4）这时，两个小朋友被热闹的店铺吸引，围了过来，大喊"我要辣椒""我要鸡蛋"。夏伊木说"鸡蛋已经卖完了"，但他眼前有三个鸡蛋。

（3）老师说："没钱可以扫二维码。"对于这句话，记录者有一些看法。首先，此想法缺乏可行性。孩子没有手机，若真的假装通过扫描二维码付钱，那游戏纸币的存在价值和它传递的教育价值会大打折扣。其次，教师在这里的作用是引导幼儿更好地销售，但她却直接跟别的教师讨论起来，教师的角色定位并不清晰。最后，幼儿的观察、模仿、学习能力是极强的，教师的语言和行为会直接或间接地对幼儿产生影响。夏伊木受教师引导，跟顾客说"可以扫二维码"，但是现场没有设二维码，对于顾客的疑问，他也没有回应。对此，教师应该针对情景予以指导和采取有意义的措施，但现场却在无声中度过。

（4）夏伊木面前有鸡蛋尚未销售，他却对顾客说："鸡蛋已经卖完了。"对此行为，观察者感到困惑："是幼儿对游戏产生了倦怠？还是其他的原因？"

151

续表

（5）此时，游戏已经过去了二十多分钟。夏伊木将小朋友递过来的钱直接收入柜子里，也没有看看是多少钱，随后他自己开始继续倒腾食材，一会儿倒在这个铁板上，一会儿倒入那个锅里。有的小朋友在用餐后将盘子递回来，对他说"谢谢"，但他没有回应，直接拿了过来，没有抬头，也没有表情。在游戏快结束的时候，有顾客跟夏伊木说："我要鸡蛋，要四个鸡蛋。"这时，夏伊木炒了四个鸡蛋给她。但是他没有收钱，就让顾客走了。然后，他就跟着别的小朋友离开了店铺。	（5）幼儿对游戏纸币的作用没有太清晰的认识。整个活动下来，夏伊木对顾客付的钱以及物品的价格都不太在意。教师应该有意识地引导幼儿认识纸币，教他们区分纸币面值的大小以及了解纸币的使用方法。

记录整理

教师：

　　在活动前期，教师将游戏纸币发给幼儿，却没有帮助他们做好经验准备，在现场活动前没有强调纸币的作用和使用方法，这导致在活动过程中，纸币使用和买卖行为对幼儿的教育价值，如数概念、社会性交往等，并没有很好地体现。对此，教师应在日常生活中，有意识地培养幼儿的生活经验，如某种物品的价格大致是多少，以及在买卖过程中应该如何交流。

　　在活动过程中，教师试图采取平行游戏的介入方式，在幼儿身边做相似的活动，想要引起幼儿的注意，让幼儿模仿他们的行为。这个方式很值得借鉴，这样既不会直接打扰幼儿的行为，也能对活动效果起到干预作用。但是，在活动过程中，教师的指导不足，几名教师在那里说话，对幼儿的事情干预较少。

幼儿：

　　夏伊木小朋友在活动中的表现不太自然，有点拘束，在买卖商品的过程中跟小朋友的对话和互动很少，对顾客所提问题的回答缺乏主动性。教师应该多提供机会，引导夏伊木做出更多有积极倾向性的行为。

环境：

　　总体而言，"小城大厨"区域较为开阔，小店的类型丰富，很多食材是旧物利用。但是，有些食材的制作比较粗糙，失真和缺乏立体感。在食材投放上有待改进。此外，纸币的面值太大，教师应该多给幼儿一些小面值的纸币，与现实生活经验相符合。

记录反思：

　　轶事记录法是婴幼儿行为观察常见的方法之一，它的操作步骤简单，对幼儿教师的要求不高。但是，笔者发现，要采取客观公正、不掺杂主观意识的态度去记录，并不是一件简单的事。在描述性用词上如何既能使阅读者身临其境，又能真实地展现被观察者的行为，需要长期的历练与反思。

　　此外，笔者在观察前期应该和被观察者交流，这样可以在一定程度上减少被观察者的陌生感和不自在的行为反应。

　　观察的目的是根据幼儿现有的水平提出改善计划，使其达到理想的发展区域。这也是笔者做得不足的地方，没有主动与教师沟通交流。笔者在观察结束后，应该主动与教师联系，与教师沟通自己在观察中所见所思。

（三）要点面结合

在阅读和分析资料的过程中，观察者要熟悉记录中的所有信息，整合各种信息，还要思考信息之间的联系，只有这样才能获得准确的认识。也就是说，观察者不仅要关注幼儿的行为状态，还要看到行为发生的前因和后果以及周边的氛围及场景，见案例6-2-7。

案例 6-2-7

2012年5月16日，小班幼儿在排练结束后，都很兴奋。区角活动开始了，娃娃家的几个小朋友刚进入区角就把东西弄了一地。在生活区里，东西掉到地上，也没有人捡起来。有4个小朋友在阅读区看书，很安静。这时，涛涛看完一本书后，随手把书往旁边桌子上一放，即使书掉到地上，他也不捡起来，直接走过去拿另一本。"砰"的一声，汽车区里发出了碰撞声，有小车摔在了地上。原来是元元和杰祥在玩的时候，两个车子撞上了。

案例摘自孙诚：《幼儿行为观察与指导》，118页，长春，东北师范大学出版社，2014。

在这则案例中既记录了幼儿整体活动的情况，也记录了个别幼儿的行为表现。这个记录反映了规则意识和习惯需要一定时间去形成，需要教育者在活动中提醒幼儿。

（四）寻找记录资料中的意义

寻找记录资料中所蕴含的意义，是阅读记录资料过程中的核心任务。阅读记录资料的过程就是寻找记录资料所反映的意义的过程，可以从不同的层面进行，一般来说，是从主题层面寻找与观察目的相关的、反复出现的行为和意义。

三、婴幼儿行为观察记录中质性资料分析的具体方法——登录

分析者多次阅读原始记录资料以后，接下来的一项工作是在观察记录中寻找系统脉络，也就是和主题有关的意义。分析者以问题或编码标签的方式将与主题有关系的重要行为用简明的语句登录出来。

婴幼儿行为观察记录的登录就是把整理和分析后的记录资料以一定次序登记录入。在阅读和整理记录资料前要建立一个编目系统。编目系统的建立应该是一个不断完善的过程。经过多次阅读、整理和分析，分析者需要把与婴幼儿行为意义相关的信息一一标记出来，然后将一切与婴幼儿行为意义相关的重点描述和数

据以问题或编码标签的方式用简明的词汇摘要与登录。[①] 前面我们提及观察记录的原始资料分析方法可以具体分为质性分析和定量分析两种。整理与阅读资料是质性观察资料和定量观察资料分析都需要进行的步骤，下面主要介绍质性记录资料分析的操作方法。质性分析是指通过对文字和符号的理解与探究，逐步形成对行为或事件的理解。由于轶事记录法、日记描述法等积累了大量的文字资料，分析者可借由文字的解读、分类和汇整等，对行为或事件发生的经过及因果等形成完整的轮廓与澄清。

（一）登录的原则

如同前述，对记录资料的分析就是将复杂的行为现象简化为容易了解的主题的过程。原始资料的登录是从与观察主题相关的行为出发，将资料中有关主题的行为意义，用简短、易懂的文字（码号／标签）登录下来，所登录的语词是在主题意义范围之内的。但如果所使用的词汇并不能贴切地将意义表现出来，就会使行为的整体意义被扭曲和误解。所以，观察者所使用的登录词汇，以及登录的过程必须符合以下几个条件。[②]

1. 登录的词汇必须符合观察主题的观点

分析者先决定某个层面的主题，使分析的时候有脉络可循，再将行为记录摘要出意义并登录出来。但这并非意味着完全拒绝其他主题，而应从主题层面来审视整个行为过程。如果不符合主题的意义，就会使得分析及解释无法针对主题，这种观察就失去了效度——没有能够满足观察动机，也就是没有能够达到观察目的。

2. 登录的词汇是由所记录的行为思考主题意义而来

观察记录的主要目的是深入探究被观察者行为的原因。这种探究必须以被观察者个人的行为脉络来分析、了解，不能用现成的想法来套用。观察者或分析者根据所记录的行为去深入思考被观察者的行为意义，这是一种批判性及创造性的思考，需要分析者有一定的文字功底，没有一套现成的词汇可以套用。如果事先准备了一套现成的词汇去套用的话，那么观察者在登录的时候就会做出刻意迎合这些词汇的意义的行为。而有一些不符合这些意义但很重要的行为，就很容易被遗漏，这样就无法深入研究婴幼儿行为发生的真正意义。

3. 登录时注意不要遗漏具有主题意义的行为

在分析过程中，观察者很容易关注行为的连续性及表面意义而忘记了主题意

---

① 孙诚：《幼儿行为观察与指导》，120 页，长春，东北师范大学出版社，2014。

② 施燕、韩春红：《学前儿童行为观察》，133～135 页，上海，华东师范大学出版社，2011。

义的掌握。当主题意义并不很明显时，分析者往往会忽略具有主题意义的行为。所以，观察者必须仔细推敲，寻找具有主题意义的行为，并将它们不遗漏地登录出来。如果在分析时遗漏太多，就会使观察分析不够深入，主题意义有偏差，因而失去信度和效度。

4. 客观地登录

要做到客观地登录，受到以下几个条件的影响。首先是登录时运用的词语所代表意义的明确性。在分析过程中，有些摘要运用的词语所代表的行为意义比较明确，表明的是行为的表现层面，不涉及内心层面的意义，一般不会产生内外不一的情形，同时也不会涉及程度上的差异，即很容易下操作性定义。例如，在一次观察记录中使用的"询问""抢夺"。然而，也有一些行为所代表的意义不容易从表面上看出来，观察者为这些行为所赋予的意义，并不能代表被观察者行为真正的意义。因此，登录时所用的词语应该尽量客观，尽量避免使用主观性的词汇。

同时还要注意的是，如果所登录的行为具有容易界定的意义，这样的分析也有不完整之处。因为这样就会使代表内心意义的行为被忽略了，而行为的内在意义才是观察者真正想了解的。行为的内在意义是很难确定的，尤其是被观察者内心感觉的意义，有关这些行为的用词必须由分析者去推测。例如，"他笑容满面地拍拍同伴的肩膀"，如果简单地将此登录为"友善"，表面上看似并没有错，但究竟是否友善，其实很难确定，因为这是一种主观的推测，所以很容易产生错误。对于这种带有推测性的登录，最好先用"问题"来登录，等到这一个意义被证实之后再改写成正式的标签。

其次是登录时所运用的词汇所代表的行为程度。行为程度的形容或描述也不容易做到客观，常常是观察者依据经验来判断，因此要注意运用客观的词汇。"过动"这一个词语，在不同的观察者的眼中，它所代表的意义是有很大差异的。例如，一名幼儿"在树墩上跳上又跳下，连续做了十多次"，如果将此行为描述为"过动"就在某种程度上不够客观，若改为"连续地反复动作"，就更能客观地表示其行为的意义。

5. 登录时不过于夸大

根据记录的内容来分析行为的意义是否贴切，必须看行为的连续性、程序及整体。但是在对文字记录进行分析时，观察者需要把行为分成一个个段落来登录成标签或问题，有时就会犯夸大的错误。人在进行判断时，常常会下意识地对本来并不完整的片断做补充，使其变成较为完整的内容。这种通过想象来补充，而不是以真实行为发生的连续性、程序及整体来看行为的意义，所做出的重点登录，是不够贴切的。根据被观察者行为的片断，我们并不能知道他们是否真正做出某一行为，要根据整个观察记录上登录的许多次的同一行为，才能分析出关于某一行为的结论。例如，"他转过身，注视着同伴，在同伴面前挥舞着拳头"，这种行为是否代表这个儿童具有攻击性行为，从表面上看，这名儿童似乎有攻击性的倾向，但观察者还必须看其紧接着的动作，并选择正确的词汇来进行登录。

6. 登录时不宜琐碎

有时观察者会对被观察者的动作进行过于详细的登录，而单独的动作是很难看出其行为意义的。因此，在意义不明确的记录资料中，观察者不必过分小心地登录，可以加上主观成分，写成疑难问题。等到某个行为的内在意义在后面的观察记录中获得肯定之后，就需要观察者写成标签重点登录。

例如，"他回过头，看了一眼真真，举起手，拍了拍她，又对旁边的林华说：'我很喜欢你。'"如果将这一段观察记录登录成"回头""注视""举手""拍打""交谈"就显得十分琐碎，因为这些登录的内容只是一些动作而已。在行为的内在意义不太明确的情况下，观察者可以加上一些主观的猜想，写成"问题"，如"表示友善"。

7. 对登录时所用的词汇可下操作性定义

不同的行为记录具有相同的行为界定时，应该用同一个词汇来登录，这就会使同一用词的意义一致。这样对某个行为进行分析所得的解释才有效度。如果观察者登录的相同行为有不同的意义，在对这一行为做出解释时就不统一，不明确。因此观察者在登录时的用词必须依据所发生的行为事实下操作性定义，这样才能用词客观、前后一致。这就是观察者登录某个行为对应依据的标准，代表被观察者在行为过程中与主题意义有明确关系的行为。

（二）登录的过程

1. 编码类目

观察者在登录前要编制出编码类目，即记录资料分类的方式，也称"思考单位"。[①] 我们在实施婴幼儿行为观察记录时存在两种情况。第一种情况是先通过查阅理论，参考已有研究编制的编码类目，再实施观察。例如，观察者要观察婴幼儿的同伴模仿行为，主要包括模仿类型、模仿情绪、模仿动机、模仿距离以及被模仿者的反馈这几个维度，先通过查阅文献了解同伴模仿行为，再进行有针对性的记录。第二种情况是先根据自己的兴趣或者在工作中发现的现象进行系统的观

---

① 陈向明：《质的研究方法与社会科学研究》，280 页，北京，教育科学出版社，2000。

察记录，再结合自己的观察记录查阅文献，进而发展出编码类目，如表6-2-2中的观察记录。

表 6-2-2　幼儿游戏规则观察记录表 [①]

观察对象：欣欣	观察时间：2018 年 3 月 18 日

观察情境：幼儿园大型玩具区	
观察目的：欣欣的游戏规则意识	

客观事实	主观判断
<u>小班的欣欣玩了很长时间的滑梯</u>，老师让她下来，因为后面还有好多小朋友在排队等着玩。<u>欣欣开始大哭：</u>"不，我还要玩。"老师说："欣欣，只能玩两次，如果不同意，就不能再玩了。"<u>欣欣点点头，同意了。</u>晚上回到家，欣欣看到最喜欢的小哥哥也在，<u>就开心地跑过去，告诉他今天在幼儿园里玩了好多次滑梯。</u>	1 2 3，4 5

行为编号如下：1——只顾着自己玩儿；2——坚持自己的主张；3——同意制定的规则；4——能控制自己的情绪；5——乐于与同伴分享心情。

2. 设定标签（码号）

每一类活动、每一个事件、每一个情境、每一个场所里发生的婴幼儿行为都可以成为观察记录的资料，因此可以设置一定的标签（码号）进行编码登录。由此，观察者在进行登录之前，还有一项十分重要、具体的工作，即找到对观察目的有意义的登录标签。观察者将与观察主题有关的行为以简短、易懂的文字登录下来，所登录的标签用词在主题的意义范围之内。标签是观察记录资料中最基础的意义单位，通常用词汇来表示。例如，对婴幼儿捣乱行为的观察可能产生的标签有扰乱别人、侵犯别人、噪声、叫嚷等；又如，对看电视行为的观察的标签可能有交谈、模仿、安静、转台等。[②]

为使登录工作更加方便、快捷，以及节省一定的空间（指在观察记录表上），可将标签以数字或字母的方式表示。例如，"1"代表"询问"，"2"代表"被拒"，"3"代表"放弃"，等等（见表6-2-3）。也可以用："A"代表"询问"，"B"代表"被拒，"C"代表"放弃"。需要注意的是，不能将标签作为被观察者的个性特征。这是因为观察所得的只是一名观察对象的偶尔的行为表现，所以要注意避免将标签加在另一名观察对象的个性特征上。

---

①　韩映虹：《婴幼儿行为观察与分析》，60 页，上海，上海科技教育出版社，2017。
②　韩映虹：《婴幼儿行为观察与分析》，62 页，上海，上海科技教育出版社，2017。

表 6-2-3　幼儿建构区活动观察记录 [1]

观察对象：妮妮、笑笑、丽丽	观察时间：2019 年 3 月 1 日
观察情境：建构区	观察目的：幼儿在建构游戏中的同伴合作行为
客观事实	行为编码（标签）
妮妮在玩积木，她先拿出一块积木<u>又放回去</u>，接着拿出大围巾当桌布<u>铺在垫子上</u>，再拿出小篮子<u>放在中间</u>，<u>跟笑笑说：</u>"我们来玩游戏。"笑笑拿小铁勺，妮妮说："不行！<u>不许动妈妈的东西。</u>"说完，<u>就抢过来放回去</u>，然后跟笑笑说<u>"你当妈妈"</u>，跟丽丽说<u>"你当姐姐"</u>。妮妮<u>把积木放进另一个篮子里假装在炒菜，将一个红色积木放入篮子里说："放点辣椒。"</u>	1 2 2，4 4 3 4 5

编码：1——放弃；2——布置；3——制止他人；4——支配；5——假想。

3. 进行登录

设定标签以后，观察者就要对记录资料进行登录。传统的登录方式就是用一定的符号把与此次行为观察的意义相关的内容，也就是核心内容，标示出来，然后在旁边写上标签。符号包括圆圈、线条或数字、字母等。完成登录以后，观察者可以将所有的标签及其代表的意义重新转抄到专门的观察记录表上，再与原始记录资料装订在一起，存放起来，以便今后查找。相对于传统登录方式，电子档案存档比较方便快捷，存储量大，易于系统地保存和查看。只是在登录时，原来手写的形式改成用计算机操作。[2]

4. 问题

在登录过程中，有一些内容是十分明确的，可以被称为标签或者码号，表示行为记录中与主题有关系的行为意义。但也有些记录下来的行为并不十分明确，我们就把它们称为"问题"。当我们不能用某个码号来代表被观察者的某些行为时，就需要运用问题（通常用"？"）来表示。[3]

---

① 韩映虹：《婴幼儿行为观察与分析》，63 页，上海，上海科技教育出版社，2017。

② 孙诚：《幼儿行为观察与指导》，121 页，长春，东北师范大学出版社，2014。

③ 施燕、韩春红：《学前儿童行为观察》，133 页，上海，华东师范大学出版社，2011。

表 6-2-4　登录过程范例

观察主题：游戏行为	观察对象：小张
观察时间：2020 年 11 月 3 日	观察方法：轶事记录法
观察情境：自主游戏活动	观察者：学前教育学生 吴晓敏

客观事实	主观判断	编码
自主游戏开始了。小张看到了他的同桌莹莹，就跑过去拍拍莹莹，想要<u>加入</u>游戏，但莹莹把他轻轻地<u>推开了</u>，边推边摆手说："不要不要，你走开你走开。"小张挠挠头<u>走出了</u>教室，走到了大型建构区。他站在建构区里呆呆地看着同伴忙着搬材料，接下来，他也从建构区里搬出了牛奶箱准备开始建构，他<u>首先搬了两个牛奶箱平放着摆好</u>，接着<u>又跑到材料区</u>抱了两个牛奶箱，但是在走回来的路上他<u>停住了</u>脚步，站在另一组同伴建构的地方，<u>歪着头看着</u>。另一组的一个男生鹏鹏把小张平放的两个牛奶箱顺手<u>拿走了</u>，而这时小张也拿着牛奶箱<u>回到他建构的地方放下</u>。很快，他发现他的材料被人拿走了。他<u>自言自语</u>地说："我的材料被拿走了？"然后<u>平静地</u>走开，去材料处<u>又取了两个牛奶箱继续摆</u>。这时鹏鹏走到小张建构的地方看着小张摆放了四个牛奶箱。小张抬起头对他说："<u>我是我自己拿的材料，我在开烧烤店。</u>"这时，彬彬和昊昊听见了，<u>立马放下手上的纸杯跑过来说</u>："我们开过烧烤店，我们来教你。"<u>小张点点头</u>，站起来叉着腰说："<u>那你来当老板，我是服务员。</u>"在搭建的过程中，他<u>一直跑来跑去地搬牛奶箱递给彬彬和昊昊</u>，口中一直<u>小声地说</u>："你好，我是服务员，请问你要吃什么？"搬完后，小张一蹦一跳地来到旁边建地铁的区域，<u>蹲下来，看着忙活着建地铁的伙伴，用手移了移被踢歪的牛奶箱</u>。然后小张起身跑回烧烤店看了看，又跑开，这次他双手握在一起小声地和正在建地铁的鹏鹏<u>说</u>："<u>我们那边开烧烤店，我是服务员，一会儿我可以给你送烧烤。你要来吃吗？</u>"鹏鹏听了立马说："你也可以在地铁上当服务员，你是卖烧烤的。"小张听了立马站起来，跨进地铁里，双手作势抱着一个什么，笑着说："烧烤，烧烤，三元一串。"鹏鹏说："给我来十串。"小张听了立马跑到烧烤建构区拿了一个材料当作	主动寻找同伴 被拒绝 放弃寻找同伴 旁观游戏 独自游戏 独自布置 旁观游戏 玩具被夺 继续独自游戏 玩具被夺但不做反抗 继续独自游戏 同伴加入 保护材料，宣示主权 同伴加入 邀请同伴 分配任务 与同伴合作游戏 进入游戏角色 旁观游戏，帮助同伴 邀请同伴 被同伴邀请参与游戏 进入角色 选择烧烤材料	1 2 3 4 5 5 4 10 5 11 5 12 6 12 8 11 7 8 9 8 1 13 9

续表

客观事实	主观判断	编码
烧烤递给鹏鹏，说："这是你的烧烤。"鹏鹏接过来作势在吃，吃完递给小张。小张立马接住拿回烧烤店，嘴里还一直说着："烧烤，烧烤，三元一串。"接着，他跑到地铁搭建区问别的伙伴要吃什么。	持续进入角色 继续邀请同伴游戏	9 9 1

（三）质性资料分析软件入门操作——NVivo 11 质性分析软件案例

随着科学技术不断进步，应用电脑软件，观察者能够比过去更快、更有效地进行相同的、基本的编码和归档。运用电脑软件进行编码，逻辑是相同的，但它有一个附加的优势，可以省去动手抄写、裁剪以及把资料置于不同文件夹等劳动密集的行为。另外，创建电脑资料库能够使观察者用比过去更为一致且快速的方式，来搜寻资料、检索、重新编码、重新归档和列举编码。由于电脑具有资料输入、分类及合并的种种优势，我们认为所有的观察者至少都应该认真考虑，探索可用来编码和归档的普通的文字处理程序（如 Word 等）以及一些现在可用的质性资料分析软件（如 NVivo 等）。[①]

NVivo 11 作为一款功能强大的质性分析软件，能够有效地分析多种不同的数据（如文字、影像、图片、声音和录像等），是质性研究的最佳工具，现已逐渐运用于国内的各项研究中。NVivo 11 可以直接汇入 PDF、Word、影音、图片等作为原始资料进行建立、修改、编码、比较、组合、质询、链接、类属、建模、资料夹、建立图表等功能，能够将分析结果输出至 Word 和 Excel 中进一步编辑。[②]电子版的操作及储存给婴幼儿行为观察记录分析带来很多便利，下面将介绍 NVivo 11 的具体流程。

1. 创建项目

如图 6-2-4 所示，创建项目。

---

① 约翰·洛夫兰德，戴维·A.斯诺，利昂·安德森等:《分析社会情境：质性观察与分析方法》，林小英译，233 页，重庆，重庆大学出版社，2009。

② 刘世闵、李志伟:《质化研究必备工具——NVivo10 之图解与应用》，3 页，北京，经济日报出版社，2017。

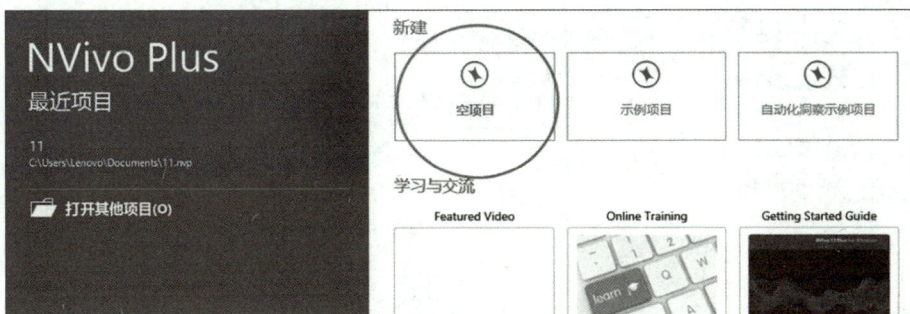

图 6-2-4　创建项目

2. 导入文档

第一步，单击数据选项卡，然后单击文档并选择已经整理好的观察记录资料。

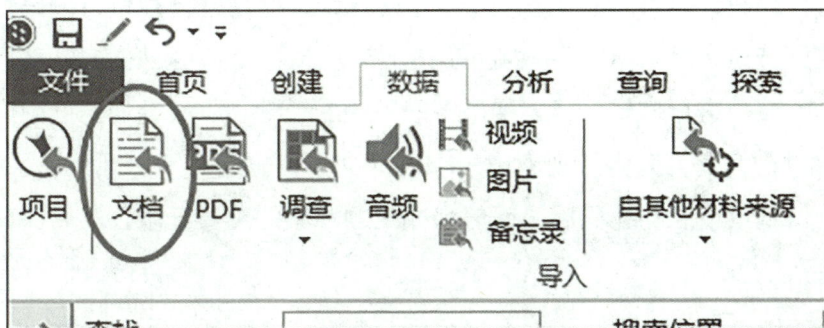

图 6-2-5　导入文档

第二步，双击观察资料文本打开文件，如图 6-2-6 所示。

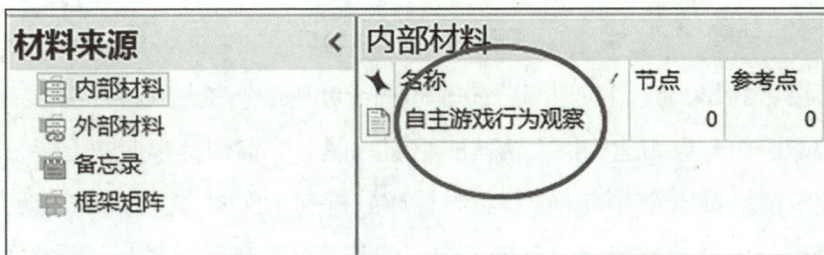

图 6-2-6　单击观察文本

第三步，右击观察资料文本选择"编码"，如图 6-2-7 所示。

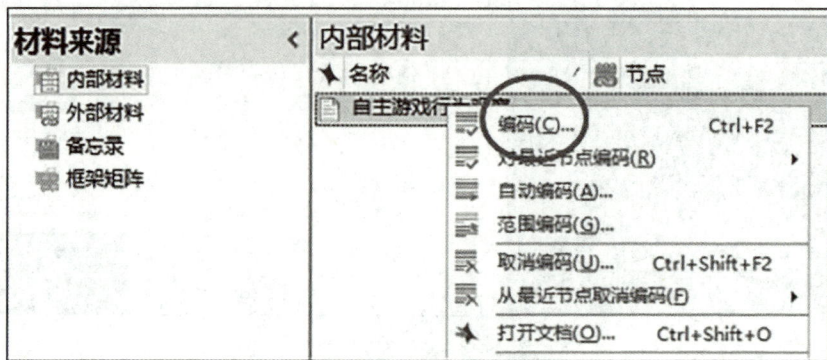

图 6-2-7　选择文本进行编码

第四步，对观察记录进行编码，在这个过程中，我们可以先创建节点，再根据节点进行编码，也可以从观察记录文本中选择文字建立节点进行编码。第一种是先建立好节点，即"标签"，然后右击鼠标，选择已经建立好的节点进行编码，也可对新的节点进行编码；第二种是将记录中的关键点、关键句子选中后，拖曳至节点区进行编码，即先从观察记录中选择文字，再进行整份观察记录的编码。完成第一份观察记录的编码后，逐份完成主题观察的观察记录，然后保存，如图6-2-8 所示。

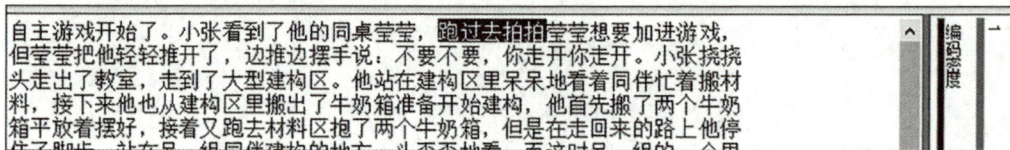

图 6-2-8　文本编码

值得注意的是，我们在利用分析软件进行编码分析的过程中，需要认识到分析软件的作用更多是加速和扩大资料的组织、储存、管理及修护的可能性，但是，它们不能做资料具体分析的工作，因为具体分析的工作要求智力参与和创造技巧，而这是只有分析者才能完成的复杂工作。切不可认为电脑数据库和质性软件程序是捷径或者是万能钥匙，能帮助你获得引人注目的和重要的分析。[①]

四、婴幼儿行为观察记录的统计与分析

正如我们所了解的，量化和质性两种观察记录方式存在很大的差异。在质性研究中，观察者可以不使用其他工具，只依靠自己的观察和思考，先观察并记

[①]　[美]约翰·洛夫兰德、戴维·A.斯诺、利昂·安德森等：《分析社会情境：质性观察与分析方法》，林小英译，233 页，重庆，重庆大学出版社，2009。

录，再分析和解释。量化研究是指将观察记录转化为可计量的单元，以统计分析方法描述行为或事件的特性，如事件发生的次数、延续时间及重复情况等。量化研究中的观察记录通常以表格符号形式呈现，观察记录的客观工具——观察记录表，都是在对主题之下婴幼儿的行为意义有了整体认识后，经过比较周密的思考和设计制成的，根据这个观察记录表对婴幼儿的行为进行记录，最后对记录的结果进行统计分析。所以，量化研究强调的是先有理论，再观察和记录客观的事实，在过程中强调遵守工具中已经规定的记录及统计的规则，以使最终的解释是客观的。[①]

虽然对量化观察记录资料的分析者不一定是表格的记录者，记录者根据自己对婴幼儿行为观察和理解的需要，可以借鉴他人设计的表格符号，也可以自主设计表格符号。记录者运用表格符号记录，就是一个经过实际观察记录数据，验证对婴幼儿行为的主题意义的认识的过程。所以，对运用表格符号记录的资料进行分析实际上是事实的数据化统计分析。观察记录资料的量化分析一般来说分为描述性统计和推断性统计两种。[②]

（一）描述性统计

描述性统计是对婴幼儿行为发生的次数或等级水平进行统计，分析某种行为出现的频率及时长等。一般来说，观察记录表中记录的行为情况是统计的唯一标准。当然，分析者也只能通过这些统计数据来了解婴幼儿的表面行为和最终行为，以及与此行为有关的一些关联因素。对于一些行为的细节，通常仅凭数据是看不到的。基本的描述性统计可以用 Excel 软件实现。当然，教育统计中常用的、功能强大的量化统计软件 SPSS 操作起来也非常容易，在使用软件分析的同时得到各类型统计图。

表6-2-5是一个关于婴幼儿在吃点心前用跑的方式去上厕所的行为检核表。教师利用检核表的方式来观察婴幼儿如厕行为，并分析背后的行为原因。通过一段时间的观察，教师发现婴幼儿用跑的方式上厕所的原因多是受到同伴影响，通过教师劝解和引导的处理方式，大多数婴幼儿能自觉改正自己的行为。

---

① 韩映虹：《婴幼儿行为观察与分析》，70页，上海，上海科技教育出版社，2017。
② 孙诚：《幼儿行为观察与指导》，126页，长春，东北师范大学出版社，2014。

表 6-2-5　吃点心前如厕情况行为检核表 [1]

序号	跑的次数	原因							如何处理						被观察者的反应		
		尿急	和同伴比赛	受同伴影响跟着跑	习惯行为	在活动室坐得太久，想活动一下	想抢先回活动室	其他	口头劝解	及时制止	请他最后走	请同伴等他一起走	成人带他一起走	其他	立即改过	依然故我	变本加厉
1	1						1		1						1		
2	1			1					1						1		
3	2		1	1						1	1						1
4	1			1						1						1	
5	1			1					1						1		
6	1			1					1						1		
7	1			1					1						1		
8	1				1				1						1		
9	1			1						1						1	
10	1			1					1						1		
11	2			1			1			1		1					1
12	1			1									1			1	
合计	14	0	1	10	1	0	2	0	7	4	1	1	1	0	7	3	2

注：当婴幼儿做出以上行为后，在表格中写"1"。

在案例 6-2-8 中，杨老师根据师幼互动观察记录表，对师幼互动的主题和互动性质进行了系统性的分类，在观察记录后，很迅速地对此次观察中的师幼互动情况和特征进行描述性统计分析，并给出教育建议。

① 韩映虹：《婴幼儿行为观察与分析》，125 页，上海，上海科技教育出版社，2017。

案例 6-2-8

师幼互动观察记录表

园所名称：×× 幼儿园（仙湖园区）	所在班级：大三班
观察日期：2020 年 11 月 11 日上午	观察者：杨老师

背景：全园大型的区域活动	

施动者：☑ 1. 教师　　☑ 2. 幼儿	备注：皮影剧场、阳光烧烤店（美食店）、魔发奇缘、阳光驿站、阳光小农场、CS 野战营、美工区、建构区

互动主题	教师开启的互动	幼儿开启的互动
	☑ 1. 指导活动	☐ 1. 寻求指导
	☐ 2. 纪律约束	☑ 2. 告状
	☑ 3. 让幼儿演示或展示	☐ 3. 展示
	☐ 4. 安慰、关心与表达情感	☑ 4. 寻求关注与表达情感
	☐ 5. 与幼儿共同游戏	☐ 5. 与教师共同游戏
	☐ 6. 照顾幼儿与培养他们的习惯	☐ 6. 请求照顾与帮助
	☑ 7. 评价	☐ 7. 发表见解
	☑ 8. 询问	☐ 8. 提问
	☐ 9. 其他	☐ 9. 其他

师幼互动性质	教师：☑ 1. 积极　　☐ 2. 消极　　☑ 3. 平和
	幼儿：☑ 1. 正向　　☐ 2. 负向　　☑ 3. 中性

结果：　☑ 1. 接受　　　　☐ 2. 拒绝　　　　☐ 3. 无反应

互动过程：9：00 准备布置皮影剧场。

（1）教师："哪个小朋友要去'打工'，有售票员、保安和服务员（打工可以赚币）。"一群小朋友一边举手，一边说："老师，我，我……"教师："×× 已经当过服务员了，哪个小朋友还没有当过？"教师在提问的时候，会尊重幼儿的意见，考虑公平性。幼儿自主选完角色后，就各自到自己喜欢的区域玩了。教师和"工作人员"一起布置剧场。——教师开启的询问互动

（2）向幼儿讲述皮影戏的产生。——教师开启的指导活动

（3）教师邀请一名小朋友给观众表演。幼儿："老师，怎么又是 ×××，他已经表演过了呀？"老师没有回答，继续讲内容。幼儿再一次问："怎么又是他？"教师："××× 小朋友为我们演示皮影戏。"接着就是看视频"皮影戏"。——教师开启的幼儿演示或展示活动

（4）工作人员为观众订餐（玉米汁、煎鸡蛋），一共要订13份。教师："你们去阳光驿站订13份餐，可以和他们砍价的。"幼儿点点头。幼儿把食物拿回来后，自行分发给观众，突然，一个幼儿没拿稳玉米汁，把玉米汁撒了一地，教师没有责怪他，而是让"工作人员"拿拖把处理一下。随后教师指导"工作人员"分发午餐："你们把盘子端过去，让他们自己拿就好了。"（教师辅助幼儿。）——教师开启的指导活动

（5）有一个小朋友跑进来，没有买票，保安也没有阻止她，服务员也没有招待她。教师有针对性地进行教育："售票员，刚刚有个小客人跑进来了，你没有售票，我们又亏了一个人。"售票员显然不知道是哪个人跑进来了，教师（指出来）："就是她呀，你去问问她买票没有，来皮影剧场是要买票的哦。"售票员跑过去问，那个小客人就走掉了。教师对保安说："保安，刚刚我们这里跑进来一个客人，她没买票你没看到。"由于保安在吃东西，因此他不是很明白，就去问一名买了票的小朋友："你是不是没买票？"（教师向他们讲解各个职业的职责，告诉他们具体要怎么做。）——教师开启的指导活动

（6）在看剧的途中，有一个小朋友在咬手环，另一个小朋友报告给教师："老师，他在这样（指着某孩子）。"教师提醒："你不要咬手环。"小朋友虚心接受。——幼儿开启的告状互动

（7）大约10：00，活动结束，教师给工作人员发工资。普遍的现象是，小朋友都对老师说："老师，我今天赚了2/3/4个币！""我一共有4个币啦！"当小朋友向教师讲述今天的经历时，教师应以鼓励为主："你赚了这么多，真棒哦！"有时候教师在听完小朋友的讲述后没有做出反馈，接着进行下一流程活动：音乐起，小朋友收拾整理教室。——幼儿开启的寻求关注与表达情感

（8）在收拾的时候，教师表扬做得好的小朋友："刚刚音乐响起的时候，×××、×××等（4名幼儿）能和老师一起收拾玩具、摆好桌子，老师向他们提出表扬。"幼儿盯着教师，没有说话。——教师开启的评价互动

整理总结：在11月11日上午的大型区域活动中，我主要位于大三班的"皮影剧场"。在8个师幼互动事件中，6次教师开启互动：1次教师开启的询问互动；3次教师开启的指导活动；1次教师开启的评价互动；1次教师开启的让幼儿演示或展示；2次幼儿开启的互动：1次幼儿开启的告状互动；1次幼儿开启的寻求关注与表达情感。大部分互动都是教师开启的。幼儿在有需要时，就会开启互动，或者是在游戏结束后，很多幼儿都想和教师分享游戏过程，分享自己的成就感，但由于要进行下一个环节的活动，教师并没有有针对性地鼓励和指导幼儿。

教育建议：（1）从师幼互动的次数来看，大部分都是由教师开启的互动，内容也多以指导为主，应加强师幼之间积极的情感交流，教师关注幼儿的情感分享，注重情感交流；（2）科学安排区域活动时间，区域活动持续的时间不必固定不变，应该根据幼儿发展的需要进行科学的调整，让师幼产生更多具有教育意义的互动行为。

（二）推断性统计

推断性统计是以两组及以上婴幼儿行为的差异，来推论总体之间的差异情形。做推断性统计时，选取的样本必须能代表总体且样本量一般大于 30 人，这样才能以少数样本的行为资料来推论总体的行为倾向。例如，在某幼儿园随机选取 40 名大班幼儿测验其语言发展水平，一般就能代表这个地区大班幼儿的普遍水平。[①] 进行推断性统计最常用的分析软件就是 SPSS，可做平均数差异检验（T 检验）、单因素方差分析、多因素方差分析及卡方检验等。

总之，数据统计分析立足于理论，因此需要明确原始记录数据的性质与含义，从中寻找有意义的、能说明问题的最小分析单位。可以对记录的数据进行简单的计算，从中获得一些能说明问题的百分比、频数或评定的分数，再通过对比、分析或统计推断、讨论，从而发现问题并提出相应的解决策略。通过表格符号去记录数据并对其进行统计和分析，只能获得婴幼儿行为发生的频率，了解婴幼儿行为的表面特点，看不到婴幼儿行为背后真正深层的缘由，而质性观察记录资料的解释是通过对婴幼儿某次行为发生的场景进行多次阅读、整理、分析，得出结论，受到个案频率影响而缺乏依据和推广性。因此，很多时候研究者只有根据需要选择合适的方式或将两种方式相结合，才能全面了解婴幼儿行为的意义。[②]

第三节　多媒体婴幼儿行为观察资料的分析方法

婴幼儿行为观察记录的方式是多种多样的，除了前面我们提到的一些关于文字与图片等的记录方法外，我们还可以借助录音、摄像等多媒体技术收集更直观、全面的资料。使用多媒体记录下来的材料不仅可以为我们先前的文字记录做一定的解释与补充，还可以弥补我们当时忽略的一些重要信息。

一、照片分析

随着科技的发展，人们已经越来越离不开数码相机和手机了，尤其是手机，它不仅携带方便，而且使用简单，只需要用手轻轻滑动几下就可瞬间记录下我们需要的资料。因此手机常被观察者用来记录婴幼儿当下的一些行为表现，还原婴幼儿当时真实的状态，为观察者后续的分析提供了证据。

---

①　韩映虹：《婴幼儿行为观察与分析》，125 页，上海，上海科技教育出版社，2017。

②　孙诚：《幼儿行为观察与指导》，127～128 页，长春，东北师范大学出版社，2014。

（一）照片的保存

拍摄的照片可以直接保存在手机或相机里，也可以导入电脑中，方便日后查看和分析，若选择导入电脑中，可参考以下建议：（1）将拍摄好的照片导入电脑后，对照片进行重命名，保存的格式可以为 JPG、BMP、GIF 等；（2）可将活动的主题、场景或人物等作为分类标准，将照片归纳入不同的文件夹中；（3）在照片的文件夹里，按照照片拍摄的顺序进行排序和保存，通过对比照片，发现婴幼儿行为的变化情况。

（二）照片的分析要点

在征求带班教师或相关人员的同意后，观察者可以随时随地、在不影响婴幼儿活动的情况下拍摄照片。但是，在拍摄完毕后，如果没有及时对照片做进一步的后续处理，只是把它作为观察过程中一种便捷快速的记录方式，随着时间的推移以及观察资料的增多，照片中许多真实、有效的信息可能会被观察者忽略。所以，当拍摄完毕后，一定要及时对照片进行后期的处理与记录。在分析照片时，结合拍摄时写下的相应笔记，针对每一系列照片甚至每一张照片，我们可以思考以下问题，并做出尽可能详细的记录。

（1）这张照片拍摄于什么时候？地点（场所）是哪里？

（2）照片里的幼儿是谁？根据照片里的大概情景，你能看出他们正在进行什么活动吗？

（3）幼儿和教师的情绪如何（高兴、生气、伤心、忧愁、恐惧）？你可以仔细观察照片里每一个人物的微表情，如眼神、嘴角、肢体动作等。

（4）从照片中你能看出幼儿的哪些能力和技能？

（5）照片里当时的环境怎么样？可以仔细观察照片里的背景，如置物柜、游戏材料、主题墙的布置等。

（6）在拍摄这张照片前发生了什么事情？之后又发生了什么事情？

（7）反复观看细节，结合现场记录的文字，寻找是否有被遗漏的信息。

…………

案例 6-3-1

1. 当你看到这张照片时（见图 6-3-1），你能得到什么信息？

2. 结合现场观察的笔记，再结合对此照片的观察与分析，我初步得出以下信息。

这张照片的拍摄时间是 2020 年 11 月 12 日早上，拍摄地点为广州市某幼儿园某中班。在照片中，左边趴在地上的是幼儿 A，中间的是幼儿 B，捧着书背对着镜头的是幼儿 C。

图 6-3-1　假装游戏

在照片中，墙面上粘贴着许多幼儿的照片，还能看到一些文字信息，一个幼儿手里拿着一些书，我们可以知道这是班级里的阅读区。

照片上的幼儿 A 嘴巴张大，眯着双眼，身体趴在地上，看起来似乎在哭泣，幼儿 B 右手摸着幼儿 A 的下巴，但眼睛却看着幼儿 C，嘴角还带着一丝微笑，幼儿 C 坐在垫子上，手里拿着书，背对着镜头，看不到任何表情。

结合当时的观察记录，我们可得知当时三个幼儿正在玩着假装摔倒的游戏。幼儿 A 和幼儿 C 假装摔倒，幼儿 B 担任安慰者的角色。这时再仔细观看幼儿 A 的微表情（眼神、嘴角等），发现她并不是真的在伤心，而是在假装哭泣。幼儿 B 的嘴角带着微笑，说明当时她的心情是愉快的。幼儿 C 虽然也参与了假装摔倒的游戏，但从动作上我们可以看出她并没有像幼儿 A 那样假装摔倒趴在地上，而是捧着书坐着。

通过照片和观察记录，我们可以初步判断，幼儿 A 知道正在进行假装摔倒的游戏，并且能够通过趴在地上、假装哭泣等行为扮演出摔倒后的伤心，说明她真正投入自己所扮演的角色中。幼儿 B 虽然用手对幼儿 A 做出安慰的动作，但她却一边看着幼儿 C 一边微笑着，并没有完全进入角色。幼儿 C 则完全没有进入角色，只是坐在一边看着，无论动作还是语言都没有进入所扮演的角色中。

当时在拍摄前，幼儿 A 和幼儿 B 正在开心地聊天，幼儿 C 在安静地看书，随后才加入她们的游戏中。假装摔倒游戏结束后，幼儿 A 和幼儿 B 继续在阅读区玩角色扮演的游戏，幼儿 C 则独自坐在角落看书，时常会关注在一旁玩游戏的幼儿 A 和幼儿 B。

二、录音分析

学前期的儿童处于语言发展的关键期。我们对幼儿言语进行记录与分析，不仅能够弥补对照片分析的不足，还能进一步了解婴幼儿的发展水平及发展情况。与成年人一样，婴幼儿说话时使用的语言、声音大小、语速的快慢、语气的欢快或难过等都能够反映他们当时的心理状态及未来的发展情况。观察者通过对婴幼儿的语音、语调、语气、语速等的深入分析，推敲出婴幼儿话语背后的真正含义。

（一）录音的保存

录音结束后，需要多听几遍录音内容，再结合观察所需，选取有价值的内容并将它们保存下来，保存的格式有 MP3、WAV、WMA 等。保存录音时必须对文件进行重命名，方便日后查找与整理。此外，对录音内容的时间、地点、人物等基本信息，被观察者当时的行为表现，事件发生的背景信息尽可能地做出详细的标记，越详细的信息对下一步的内容分析会提供很大的帮助。对于暂时不需要或用不上的录音，先不要马上将其删去，可以先把它们一同保存在电脑或内存卡上，直到真正确定它们不被需要时再做处理。

（二）录音的转换与记录

首先，在转换录音时，需要注意两点：（1）重复聆听录音内容，尽量不要忽略任何字段、字词等；（2）尽量感受和捕捉婴幼儿在录音中体现出来的情感状态。其次，将录音内容转化为可视的观察记录时，不能仅像录字幕一样把听到的每一个字、词等转换成文字写下来就行，还需要将录音内容按照一定的逻辑顺序或时间顺序，对录音里的事件、人物行为等资料进行全面梳理，最后可以使用已有的记录表或观察者自己设计的转换表来呈现内容，如表 6-3-1 所示。

表 6-3-1　婴幼儿语言记录表

时间：				
地点：				
事件背景：				
观察者：		观察对象：		
× 老师	幼儿 A	幼儿 B	幼儿 C	备注：

最后，观察者针对表格内呈现出的内容，围绕以下方面对婴幼儿的语言进行解释和分析。一是对婴幼儿语言发展特点的概述与表现的内容分析；二是对婴幼

儿语言表达能力的考察，如对听说能力的分析，可以具体到字词的运用、语音语调的升降、语速的快慢、语法的使用情况等；三是对语言表现出的情绪、情感态度的分析。

（三）语音转换为文字的工具介绍

一些录音转换文字的工具，可以大大减少人工转入的工作量。有些软件是需要收费的，大家可根据自己的情况使用。机器和软件的转写肯定会有一些误差，尤其是在婴幼儿语言、专业术语、方言表达等方面，所以使用软件转写的文稿必须再进行人工逐字逐句的核对。

三、录像分析

通过录像进行记录，也是婴幼儿行为观察的比较常用方法之一。录像资料是动态图像，既有声音又有图像，可以最大程度地还原婴幼儿的行为，还原当时事件发生的过程和情境等，并且在事后可以回看、定格、快进、后退等，适合作为观察分析资料或进行观察训练，可以更加方便地进行婴幼儿行为分析。当然，我们可以在录像中挑选出一些关键画面，制作成静态的照片，以便和其他教师一起探讨和研究，这样更为方便快捷。

（一）录像工具

在录像工具中，目前最普遍的是数码摄影机（digital video，DV），许多数码相机与手机录像也非常便捷，但是这些录像工具录制的画质与数码摄像机相比相差甚远，只适合在没有数码摄影机的情况下使用。一般而言，考虑到录像的画质和放映工具的兼容性，以及保存和编辑的容易程度，可将 DV 格式或者 DVD 画质作为最基本的技术标准。

在录像时要注意画面清晰、不摇晃，预先设计好录像的理想距离，距离过近可能无法包含所有有价值的信息，而距离过远则可能使画面清晰度受到影响。

（二）录像分析

录像完成之后要及时进行资料的分类整理，及时补充时间、地点、幼儿姓名等基本信息，方便后期查看。同时也可以使用表格整理记录，或使用其他录像分析软件对录像进行深入的处理和分析。

1. 表格整理

利用表格重新整理录像内容，这种方式非常适用于轶事记录法，在表格中记录详细的时间，地点，观察事件的背景、经过和结果，完整、具体地记录婴幼儿的语言、神态、表情和动作等。也可以从身体动作、语言表达及整体感知三个维度分别制作表格，对视频图像进行转录。

2.录像分析软件

Observer 软件的操作流程与 NVivo 软件相似，分析时都是一边看资料一边进行编码，不同的是，一个看的是录像资料，另一个看的是文字资料。如图 6-3-2 所示，Observer 软件对录像进行分析分为 4 个步骤：选择录像设备、定义编码方案、收集数据、数据分析和输出。其中，收集数据包括：收集视频数据、编码数字视频、创建观察文档、观看视频和分析数据、调整编码方案。根据输出的结果制作相应的频率图，并导出分析结果，寻找频繁出现的行为，找出婴幼儿的行为规律，记录婴幼儿行为的前后变化并进行深入分析等。它们分别以声音、静态影像、动态影像等形式呈现，供观察者深度分析。我们必须对各种信息进行深层次的加工，从材料中获得有效的信息，作为认识和理解婴幼儿行为的依据，成为与婴幼儿、家长及其他人进行交流和沟通的基础，成为提高教师教学水平和婴幼儿学习水平的出发点。

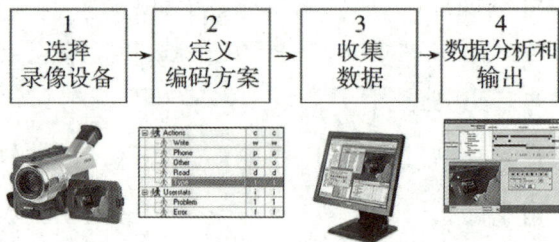

图 6-3-2　Observer 软件操作流程图

在使用上述这些技术手段时，我们要知道对数据进行分析的是观察者，而非照片、录音和录像等辅助工具，观察者对材料进行有意义的分析。因此，在分析婴幼儿行为时，各种辅助工具的重要性远不如观察者本身。过度依赖工具可能会影响观察者在现场的观察活动和"在行进间"观察的能力。

第四节　婴幼儿行为观察结果的解释策略

在观察的基础上理性地解释是婴幼儿行为观察的重要环节。婴幼儿行为观察结果的解释意味着要给观察记录中的客观描述赋予意义，努力挖掘婴幼儿行为背后的深层原因，了解婴幼儿当下的需求，评价婴幼儿现有的发展水平和发现婴幼儿可能达到的发展水平。[①] 因此，对婴幼儿行为观察结果的解释有利于从多元理论视角出发，了解婴幼儿的身心发展状况和行为背后的原因，为婴幼儿行为指导奠定基础。

目前，婴幼儿行为观察在幼儿园非常普遍，是婴幼儿教师最常见的一种了解和研究婴幼儿的方式。但是也存在过分追求观察过程和行为描述而忽略对婴幼儿行为的解释，即目前幼儿园教师普遍可以进行高效的"观"，却无法在此基础上进行全面、深刻的"察"；解释婴幼儿行为的思路比较单一，大部分根据自己的经验进行解释，相对不能灵活地运用儿童发展理论来诠释婴幼儿行为背后的深层意义。所以本节通过建立婴幼儿行为观察结果解释的思路框架，引导教师实现从"看见"婴幼儿到"看懂"婴幼儿的实质性转变，能够更加全面、深刻地解释婴幼儿行为，为指导婴幼儿行为发展奠定基础。

一、围绕观察要点解释

一般未接受过专业训练的教师，往往会因不知道观察婴幼儿的哪些行为而不知所措，即使确定了观察要点，也不了解婴幼儿在该方面发展的一般规律或平均状况，在解释婴幼儿行为的时候也无法对婴幼儿发展水平进行评价。所以，刚接触婴幼儿行为观察的教师，应以《3—6岁儿童学习与发展指南》或《学前儿童观察评价系统》为依据，确定婴幼儿发展常模，选择婴幼儿行为的观察要点以及了解婴幼儿身心纵向发展路径。一个优秀的婴幼儿行为观察者会事先确定观察要点，在行为描述中围绕观察要点展开，有侧重地进行描述，对婴幼儿行为的解释也应该与事先确定的观察要点相呼应，围绕观察要点对婴幼儿的行为进行恰当的解释。

根据《3—6岁儿童学习与发展指南》，婴幼儿行为的观察要点包括健康、语言、社会、科学和艺术五大领域的内容；根据《学前儿童观察评价系统》，婴幼儿行为的观察要点包括学习品质、社会性和情感发展、身体发展和健康、语言、读写和交流、数学、创造性艺术、科学和技术、社会学习八方面内容。值得注意的是，可供观察者参考的评价指标和常模等只是观察者在评价时的一种参考，切不可将此作为"一把尺子"来衡量所有婴幼儿的发展。

---

① 李思娴：《做有力量的教师：观察与支持儿童的学习》，8页，广州，广东教育出版社，2016。

（一）依据《3—6岁儿童学习与发展指南》的观察要点

《3—6岁儿童学习与发展指南》包括五大领域，并且详细说明了不同年龄阶段婴幼儿在不同领域的发展常模，教师可以根据自己的观察要点和观察对象的年龄，找到相对应的发展指标，与自己的观察记录相对应，以此解释婴幼儿行为的发展水平。[1]

《3—6岁儿童学习与发展指南》中五大领域的详细内容见第九章，以下只选取《3—6岁儿童学习与发展指南》在社会领域中的人际交往发展常模（见表6-4-1），结合案例6-4-1进行分析。

表 6-4-1 4～5岁幼儿在社会领域中的人际交往发展常模

目标	4～5岁
目标1 愿意与人交往	1. 喜欢和小朋友一起游戏，有经常一起玩的小伙伴。
	2. 喜欢和长辈交谈，有事愿意告诉长辈。
目标2 能与同伴友好相处	1. 会运用介绍自己、交换玩具等简单技巧加入同伴游戏。
	2. 对大家都喜欢的东西能轮流、分享。
	3. 与同伴发生冲突时，能在他人帮助下和平解决。
	4. 活动时愿意接受同伴的意见和建议。
	5. 不欺负弱小。
目标3 具有自尊、自信、自主的表现	1. 能按自己的想法进行游戏或其他活动。
	2. 知道自己的一些优点和长处，并对此感到满意。
	3. 自己的事情尽量自己做，不愿意依赖别人。
	4. 敢于尝试有一定难度的活动和任务。

案例 6-4-1

幼儿姓名：小燕　　性别：女　　年龄：4岁

观察时间：2020年1月3日，自由游戏时间

观察地点：广州市某幼儿园某中班

观察目的：中班幼儿在社会领域中的人际交往的发展

---

[1]　王晓芬：《幼儿行为观察与分析》，2页，上海，复旦大学出版社，2019。

观察者：学前教育专业大学生 张路路

在自由游戏时间，小清和小蔡在玩迷宫球游戏，小燕和她们不在同一张桌子旁，小燕很想参与她们的游戏。于是小燕走到她们的座位旁问："你们在玩什么呀？"小燕见她们没有理自己，就回到座位上看着她们，过了一会儿她又走过去说："我家里也有这个玩具。"接着又回到自己的座位，依旧看着她们。又过了一会儿，她又过来，看了看说"这样走不对"，接着回到自己的座位上。到了该上厕所、喝水的时候，小燕非常热心地提醒她们俩说："你们该上厕所、喝水啦！"在回座位的前一刻，小燕说："明天我也带这个玩具来跟你们一起玩。"小清终于扭头看着小燕说："明天可以带两个过来一起玩吗？"小燕笑着点点头。

在案例 6-4-1 中，我们看到小燕全程没有参与合作游戏，小燕为了能加入团体一起游戏，想了很多办法。这体现出小燕愿意与人交往，能够按照自己的想法去努力加入游戏，同时也会使用吸引注意、分享玩具等简单技巧，这份行为观察记录呈现了小燕的语言策略及语言表达能力。教师还可以向小燕提供更多的交往策略，如可以鼓励她大胆地在旁边等待、关注、支持和协商，同时提醒小燕和其他幼儿谈论与迷宫球游戏相关的话题。

（二）根据《学前儿童观察评价系统》的观察要点

根据《学前儿童观察评价系统》，婴幼儿行为的观察要点包括学习品质、社会性和情感发展、身体发展和健康、语言、读写和交流、数学、创造性艺术、科学和技术以及社会学习八方面内容。[①] 教师可以根据这八方面对婴幼儿进行观察、记录和解释。每一方面都详细地划分为婴幼儿发展的八个水平，所以对于观察的初学者而言，这样系统全面的婴幼儿发展常模可以用于初步分析和解释婴幼儿行为发展水平。

表 6-4-2 选取情感发展常模，并结合案例 6-4-2 进行分析。

表 6-4-2　幼儿情感发展常模

水平	情感发展
水平 0	幼儿用面部表情或身体表达情绪。
水平 1	幼儿开始通过与他人的身体接触来表达情绪。

---

① 美国高瞻教育研究基金会：《学前儿童观察评价系统》，霍力岩、刘祎玮、刘睿文等译，1页，北京，教育科学出版社，2018。

续表

水平	情感发展
水平 2	幼儿给情绪命名。
水平 3	幼儿解释情绪产生的原因。
水平 4	幼儿先试图控制自己表达情绪的方式，随后又用身体来表达。
水平 5	幼儿能够控制自己表达感受的方式。
水平 6	幼儿用更丰富的词来描述自己的情绪。
水平 7	幼儿能够描述人们在相同情景下的不同感受并说出一个原因。

案例 6-4-2

幼儿姓名：小宝　　性别：女　　年龄：4.5 岁

观察时间：2020 年 1 月 3 日，自由游戏时间

观察地点：广州市某幼儿园某中班

观察目的：幼儿情感的发展

小宝看到小欢在玩自己带到幼儿园的恐龙玩具，便伸手过去拿。小欢双手护住恐龙，转身去别的地方玩了，小宝跟上并大声说："这是我的恐龙玩具，你还给我，不然我就要生气了！"小欢好像没有听到，拿着恐龙走来走去，小宝想再一次去抢回自己的恐龙玩具，大声说着："还我恐龙，这是我的，不然我可要生气了！"小欢看了小宝一眼，丢下恐龙走了，小宝终于拿回了自己的玩具，快步回到座位。

在这份幼儿行为观察记录中，我们可以看出小宝会使用情绪类词语"生气"，并且在描述情绪的同时也说明了原因："还我恐龙，这是我的。"小宝还说了"不然我可要生气了"，说明小宝在控制自己的情绪，能用合适的话语表达自己的情绪。所以从目前来看小宝在情感发展方面处于水平 5，当然我们不能仅凭借这份观察记录就做出判断，还需要后续的追踪观察，看看小宝会不会用更丰富的词汇描述自己的情绪，然后才能做进一步的指导。

二、结合婴幼儿成长环境整体分析

汤米用积木在沙箱里建了一条公路，他正在这条公路上开一辆大卡车。此时，塞缪尔走向汤米，问："我可以和你一起玩吗？"汤米回答："好的。但我是老板。这是我的建筑公司，你得为我工作！"塞缪尔很肯定地点了点头，问道："老板，你想要我做什么呢？"

——摘自［美］沃森·R.本特森：《观察儿童——儿童行为观察记录指南》，余开莲、王银玲等译，10 页，北京，人民教育出版社，2019。

根据案例 6-4-3，教师对婴幼儿行为的解释是婴幼儿出现了合作游戏，并且一起进行角色扮演，但是如果教师了解婴幼儿的成长环境，会发现这种行为背后还有更全面的解释，如果你知道汤米的父亲是开建筑公司的，那么汤米出现这些模仿行为可能源于家庭背景，是对父亲职业角色的模仿和认同，并且根据教师平时的观察，塞缪尔在游戏中的配合行为可能源于汤米是其在幼儿园里的好朋友，塞缪尔对汤米有情感依赖。[①]

了解婴幼儿的成长环境，有助于我们对婴幼儿的行为进行全面的分析和解释，有助于我们更加全面、深刻和科学地解释婴幼儿的行为。婴幼儿成长环境分析的维度包括社会环境、家庭环境、幼儿园环境和婴幼儿个体内部因素等。在解释婴幼儿行为的过程中需要注意：不要对婴幼儿行为产生的原因做轻易的推测和判断，不要把婴幼儿行为的原因推脱到某一方面，对原因的分析要经过全面的调查确认。比如，有一天，某老师观察到婴幼儿不想吃饭，要老师喂才吃，跟家长沟通之后了解到婴幼儿在家都是由爷爷奶奶带。该老师就此推断婴幼儿的不良进餐行为是由爷爷奶奶的溺爱造成的。

（一）社会环境

我们每个人都身处在社会这个大环境下，所以不管是人的行为还是观念都会受到环境潜移默化的影响，即使是婴幼儿也是如此。社会文化、社会普遍现象和大众传媒等都会影响婴幼儿的行为。

社会文化会影响婴幼儿的行为。比如，婴幼儿的攻击性行为或反社会行为的

---

① ［美］沃森·R.本特森（Warren R. Bentzen）：《观察儿童——儿童行为观察记录指南》，余开莲、王银玲译，10 页，北京，人民教育出版社，2019。

出现，在某种程度上受到他们所处的文化或亚文化环境的影响。例如，婴幼儿生活在充满威胁、恐惧的社会文化环境中，他们出现攻击性行为的可能性更大；相反，婴幼儿生活在和谐、安定的文化环境中，他们较少出现攻击性行为。社会文化对婴幼儿的行为起到潜移默化的影响。

社会普遍现象会影响婴幼儿的行为，甚至可能塑造婴幼儿的个性。比如，独生子女、二孩、三孩政策的出现，对婴幼儿的影响都是存在的。很多学者研究发现：独生子女和家庭中的第一个孩子的合作意识会比较弱，第二个孩子的合作、竞争意识会比较强。

大众传媒等信息时代的产物对婴幼儿的影响非常大，婴幼儿会通过模仿习得暴力行为和养成不良行为习惯等。随着智能手机的普及和互联网的发展，各种应用程序层出不穷，许多婴幼儿注视屏幕的时间大大增加，甚至有些婴幼儿很容易沉迷于电子产品、游戏和网络世界。这都可能会影响婴幼儿的身心发展。

（二）家庭环境

家庭环境是影响婴幼儿行为的重要因素。婴幼儿活动的主要场所是家庭，父母是婴幼儿的启蒙老师，家庭环境对婴幼儿行为的影响不可忽视。[1]

1. 教养方式

不恰当的家庭教养方式会导致婴幼儿各种问题行为的出现，如攻击性行为、社会交往困难等，对婴幼儿身心发展具有重大影响。家庭教养方式主要分为三类：民主型、专制型和放任型。（1）民主型家庭教养方式。父母与婴幼儿之间的关系是民主、平等的，父母善于倾听婴幼儿的想法，尊重婴幼儿的需要，支持婴幼儿的兴趣。在民主型教养方式下成长的婴幼儿会具有积极的情绪，较高的自尊水平和自制力，具有良好的自信心，有爱心和责任感，与父母、同伴相处和谐融洽。民主型家庭养育方式有利于婴幼儿的身心发展。（2）专制型家庭教养方式。父母会频繁干涉婴幼儿，多数情况是制止婴幼儿的自由探索和发展，对婴幼儿的态度相对比较粗暴，不倾听婴幼儿的想法，不支持婴幼儿的兴趣，婴幼儿较少感受到父母的温暖。在专制型教养方式下成长的婴幼儿可能会出现两种极端：一是胆小，缺乏主动性；二是胆大妄为。（3）放任型家庭教养方式。父母对婴幼儿的态度会出现两种极端：一是完全顺从婴幼儿，宠爱有加；二是不关心，任其发展。在放任型教养方式下成长的婴幼儿会胆小，缺乏主动性，自私自利。

---

[1]　侯素雯、林建华:《幼儿行为观察与指导这样做》，10 页，上海，华东师范大学出版，2019。

2. 亲子关系

亲子关系是婴幼儿人生中形成的第一种关系，是家庭中最基本、最重要的一种关系，它对婴幼儿的认知、情感和社会性的发展具有决定性影响。婴幼儿期是形成安全型依恋关系的重要时期。良好的依恋关系为婴幼儿提供探索与学习的安全基础。婴幼儿依恋的类型分为：安全型依恋、回避型依恋和矛盾型依恋，后两者也被称为不安全型依恋。研究表明，依恋类型与婴幼儿后期出现的问题行为有很大的相关性，如回避型依恋的婴幼儿的社会交往能力较弱，不太会表达自己的意愿，对周围环境表现出不信任，偶尔会出现攻击性行为。

3. 家庭氛围

婴幼儿在探索和认知客观世界时，需要有安定的环境。家庭氛围在很大程度上影响了婴幼儿认知和情感的发展。在宽松的家庭氛围中，婴幼儿的思维发展会更加顺畅，有利于他们对客观世界的深刻理解和探究。父母经常关心和激励，会让婴幼儿形成正确的学习动机。如果父母充满求知欲，并营造勤奋好学的家庭氛围，就能够潜移默化地影响孩子，提升他们学习的兴趣。不和谐的家庭氛围，如父母的争吵和打骂等，也会对婴幼儿的心理造成严重的负面影响。

（三）幼儿园环境

1. 幼儿园物理环境

幼儿园物理环境是影响婴幼儿发展的一个潜在因素，婴幼儿活动的物理环境对婴幼儿的行为会产生促进或抑制的作用。教室的大小、活动室的布局、婴幼儿的人数、玩具的摆放和多少等都会对婴幼儿的行为产生影响。婴幼儿活动场地的人均面积是衡量环境条件的重要指标，研究表明，人员密度较大会增加婴幼儿的攻击性行为和减少婴幼儿之间的合作行为。活动室的布置和安排是否干净整洁、井然有序，对婴幼儿的行为也会产生潜移默化的影响。在一个整洁的环境中，婴幼儿会出现更多的语言交流，身体活动更有组织性；在缺乏秩序的环境中，婴幼儿的活动会缺乏目的性，不能集中注意力。在活动室的空间布局上，要注意将安静区与喧闹区分开。

2. 教师对婴幼儿行为的影响

托幼机构的教师是决定婴幼儿教育质量的关键。教师与婴幼儿朝夕相处，教师的举手投足、性格和品质等都对婴幼儿的行为产生影响。

教师的言行举止会潜移默化地影响婴幼儿。例如，一项关于"婴幼儿眼中的好老师"的调查发现，很多婴幼儿都喜欢教师的笑。教师的笑传递的不仅是一种情绪，而且传递着对婴幼儿的爱。婴幼儿教师积极乐观的心态对婴幼儿心理健康发展具有至关重要的作用。

幼儿园的师幼互动在一定程度上也影响着婴幼儿的行为。例如，教师对婴幼儿有攻击性的态度或行为，可能会导致婴幼儿攻击性行为的产生，而教师不公平、不公正的评价则易使婴幼儿因受挫、沮丧、愤怒而产生攻击性行为。如果教师能够通过自己的教育智慧让婴幼儿认识到自己的错误并及时改正错误，这样的教师对婴幼儿的成长会产生深远的影响。

幼教故事

陶行知先生的四块糖果

陶行知先生当校长的时候，有一天他看到一个男生要用砖头砸同学，连忙将其制止，并把这个男生叫到校长办公室去。当陶校长回到办公室时，男孩已经等在那里了。陶行知掏出一颗糖给这个同学："这是奖励你的，因为你比我先到办公室。"接着他又掏出一颗糖，说："这也是给你的，我不让你打同学，你立即住手了，说明你尊重我。"男孩将信将疑地接过第二颗糖，陶先生又说道："据我了解，你打同学是因为他欺负女生，说明你很有正义感，我再奖励你一颗糖。"这时，男孩感动地哭了，说："校长，我错了，同学再不对，我也不能采取这种方式。"陶先生于是又掏出一颗糖："你认错了，我再奖励你一块。我的糖发完了，我们的谈话也结束了。"

3. 同伴关系

同伴关系对婴幼儿行为产生十分重要的影响。小班的幼儿在游戏中逐渐出现分工与合作，幼儿之间会互相模仿彼此的行为举止。到大班的时候，幼儿会选择自己的同伴，并且能够加入同伴活动中。随着幼儿年龄增加，同伴关系的影响逐渐增强，有时候甚至超过父母和教师对幼儿行为的影响。例如，幼儿会模仿被教师夸奖的其他幼儿的行为。

（四）幼儿的内部因素

内部因素是指个体出生时就具有的影响因素，可以分为三方面：生理因素、身心健康因素和客观因素。[①]

1. 生理因素

婴幼儿的基因、激素分泌、大脑发育状况、气质类型等生理因素是影响其行

---

① 侯素雯、林建华：《幼儿行为观察与指导这样做》，10页，上海，华东师范大学出版社，2019。

为的重要原因。婴幼儿先天的基因缺陷也会影响婴幼儿的行为。在激素分泌水平中，由于男生雄性激素和睾丸激素的分泌，生活中男孩的攻击性行为比女孩多。婴幼儿大脑皮质抑制机能的成熟是其自我控制行为的生理前提。婴幼儿大脑皮质抑制机能尚未成熟，兴奋过程占优势，所以婴幼儿会表现出精力旺盛的状态，行为也表现出较强的冲动性。随着婴幼儿不断成长、生理不断成熟，他们对冲动行为控制的能力逐渐增强。气质类型是一种内在的因素，在一定程度上影响着婴幼儿行为发展的倾向。每个人出生之后都有自己的气质表现，这种人与人之间的差异性是理解和解释婴幼儿行为问题的基础。例如，多血质的婴幼儿更加活泼好动；抑郁质的婴幼儿更多表现为焦虑、抑郁；胆汁质的婴幼儿更多表现出冲动，偶尔有攻击性行为；黏液质的婴幼儿更加安定、专注。具体的气质类型的特点如表6-4-3所示。

表 6-4-3　气质类型对照表

神经系统的特性和类型				气质	
强度	平衡性	灵活性	组合类型	气质类型	主要心理特征
强	不平衡（兴奋占优势）		兴奋型	胆汁质	容易兴奋，难以抑制，不容易约束
	平衡	灵活	活泼型	多血质	反应敏捷，活泼好动，情绪外显
		不灵活	安静型	黏液质	安静沉稳，反应迟缓，情感含蓄
弱	不平衡（抑郁占优势）		抑郁型	抑郁质	对事敏感，体验深刻，孤僻畏缩

2. 身心健康因素

不良身心健康状况对婴幼儿及其家庭会产生十分重要的影响。有些疾病使婴幼儿产生身体上的不适和疼痛感，有些制约了婴幼儿的一日生活和社会交往，有些使婴幼儿产生焦虑、恐惧和害怕等负面情绪，有些则使婴幼儿感到羞愧、孤独和自卑。例如，视觉障碍的婴幼儿会比较缺乏安全感，不敢尝试，动作会显得笨拙和不协调，有时候无法遵从教师的指示，甚至会故意违规；听觉障碍的婴幼儿会大声说话，容易分心，过于敏感，出现违规行为；等等。

疾病对婴幼儿影响的严重性取决于疾病本身、疾病的治疗、家庭对疾病的处理以及是否需要住院一段时间等。婴幼儿行为的种种变化常可使家长、教师和同伴改变对他的态度，反过来又会引起婴幼儿自身行为的改变。

3. 客观因素

第一，性别。男孩和女孩在各方面能力、个性特征上存在一定的差异。有研究表明，在语言、空间和数学逻辑能力、学习成绩、成就动机、情绪敏感度、恐惧和焦虑情绪、活动水平、攻击性行为等方面，男孩和女孩都存在着差异。例如，女孩比男孩更胆小和容易害怕；对大人和同伴的指示，女孩更加听从；男孩的支配性和独断性更高；女孩会表现出更早的语言发展；在活动水平上，男孩比女孩更高；等等。

第二，出生顺序。婴幼儿在家庭中的出生顺序是影响他们需要的满足、身心发展乃至行为的一个重要因素。自计划生育政策实施以来，在我国城市出生的婴幼儿中绝大多数是独生子女。在这种家庭结构中，父母往往对孩子寄予高期待、高关注，并且给予高品质的物质生活条件。当然，父母会更严格地对待婴幼儿，更担忧他们的成长，这可能让孩子更加依赖父母，出现自私自利的行为，难以融入群体中。随着国家二孩政策、三孩政策的实施，一些家庭开始迎来了第二个孩子，甚至第三个孩子。一些研究认为，很多第二个出生的孩子的性格和行为会与第一个孩子截然相反，常常被视为麻烦的制造者。同时，随着弟弟或妹妹的出生，第一个出生的孩子会感到他们的家庭地位受到威胁，从而产生羡慕、嫉妒、排斥的情感和行为，并时常表现出寻求父母关注的行为，大多数这样的婴幼儿行为被看作一种退化。

教师在婴幼儿语言发展问题观察结果的解释方面结合婴幼儿成长环境进行整体分析。关于幼儿语言的个案观察分析与指导，可见案例 6-4-4 和视频 6-4-1。

案例 6-4-4 幼儿语言的个案观察分析与指导

视频 6-4-1 幼儿语言发展的个案

三、运用儿童发展理论解释

儿童发展理论是学者经由实践经验到理论观点的研究成果和智慧结晶，是教师做好观察分析工作的重要支撑。在儿童发展心理学、学前教育学等相关课程中学到的各种理论知识为我们全面深刻地解释婴幼儿的行为提供了思路。例如，皮亚杰的认知发展阶段理论、斯金纳的操作行为主义理论、班杜拉的观察学习理论等，都能为婴幼儿行为提供多元的解释方向，有助于探究婴幼儿行为背后丰富的内涵，更好地认识婴幼儿复杂多样的行为，激发婴幼儿的潜能。当然，这需要教师在观察中有一定的敏感性，这种敏感性来自教师对婴幼儿发展理论的熟练掌握和运用。教师只有把自身观察的直接经验与婴幼儿发展理论中的间接经验相结合，才能在不断的反思与探究中接近真实的婴幼儿需要和动机，在此基础上指导婴幼儿发展。①

（一）常用的儿童发展理论

在此只是简要呈现不同儿童发展理论的基本框架、主要观点和适用范围，结合婴幼儿行为进行举例，让教师更加深刻地理解儿童发展理论及其运用，具体见表6-4-4。

表6-4-4 · 常用的儿童发展理论汇总表 ②

发展理论	主要观点	适用范围及举例
华生的行为主义	（1）习惯是在适应环境的过程中学会的快速行动的结果。 （2）习惯是形成的一系列条件反射。 （3）强调练习的作用。	婴幼儿不良行为形成的原因。 （1）观察者发现蒙蒙在娃娃家有撕拉玩偶的现象，通过对其日常行为的观察，发现他在看动画片时接触到了一些暴力行为。 （2）观察者从而得出结论：蒙蒙在看动画片的过程中习得了不良行为，可以通过设计相关的消极强化手段来帮助其改正不良行为。
斯金纳的操作行为主义	（1）强化可以塑造儿童的行为。 （2）积极强化和消极强化。	
班杜拉的社会学习理论	儿童通过观察学习来习得新行为。	
格塞尔的成熟势力学说	（1）个体的发展取决于成熟，儿童在成熟之前处于学习的准备状态。 （2）发展的过程不可能通过环境的变化而改变。 （3）儿童具有自我调节能力，并形成固定的生活模式；自我调节存在不平衡和波动，表现为进进退退，格塞尔提出了"儿童行为周期变化表"。	（1）理解、尊重儿童个体的发展规律； （2）解释儿童行为发展中有适度的退化现象。 　观察者发现2岁半的豆豆在学习如厕的过程中，虽然之前已经能够主动报告大小便，但是最近又不能及时到厕所大小便。根据格塞尔的理论，观察者得出结论：豆豆的这种行为表现是正常的，是一种适度退化现象。

① 王晓芬：《幼儿行为观察与分析》，2页，上海，复旦大学出版社，2019。
② 施燕、韩春红：《学前儿童行为观察》，11页，上海，华东师范大学出版社，2011。

发展理论	主要观点	适用范围及举例
马斯洛的需要层次理论	（1）动机是促发行为的内在力量，动机由多种不同性质的需要组成，各种需要之间有高低之分。 （2）需要层次理论提出，人的需要由低到高分为：生理需要、安全需要、归属与爱的需要、尊重需要、认知需要、审美需要和自我实现需要。 （3）只有当个体的低级需要得到满足时，他才可能寻求更高一级的需要。	（1）理解营造宽松、安全和温馨的成长环境的重要性。 （2）理解教师支持、尊重婴幼儿的方式能有效促进婴幼儿学习。 观察者跟刚入园的幼儿一起布置班级，发现把各自的玩具、照片等物品带到幼儿园有助于他们更快地适应幼儿园生活，能极大地缓解分离焦虑。观察者解释：与幼儿一起创设"家"一样温馨的环境，可以满足幼儿的安全需要，这样他们才能寻求更高一级的需要。
皮亚杰的认知发展理论	（1）儿童是以自我为中心的，他们会把注意集中在自己的观点和自己的动作上。 （2）学前儿童处于道德水平的他律阶段。 （3）教育能够促进儿童思维发展，但教育无法超越儿童的发展阶段和现有的认知结构水平。	（1）解释儿童从自我中心出发的各种行为，并不反映儿童从小是自私的，而是受到现有思维水平的限制。 （2）理解儿童对成人、对游戏规则尊崇的行为。 （3）理解儿童根据行为的后果（而非行为者的动机）来判断是非的现象。 （4）理解儿童无法接受超越其认知结构水平的教育的现象。 观察者发现4岁的小何在向小朋友介绍自己的画时，把画对着自己，其他小朋友根本无法看到。在老师的一再要求下，小何才把画朝向其他小朋友，但是在不经意间，他又把画朝着自己了。老师很生气。观察者得出结论：小何并非故意，而是无法克服自我中心的思维限制。

发展理论	主要观点	适用范围及举例
维果茨基的社会文化理论	（1）儿童的自言自语现象是出于自我防卫和自我指导。维果茨基认为，语言是儿童解决问题等高级认知过程的基础，可以帮助儿童考虑自己的行为和行动的过程。 （2）认知发展的社会起源：维果茨基认为儿童是在与成人的交往中实现认知的发展。	（1）理解儿童在解决问题时出现的自言自语现象。 （2）理解成人与儿童之间的相互作用以及混龄儿童之间的相互作用。 　　观察者记录下了壮壮在用拼插积木搭建一座摩天轮时大段大段的自言自语。观察者解释：这些自言自语并非废话，而是壮壮思考和自我指导的一种表现。

（二）其他发展理论

在此不系统讨论各个教育教学理论，只是简要呈现与婴幼儿行为观察相关的教育教学理论的基本框架、主要观点，并结合婴幼儿行为观察进行举例，让教师更加深刻地理解教育教学理论及其运用。

1. 帕顿的六种游戏或社会交往分类

米尔德里德·帕顿根据幼儿的社会性对幼儿游戏行为进行社会性分类，为我们理解幼儿的社会性发展提供全新的视角。帕顿将 2～5 岁幼儿的社会交往分为六种类型，具体见表 6-4-5。

表 6-4-5　帕顿的六种游戏或社会交往类型

游戏类型	定义	详解／举例
无所事事	一种无目的的活动，如只是在房间里走动、张望。	凤凤没有参与任何明显的游戏活动或做出社会互动行为，她只是看一些此时她自己感兴趣的事情，当没有看到感兴趣的事情时她可能会到处晃悠，或坐在某个固定的位置上，四处张望教室的各个角落。

游戏类型	定义	详解 / 举例
旁观游戏	儿童只是在游戏圈外看别人活动，自己不参加，有时发表一些口头意见。	在自主游戏中，婷婷大部分时间都在看其他幼儿游戏，有时她会与正在游戏的幼儿交谈，有时会提问题，有时会提一些建议，但并不介入他人的游戏，总是与游戏中的幼儿保持一定的距离以确保自己看得到和听得到其他幼儿在做什么。这说明幼儿并不是对任何小组都不感兴趣，而是对碰巧发生的事情感兴趣，当然这种兴趣会经常转移。
单独游戏	不与他人发生直接关系的游戏。	嘉嘉独自一人玩玩具，他所使用的玩具跟周围其他幼儿的都不同，他只专注于自己的活动，不管别人在做什么，也没有做出接近其他幼儿的尝试。
平行游戏	表现为与其他儿童操作同样的玩具，但相互之间不直接交往。	珠珠仍然单独玩，与其他幼儿之间是相互独立的。尽管玩的玩具是类似的，但玩的时候他会按照自己认为合适的方式来玩，不受其他人的影响，也不去影响别人。
联合游戏	一种没有组织的共同游戏，有时互借玩具。	燕燕与其他幼儿一起游戏，他们互相分享材料和设备，一些幼儿可能跟随其他幼儿走来走去，另一些幼儿可能尝试控制在小组或不在小组中游戏的其他幼儿，尽管这种控制并不是很坚决。幼儿参加一些相似而不是完全相同的活动，他们没有明确的分工，所有幼儿都是在做自己想做的事，并没有把小组利益放在第一位。
合作游戏	有组织、有规则、有领导者的共同活动。	敏敏在一个有特定目的的小组中游戏，制作某些物质产品，实现某些竞争，或者玩一些有规则的游戏。幼儿具备"我们"的意识，明确地认为自己属于某一个小组。小组里会存在分工合作，幼儿各自承担不同的角色。

　　帕顿发现2～5岁幼儿游戏类型的差异，2岁幼儿普遍只进行单独游戏、平行游戏或旁观游戏。4岁幼儿主要进行平行游戏，但与2岁幼儿相比，他们在合作游戏方面表现得更多一点儿。随着年龄不断增加，单独游戏和平行游戏的频率下降，而联合游戏和合作游戏更为普遍。在所有年龄段的幼儿中都能看到这四种游戏，如果幼儿参与的是画画或拼图这样的单独游戏，也不应该被认定为不成熟的行为。

2. 埃里克森的人格发展理论

　　埃里克森的人格发展理论认为，在每个阶段，个体都会面临不同的危机或矛盾，随着每一阶段矛盾的化解，个体会获得相应的品质；前一阶段发展得不顺利将会影响后一阶段的发展。埃里克森将人的一生分为八个阶段，以下选取与幼儿相关的前三个阶段进行学习，如表6-4-6所示。

表 6-4-6　埃里克森的人格发展理论（前三个阶段）

阶段	年龄	心理—社会矛盾	积极解决矛盾形成的品质	矛盾解决失败形成的品质	中心问题	指导策略
婴儿期	0～1.5岁	信任感—不信任感	对人信任，对外界有安全感	恐惧，对外界害怕和不信任	我能相信他人吗？	幼儿在受到安全抚育时则对他人信任
幼儿期	1.5～3岁	自主感—羞愧与怀疑感	能按社会要求表现目的性行为，发展自主能力	缺乏信心，畏首畏尾，感到羞愧，怀疑自己的能力	我能独自行动吗？	父母给予鼓励、协助，有利于幼儿发展独立自主的人格
学前期	3～6岁	主动感—内疚感	主动，表现出积极性和进取心	畏惧、退缩，产生内疚感和失败感	我能成功地执行自己的计划吗？	成人回应和鼓励幼儿好问，有利于幼儿主动探究，一旦成人嘲笑幼儿，幼儿将变得羞愧、退缩

3. 科尔伯格道德发展理论

科尔伯格道德发展理论的研究目的在于探讨儿童对道德判断的内在认知心理历程。教师在了解儿童道德发展历程的基础上，才能对儿童的行为进行深刻的解释和指导。具体理论如表6-4-7所示。

表 6-4-7　科尔伯格道德发展理论

水平	阶段	表现特征
前习俗水平（9岁以下）	惩罚服从取向阶段	儿童在评定行为好坏时着重于行为的结果。 例如，在这个阶段，儿童常服从成人的命令主要是为了避免惩罚。
	相对功利取向阶段	儿童在评定行为的好坏时，主要看是否符合自己的要求和利益。
习俗水平（9～16岁）	寻求认可取向阶段（好孩子定向阶段）	儿童认为：凡取悦于别人，帮助别人以满足他人愿望的行为是好的。 例如，在这个阶段，教师经常用表扬的方式鼓励儿童，会起到较好的效果。
	遵守法规取向阶段	儿童认为，正确的行为就是尽到个人责任，尊重权威，维护社会秩序。 例如，这个阶段的儿童认为遵守交通规则是每个公民应尽的责任和义务。
后习俗水平	社会契约取向阶段	儿童认为，道德法则只是一种社会契约，可以改变。
	普遍伦理取向阶段	儿童已具有抽象的以尊重个人和个人良心为基础的道德概念。 例如，这个阶段的儿童认为金钱诚可贵，生命价更高。

综上所述，针对导入部分的观察案例，可以做出如下分析。

观察案例：爸爸住的城堡	
日期：2020 年 1 月 3 日 15：05	观察地点：广州市某幼儿园建构区
观察对象：涛涛 年龄：3.5 岁	观察者：学前教育专业大学生
背景信息：在吃完点心后的自选区域活动时间，涛涛选择了建构区。	

具体案例详见本章导入部分。

案例分析与解释：

（1）围绕观察要点解释：涛涛搭建了自己想要的作品，与《3—6 岁儿童学习与发展指南》科学领域中的"能感知物体的形体结构特征，画出或拼搭出该物体的造型"相对应；涛涛通过比较，选择了相同大小的积木。与《3—6 岁儿童学习与发展指南》科学领域中的"能感知和区分物体的大小、多少、高矮长短等量方面的特点"相对应。这说明涛涛的数学认知发展得很好。教师在此基础上观察幼儿由高到矮、由大到小排序方面的能力，并进行相应的指导。当然，我们还可以从语言领域、社会领域进行分析和解释。

（2）结合幼儿的成长环境分析：从家庭环境来看，老师了解到涛涛的爸爸因意外在他未满周岁时离世，每当涛涛问"爸爸去哪儿了"，涛涛的妈妈都会回答"爸爸在天上守护我们"。涛涛做城堡给爸爸住可能也是内心想法的投射，可能是思念爸爸，或者担心爸爸在天上没有地方住。从幼儿内部因素来看，涛涛的气质类型可能是黏液质，比较安静、沉稳，当然不排除爸爸的离世对涛涛性格的影响。需要进一步观察，通过与涛涛谈话等方式验证猜想，如果涛涛确实非常想念爸爸，那么老师应该帮助涛涛表达思念来排解消极情绪，如通过折纸飞机、放气球等方式传达对爸爸的思念。

（3）运用儿童发展理论解释：根据马斯洛的需要层次理论，我们可以看出李老师"蹲下来"的动作和敏锐地察觉涛涛想去建构区但没有鼓起勇气，所以李老师鼓励涛涛："去吧，建构区还有位置呢。"涛涛感受到的李老师爱、理解和支持，进而勇敢地去探索。根据班杜拉的社会学习理论，我们可以看出，涛涛在老师表扬搭城堡的小朋友之后也开始搭城堡，这是一种观察学习中的替代强化学习。根据帕顿的六种游戏或社会交往分类，我们可以看出涛涛参与的是联合游戏。老师可以尝试促进涛涛合作游戏的发展，提高其社会交往能力。

小 结

对婴幼儿行为观察资料进行分析与解释时，要遵循五大基本原则：整体性原则、发展性原则、科学性原则、文化敏感性原则和儿童权益保护原则。对婴幼儿行为观察资料进行具体的分析，包括四大步骤：整理—阅读—登录—分析。在此过程中可以辅助于多媒体的方法，如照片、录音和录像分析。对婴幼儿行为进行多角度、全面、深刻的解读，教师可以围绕观察要点，结合婴幼儿成长环境，运用儿童发展的相关理论，并在此基础上进行指导。

关键术语

行为观察分析；整体性原则；发展性原则；科学性原则；文化敏感性原则；儿童权益保护原则；质性观察资料的分析；量化观察资料的分析；登录；描述性统计；推断性统计；观察要点。

思考与练习

1.婴幼儿行为观察分析的基本原则有哪些?

2.整理婴幼儿行为观察记录资料的具体步骤有哪些?

3.婴幼儿行为观察结果的解释策略的思路是什么? 可以从哪几方面思考?

建议的活动

选取一段详细的婴幼儿行为观察资料（以质性资料为主），分析该资料是否遵循婴幼儿行为观察分析的各个基本原则，对观察资料进行阅读、登录、整理和分析，最后从多角度出发解读婴幼儿行为。

第七章
基于观察的婴幼儿行为指导策略

学习目标

1. 了解婴幼儿行为指导的含义与价值；

2. 掌握婴幼儿行为指导的原则；

3. 熟练掌握并运用婴幼儿行为指导的策略。

学习导图

第七章　基于观察的婴幼儿行为指导策略

第一节　婴幼儿行为指导及其价值
- 一、婴幼儿行为指导的含义
- 二、婴幼儿行为指导的价值

第二节　婴幼儿行为指导的原则
- 一、基于充分的观察了解
- 二、遵循婴幼儿的发展规律和学习特点
- 三、关注婴幼儿身心全面和谐发展
- 四、尊重婴幼儿发展的个体差异

第三节　婴幼儿行为指导的具体策略
- 一、即时反馈
- 二、讲解说明
- 三、增加挑战
- 四、提问技巧
- 五、介入方式
- 六、团体讨论
- 七、生成课程
- 八、家园合作

在前面章节的学习中，我们已经学会如何观察、如何分析和解读观察资料，却不知道应该如何将婴幼儿行为观察和对他们的行为指导有效地结合在一起，进行及时、适宜、有效的指导。我们带着这个疑问一起来学习本章节的内容。

第一节　婴幼儿行为指导及其价值

一、婴幼儿行为指导的含义

婴幼儿行为指导是指成人为促进婴幼儿良好行为的发展而采取科学有效的引导、培养、塑造、干预矫正等教育方法和教育策略的过程。它包括婴幼儿积极行为的培养和消极行为的干预矫正。[①]

二、婴幼儿行为指导的价值

行为指导不仅有助于保护婴幼儿的生命安全及建立符合社会要求的行为规范，而且有助于良好、积极情绪情感的形成，对认知、学习与社会性发展也起着重要的影响作用。

（一）确保婴幼儿生命安全与身体健康发展

当婴幼儿将要伤害自己、他人，或者将要损坏物品时，教师应及时介入，对婴幼儿的行为进行指导或立刻阻止，避免不必要的事故，保护婴幼儿的生命安全。例如，某小班幼儿正试着爬上高脚椅，在他就要够着高脚椅上的托盘时，椅子向幼儿一侧倾倒，老师见状立即跑过去一把扶住了椅子，对幼儿说："你是不是想够椅子上的东西啊？但是你看，如果老师没有扶住，椅子就倒下来砸到你身上了，一定会很痛。你可以叫老师帮你拿椅子上的东西。"

尽管我们重视通过自由自在的游戏和户外活动使婴幼儿的身体得到舒展与锻炼，但婴幼儿的身体发育不能单纯地靠自发游戏和户外活动。《3—6岁儿童学习与发展指南》建议，"幼儿每天的户外活动时间一般不少于两小时，其中体育活动

---

① 侯素雯、林建华：《幼儿行为观察与指导这样做》，72页，上海，华东师范大学出版社，2019。

时间不少于1小时，季节交替时要坚持"。教师促进婴幼儿身体发育的一个重要途径就是创造积极的、可获得成功感的环境。在这种环境中，婴幼儿可以通过以游戏为基础的学习活动来发展基本的运动技能，确保骨骼、肌肉、关节健康，合理控制体重，养成影响一生幸福的健康习惯。

（二）促进婴幼儿的社会性发展

与他人建立和维持关系的能力是婴幼儿社会性发展的核心。拥有亲密的友谊有助于婴幼儿形成对幼儿园的积极态度，并与婴幼儿良好的适应能力和行为表现有关。然而，有些婴幼儿确实存在社交困难。有些婴幼儿独自活动是因为他们本想和同伴一起玩却遭到拒绝，有些婴幼儿则是因为内向、性格腼腆而出现退缩，还有些婴幼儿易冲动，不懂得礼貌交往的方法，或很难控制自己的愤怒和攻击性。教师可根据婴幼儿的实际情况，指导婴幼儿使用积极、主动的策略来维持与他人（包括成人和同伴）的互动。教师身体力行，向婴幼儿示范如何尊重、关心、帮助他人，就是在鼓励、引导婴幼儿的亲社会行为。例如，教师期望婴幼儿懂得悦纳别人，可引导他们赞美别人："谢谢 × 老师为我们准备这么美味、有营养的午餐，您辛苦了！""谢谢大家帮忙打扫教室。"社会交往能力欠缺的婴幼儿想参与别人的游戏但不知道如何表达，教师可指导幼儿："我觉得你可以假装成来娃娃家的小客人，你给主人带来了美味的蛋糕。你觉得呢？"为了防止婴幼儿"敌意归因"，教师可以帮助婴幼儿理解和解释其他婴幼儿的行为，如"我觉得珺珺是想请你和她一起吃东西的。她想请你去她的桌子旁边，所以才拽你的衣服。"来自教师的积极的指导，会帮助婴幼儿建立积极的自我概念。

（三）促进婴幼儿的情绪情感发展

婴幼儿在复杂的情感体验中成长，他们能逐渐意识到每个人的内心世界都有不同的信念、观点，以及对现实的不同理解。因此，在示范和指导下，婴幼儿会越来越有意识地、积极地与他人互动。诸多研究表明，当教师有目的地与每个婴幼儿建立温暖、互相信任的关系时，会促进婴幼儿的发展和学习。当成人性格温和，鼓励婴幼儿表达情感，敏感地关注婴幼儿的感受时，婴幼儿就更可能对他人的痛苦做出关心的反应。如果教师在情感上是冷漠的、迟钝的，可能会对缺乏情感安全基础的婴幼儿造成伤害，因为缺乏情感安全基础的婴幼儿有可能因表现出不适当的行为，而受到教师的批评和苛责，这样的循环使这些婴幼儿更难获得被人接纳、学业成功的机会。

婴幼儿需要在教师的指导下学习调控情绪，如果有教师正确的情绪调控的示范，以及耐心、温暖的指导，那么婴幼儿通过努力确实能够提高自我调控情绪的能力。特别是情绪波动大的婴幼儿在调节情绪方面有更大的困难，他们需要成人的支持来帮助他们以更积极的方式重新解读他人的行为（例如，别人碰倒了自己的积木是意外，不是故意而为），学习应对负面情绪的策略，发展自我调控技能。

（四）促进婴幼儿的认知发展

婴幼儿的心理表征、推理、分类、注意、记忆等认知能力正在逐渐发展。婴幼儿能够思考几周前发生的事或推理还未发生的事。他们能创编有趣的故事，分配、协调角色。他们可以在游戏和绘画中使用假想的事物来交流，会更加复杂地使用符号表达自己的情绪、想法和愿望。然而，婴幼儿的思维仍然有非理性、自我中心、单一维度的特征。有时他们看似成熟、思维能力较强，有时又好像有很大局限性、缺乏灵活性。因此，婴幼儿仍然需要来自成人和其他婴幼儿的提示、提问、示范，或其他形式的帮助。例如，当一个幼儿努力放入一块拼图却一直不匹配时，教师问幼儿："它是什么颜色的？你看哪里有这样的颜色？"或者说："你试试把这一块旋转一下。"这样的提问和建议有助于幼儿的理解与思考。当需要幼儿集中注意力时，教师不是提出"请集中注意力"或"注意听"等一般性的要求，而是具体询问幼儿"哪两个是一样的"或"他们有什么不同"。这类提问和要求能帮助幼儿明白自己需要将注意集中在哪些方面，从而有意识地集中自己的注意力。幼儿与同伴分享、交流自己的作品、想法，如"上次你的立交桥不能拐弯，这次就可以，你是怎么做到的"或"珠子从轨道上滚下来时为什么会到处乱跑"，可以提升推理和问题解决能力。

（五）促进婴幼儿的语言发展

语言是婴幼儿各领域学习的基础。婴幼儿的语言和交流技能快速发展，这对其他领域的发展和学习有着重要意义。经验和环境对婴幼儿语言能力的发展有很大影响。教师在观察婴幼儿、与婴幼儿交流的过程中，能够发现婴幼儿语言发展的差异，这种差异表现在词汇、句子长度、对话、口头陈述、非言语行为、语法复杂程度、思维方式等多个方面。如果教师能够提供很好的支持和指导，那么婴幼儿的词汇量、语言表达能力以及对文字的兴趣就会在幼儿园阶段得到快速提升。教师可采取多种方式，如创设一个有丰富语言刺激的教室，日常在与婴幼儿互动的过程中通过专注倾听、扩展对话、阅读和讨论图书、在班级里提供读物和书写材料等方式，激发婴幼儿对语言的兴趣。教师专注地倾听可以鼓励婴幼儿畅所欲言，主导对话。扩展对话也是有效的支持方式。例如，在婴幼儿指着图片说"熊"时，教师可以说"是的，这是一只棕色的熊，它在树洞里睡觉"。这样的回应能够为婴幼儿增加额外的语言信息。主题探究、自主游戏、生活活动等都有利于激发婴幼儿对话，鼓励婴幼儿运用语言，形成观点或做出分析、评价。教师也可以组织专门的活动，如玩韵律游戏、歌唱、朗诵、玩手指游戏等活动帮助婴幼儿发展语言能力。

第二节　婴幼儿行为指导的原则

一、基于充分的观察了解

　　婴幼儿行为指导是一种专业行为。教师在指导婴幼儿之前必须进行充分的观察与分析，确保教师的指导对婴幼儿的学习与发展是必要的、适宜的。在日常保教工作中，教师要全身心地扎根于婴幼儿活动现场，观察婴幼儿自然的、真实的活动，并做必要的观察记录与分析解释。这是教师指导婴幼儿的前提性、基础性工作，没有持续的观察和如实的记录，就不可能对婴幼儿有深入的了解，指导就可能成为对婴幼儿行为的不适当干预。充分的观察不仅可以使教师深入地了解婴幼儿的活动情况，还能够反映教师自身的工作状况，使教师了解之前在指导工作中存在的不足，从而根据实际情况完善指导方法。教师只有对婴幼儿的活动进行充分的观察，才能正确地判断出需要指导的内容，从而根据婴幼儿的实际活动情况进行相应的指导。

　　例如，教师可以通过观察了解婴幼儿是不是需要更长的玩耍时间，教师提供的活动材料是否足够丰富，婴幼儿在活动过程中所学到的知识和获得的能力有多少，只有在了解到这些信息之后，教师才能分析并确定是否需要加入游戏，对婴幼儿进行指导，从而帮助婴幼儿拓展能力。教师只有先做好婴幼儿活动的观察工作，才能够在婴幼儿活动的过程中进行准确指导，避免因成人自身错误的看法而改变婴幼儿对活动的看法。当然，观察是主要的但不是唯一的了解婴幼儿的方法，与婴幼儿谈话、分析婴幼儿作品、与家长交流等也可以帮助教师更全面、客观地了解婴幼儿的发展水平、兴趣和需要，从而判断婴幼儿是否需要指导以及适宜什么样的指导。

二、遵循婴幼儿的发展规律和学习特点

婴幼儿的发展是一个连续、渐进的过程，同时也表现出一定的阶段性特征。婴幼儿发展的连续性与阶段性表现在他们的发展是一个交织着不断地量变和质变的过程。不同阶段之间是通过长时间的"量"的逐渐积累而被连接起来的，"量变"的过程绝不可人为地随意压缩、取消，否则得不到真正的"质变"，即使发生"质变"也一定是畸形的。因此，在指导婴幼儿行为前，教师一定要对不同年龄段婴幼儿发展的特点有清晰的把握，尊重婴幼儿发展的特点，才能采取科学的指导，让他们按照自己的速度和节奏获得发展。

同时，教师要重视婴幼儿生活和游戏的独特价值，充分尊重和保护其好奇心与学习兴趣，创设丰富的教育环境，合理安排一日生活，最大限度地支持和满足婴幼儿通过直接感知、实际操作、亲身体验获取经验的需要，严禁"拔苗助长"式的超前教育和强化训练。因此，教师对婴幼儿行为进行指导时，要结合婴幼儿学习的特点进行科学的指导。

三、关注婴幼儿身心全面和谐发展

《3—6岁儿童学习与发展指南》等国家文件均明确指出，幼儿园要遵循幼儿身心发展特点和规律，实施德、智、体、美等方面全面发展的教育，促进幼儿身心和谐发展。教师要关注幼儿身心全面和谐的发展，关注幼儿学习与发展的整体性，而不能只关注或片面追求某一方面或几方面的发展。

《幼儿园教育指导纲要（试行）》明确指出，"幼儿园教育是基础教育的重要组成部分，是我国学校教育和终身教育的奠基阶段"，"为幼儿一生的发展打好基础"。因此，教师对幼儿行为的指导不仅要满足幼儿当前的需要，更要着眼于幼儿发展的长远目标，注重幼儿身心全面和谐发展以及影响幼儿一生的品质的培养，具体包括以下内容。积极的情感和态度：培养幼儿的独立性、自制力、专注性、良好的秩序感、合作的精神。学习与发展的能力：自我保护的能力、表达的能力、社会交往的能力、思维的能力、创造的能力。知识和技能：强调幼儿主动获取知识的过程体验，强调幼儿在获取知识的过程中认知结构的变化。

四、尊重婴幼儿发展的个体差异

《幼儿园教育指导纲要（试行）》指出，"幼儿园的教育是为所有在园幼儿的健康成长服务的，要为每一个儿童，包括有特殊需要的儿童提供积极的支持和帮

助"。所以教师要重视幼儿发展的个体差异，公平对待每一个幼儿，促进其各方面能力的发展。幼儿的个体差异主要体现在以下四个方面：发展水平的差异、能力倾向的差异、学习方式的差异和原有经验的差异。在发展水平上，有的幼儿发展速度会快一些，有的则慢一些；在能力倾向上，不同幼儿的能力结构，尤其是优势能力和潜能往往各不相同；在学习方式上，幼儿擅长的获取知识的方式可能不尽相同，有的幼儿喜欢观察模仿，有的喜欢与人交流，有的则喜欢动手操作；在原有经验上，由于每个幼儿生活的环境不同，他们作用于环境的方式不同，因此每个幼儿在原有经验上也存在着个体差异。

专业的幼儿园教师，既要准确把握幼儿发展的阶段性特征，又要充分尊重幼儿发展连续性进程上的个别差异，支持和引导每个幼儿从原有水平向更高水平发展，按照自身的速度和方式到达《3—6岁儿童学习与发展指南》呈现的发展"阶梯"，切忌用一把"尺子"衡量所有幼儿，忽视幼儿个性化的学习与发展需要。

在区角游戏过程中，教师以旁观者身份观察同伴冲突过程，不急于介入和干涉，而是关注幼儿、相信幼儿、等待幼儿自己处理。最终，幼儿以角色扮演的方式巧妙地化解了冲突，见案例7-3-1和视频7-3-1。

第三节　婴幼儿行为指导的具体策略

教学之所以成为一种艺术和科学，是因为教学需要讲究策略和方法。教师需明白，幼儿在探索中获得自尊及自我效能感的发展，因此，教师不能凡事都冲在幼儿前面替他们解决问题，教师要充分思考何时介入幼儿的活动中并提供适宜的支持，何时让幼儿自行解决问题。只要幼儿仍然在尝试用不同的方法解决问题，教师就没有理由介入与指导。

案例7-3-1
游戏活动中的同伴交往观察与分析

视频7-3-1
游戏中的同伴冲突解决

一、即时反馈

（一）关注与认可

关注是对婴幼儿的行为表现出关心和重视。瑞吉欧教师的角色定位："以专业的眼光赋予学习者和学习以价值的人"。认可是对婴幼儿行为予以承认、许可的一种策略。认可既可以通过语言来表达，也可以通过表情和动作来传递，如向幼儿点头微笑、竖起大拇指、做出赞叹表情等。例如，当幼儿做出符合活动期待的行为时，教师对他投以肯定的眼神；当幼儿开心地把自己的画作展示给教师时，教师要倾听幼儿的表达，再以欣赏的口吻说出自己的感受。需要提醒的是，教师在表达对幼儿的想法和作品的认可时，应避免使用"你真棒""你真聪明""你最可爱"等笼统而不具体的评价，因为这种评价并不能让幼儿觉得教师真的了解他的想法或真正关心他的作品。因此，教师应围绕幼儿作品的具体内容、细节以及作品传达的想法对幼儿予以肯定。以幼儿建构作品为例，教师可以围绕幼儿所使用的积木数量、形状、颜色、特点、搭建方式、搭建过程、新技巧等表达认可。

（二）鼓励

依照心理学家阿德勒的观点，那些做出错误行为的儿童都是有挫折感、沮丧的儿童。这样的儿童无法相信自己可以在某项活动中达到成人的要求。因此为了努力消除自卑感并建立起一定的价值感，他们会做出可能不被接受的行为，或对别人表现出不尊重和不合作。如果成人对这些行为的反应又再次加深了儿童的挫折感，这样就会产生一个新的恶性循环。相反，一个受到鼓励的儿童会"喜欢并尊重自己，对自己的能力充满信心……这个人会尊重他人，与别人友好相处，并且乐于帮助他人"。①

因此，教师在鼓励幼儿时，应重视幼儿所付出的努力和取得的成绩。教师应多关注幼儿积极的努力，而不是幼儿的不足或错误。例如，当幼儿在音乐活动中大声唱歌时，不要指责他很吵闹，而是肯定他在活动中的投入和勇敢，并鼓励他用好听的声音来唱歌。又如，当幼儿在进餐过程中不小心将食物撒出一点时，不要批评他不讲卫生，而是鼓励他："今天吃饭非常认真，没有浪费一点点粮食哦！"此外，我们需要认识到，鼓励不同于奖励，前者更注重幼儿在过程中所做出的努力或贡献，而后者则侧重于结果。

---

① [澳]罗德（Jillian Rodd）：《理解儿童的行为：早期儿童教育工作者指南》，毛曙阳译，119页，上海，华东师范大学出版社，2008。

活动名称	串珠子	观察对象	霖霖	活动场所	室内（√）户外（　）
					无明显界限（　）
活动时间	2021 年 10 月 14 日	活动类型	生活活动（√）游戏活动（　）教学活动（　）	观察记录者	周娟

观察内容	观察对象：霖霖，女，4 岁 观察时间：2021 年 10 月 14 日 9:30 观察地点：教室生活区 观察目的：观察幼儿在游戏中表现出的发展与探索能力 观察方法：描述观察法——轶事记录法 观察过程： 　　早餐活动之后，一如往常，幼儿开始他们最喜欢的蒙氏自主游戏活动，大家都纷纷进入了区角去选择自己喜欢的活动，开始认真地操作起来。霖霖仍然和昨天一样，选择了生活区"串珠子"的活动，最近只要是自主游戏活动时间，她都会选择"串珠子"的活动，这已经持续 3 天了，今天依然如故。只见她小心翼翼地将"串珠子"的工作盒搬到了桌面上，很小心地将盒子打开。打开盒子之后，霖霖先是观察了一番，然后就用右手的食指和拇指很小心地捏起一根白色的串珠子的鱼线，紧接着就是选珠子了，霖霖选择了一颗蓝色的小珠子先串了进去，接着就是第二颗粉色、第三颗粉色……她这样一直坚持，从未间断。活动中，旁边的小朋友时而去拿水果，时而去选工作材料，但从未打扰她，霖霖依然专心致志地串着小珠子，一直都没有停止。在串到最后一截的时候，可能是因为鱼线越来越短而有了一定的难度，但她并未因此而放弃，只是有些紧张地放慢了串珠的速度。她串得越来越费劲，这时她的眼睛不自觉地看了我一下。与此同时，我也立刻回馈以鼓励和肯定的目光，在接收到我的肯定之后，她的右手拇指与食指攥住鱼线的力度更大了一些，也许是长时间攥着鱼线，她的手部略有出汗了，出现了打滑的现象。经过一个努力坚持的过程，霖霖终于一口气把一根细长的鱼线穿满了，她一直紧皱的眉头随着鱼线上串满珠子而逐渐地舒展开来了。
解释与分析	1. 串珠游戏中的学习品质（意志力、坚持性） 　　霖霖在班上属于比较内向的孩子，平时较少说话，即使说话也是非常小声地表达，她的自尊心特别强，小小的身体里隐藏着一股倔强。在串珠的活动中，鱼线本身很细，对于一个刚刚从小班升入中班的幼儿来说，这种手部精细动作本身就有一定的挑战性，她的手指一直紧捏着鱼线，这个坚持的过程就需要很大的耐心，她一直保持串珠的动作，从未间断，这体现出了她惊人的耐心，另外，再加上现在的天气比较炎热，容易出汗，在手部精细动作持续进行，人过于专注的情况下，更容易出汗，此时鱼线更难掌握，但霖霖依然克服困难，坚持串到最后，直至完成，这体现了她坚强的意志力。

200

续表

解释 与 分析	2. 在"串珠子"游戏中，幼儿的小肌肉群发展情况分析 　　刚刚升入中班的幼儿虽然在小班接触过"串珠子"游戏，但之前串的一直都是比较大颗的珠子，而且串的线相对也比较粗一些，现在升入中班后游戏难度有所增加，珠子不但变小了，串珠子的线也细了，所以幼儿在串的过程中就有一些吃力，尤其是到了后面的紧要关头更是如此，一旦抓不紧，就有可能前功尽弃，需要重新开始。霖霖的手部肌肉动作能力发展得很好，即使是刚刚由小班升入中班，她依然做得很好，她身上一直都有一股绝不认输的小倔强，对于串珠子这种比较考验耐心的游戏来说，这种不服输的小倔强反而有助于她完成串珠子的活动。 原因分析： 　　对于刚刚升入中班的幼儿来说，他们的手部肌肉的发展水平是不一样的。有的幼儿可以很快地就把细小的珠子串满整条鱼线，有的幼儿则只能慢慢地、小心翼翼地串，甚至可能一天都串不满一条线。所以教师要根据每个幼儿的实际活动水平，设计和安排难度不同的活动，提供不同的指导和帮助。
指导 策略	教师的指导策略： 即时反馈——关注与认可、鼓励 　　在活动过程中，教师并未采取直接介入的指导方式。教师要用幼儿的视角看问题、想问题，了解幼儿的性格及其内心感受，在清楚幼儿想什么的同时帮助幼儿勇敢面对小挫折、小问题，并注意个别幼儿的特殊需求，及时给予帮助和指导。关键是看教师能否做一位细心的关注者，在活动中是否给予幼儿有效的关注。在串珠的过程中，教师一直在关注着霖霖，"这时她的眼睛不自觉地看了我一下。与此同时，我也立刻回馈以鼓励和肯定的目光"，她在接受到教师的肯定之后继续完成串珠任务。

（三）具体

　　幼儿阶段是自我意识发展的关键阶段，幼儿的自我评价和发展常常依赖于成人的评价与反馈。成人对幼儿的评价与反馈会潜移默化地影响着幼儿的自我评价，进而影响其自我意识和个性的发展。[①] 为了引导幼儿拥有积极的自我评价，培养幼儿良好的行为习惯，就需要教师给幼儿积极的、具体的行为反馈。

　　然而在现实中，教师经常使用空泛而简单的表扬，如"多美的一幅画啊"或者"好孩子"。这既无法提供有用的反馈，也无法有效地激发幼儿的内在动机。幼儿很可能会把注意放在取悦教师上，而不是学习经验本身。专业的教师会用真诚的语言鼓励幼儿，鼓励的内容与幼儿正在做的事紧密相关。他们认可幼儿的努力，

---

① 叶平枝：《如何激励和评价幼儿》，载《幼儿教育》，2019（31）。

并提出具体、客观的意见。当幼儿有进步时，教师应以具体的描述性的方式给予表扬："你今天把玩具都送回'家'了，老师很开心，你真是爱护玩具的好孩子！"又如，"刚刚××哭的时候，我看到你给她递了纸巾，你真是个会关心别人的孩子。"

二、讲解说明

（一）示范

示范是指教育者以自己的行为和动作，有目的地影响受教育者，从而使受教育者自觉地仿效一定的行为方式去行动。以班杜拉为代表的社会学习理论主张个体的行为多数是经由观察与模仿而形成的，并认为个体主要的模仿对象为父母、老师和同伴。因此，这些模仿对象若能提供良好的示范与正确的行为模式，就可供幼儿观察与模仿，从而产生正向行为。

教师的行为示范包括隐性示范和显性示范。隐性示范指教师在日常生活中以身作则，使婴幼儿在潜移默化地中通过模仿习得良好的生活习惯、社会交往技能、情绪调控与表达能力等。显性示范则是教师有意识、有目的地对幼儿施加示范作用，如案例 7-3-3 所示。

案例 7-3-3

4 岁的拉斐尔尝试着用积木搭建一架高而窄的塔楼。塔楼已经倒塌过很多次了，原因在于堆叠的积木没有中心对齐，不平衡。第 5 次尝试失败后，拉斐尔向教师抱怨说："我搭不起来。"教师迈克尔说："我看你一直很努力地搭建，我示范一下你刚才是怎么搭的。你在搭积木的时候，没有将积木的边缘对齐。因此，你的积木搭建得越高，就越容易倒下来。教师边说边演示了错误的搭建方式，于是积木就滚了下来。接着，他又说：如果你把每块堆叠上去的积木边缘都对齐，就能保持平衡，塔楼就能搭建起来。"拉斐尔按照迈克尔的指导方式开始搭建。这一次，他成功了。只见他得意洋洋地欢呼："我成功啦！"[①]

需要提醒的是，教师示范的目的不在于让婴幼儿简单模仿如何做，而应示范观察、搭建、修改的方法与技巧。教师使用示范这一策略的前提是充分、耐心、细致的观察，有时候婴幼儿可能只是一时出现想法停滞、缺少耐心等现象，但他们还会继续探究。此外，示范的主体不一定只是教师，可以通过让个别幼儿做出

---

① [美] 德布·柯蒂斯、玛吉·卡特：《关注儿童的生活：以儿童为中心的反思性课程设计》，郑福明、张博译，70～71 页，北京，教育科学出版社，2015。

示范，达到同伴互助、同伴榜样的效应。

（二）展示

当需要向幼儿介绍工具、游戏材料或说明某项工作的操作步骤时，教师就需要使用"展示"这一策略。例如，班级新增了一个区角，教师向幼儿展示该区角陈列的材料和工具，向幼儿说明他们可以在此开展什么样的活动。班上有一个水族缸，水族缸里养了各种各样的鱼，为了让幼儿照顾这些鱼，教师需向他们展示如何揭开鱼食罐的盖子，用左手掌心托着鱼食罐，用右手捏一小撮鱼食。开始第一次美工创作之前，老师除了需要向幼儿介绍可以使用的材料外，还需要明确地展示如何使用材料，如何拧开颜料盒盖，如何取出自己需要的量，如何安全使用剪刀，等等。教师通过展示，能够使幼儿直观地学习一些行为规范，从而更好地保证自身的安全或活动的顺利进行。

在案例 7-3-4 中，教师记录幼儿园美工区节气活动"菊有黄华"观察与指导策略分析，指导策略主要运用了讲解说明。可扫描视频 7-3-2 二维码，观看配套视频。

案例 7-3-4
节气活动"菊有黄华"观察与指导策略

视频 7-3-2
美工区节气活动"菊有黄华"

三、增加挑战

增加挑战是为了引发、促进婴幼儿进一步思考与行动。活动有一定的挑战性和适当的难度，这不仅顺应了幼儿积极思考的特点，而且有利于进一步培养他们勤于思考的习惯。因此教师通过观察和了解，根据不同年龄段幼儿的身心特点投放不同层次的活动材料，做到真正的有的放矢。教师在投放材料时，要注意提供不同难度的材料，按照由浅入深、从易到难的要求，充分发挥活动材料的优势。根据幼儿能力的不同，提供操作难易程度不同的活动材料，教师对幼儿进行有针对性的指导和帮助，更好地做到因材施教，促进幼儿在原有能力水平上不同程度的提高。因此，教师可以给幼儿投放具有一定挑战性的材料，促进其综合能力的发展，如案例 7-3-5 和案例 7-3-6 所示。

案例 7-3-5

林老师在科学区投放了磁铁和各种材料（包括预测单、实验用品与科学书籍）。

在观察中，她发现幼儿有很多假设，在对这些假设进行检验后，总结出闪亮的材料与磁铁相吸。于是林老师投放了一些闪亮的与磁铁不相吸引的材料。这使得幼儿有重新检验他们的假设的机会。她还投放了一本关于磁铁的科学读物。在该案例中，幼儿一开始得出了只要是闪亮的材料即与磁铁相吸这样的结论，实际上，闪亮的材料不一定都是金属材质的，林老师并未直接告知幼儿他们的结论是错误的，而是通过投放闪亮却与磁铁不相吸引的材料让幼儿有机会去检验先前得出的结论。

案例 7-3-6

几名幼儿在玩糖果商店的游戏。张老师发现他们连续好长一段时间玩的都是简单的买卖游戏，于是她假扮成顾客，对糖果店的老板说："我妹妹要过生日了，她特别喜欢小熊软糖，你们这儿有吗？""我们要开一个 10 个人参加的生日庆祝会，需要给每个客人准备两块小熊软糖，我需要买多少块小熊软糖呢？""我还需要给我的妹妹准备一张生日贺卡，你们这儿有吗？"张老师扮演成顾客参与到幼儿的游戏中，提出了各种要求，自然而然地激发幼儿在游戏中思考如何满足顾客的多样化需求。

在中班数学游戏"数字卡片"活动中，教师在数学区投放了扑克牌让幼儿进行抽牌、比大小等游戏，通过观察发现幼儿在游戏中会出现一些争执与嬉戏性行为，已经失去了对扑克游戏的兴趣。基于对幼儿游戏情况的观察分析，教师通过改进规则、更新玩法等方法，持续增加挑战难度，引发幼儿的思考与游戏参与，见视频 7-3-3。

视频 7-3-3
中班幼儿的数学游戏"数字卡片"

四、提问技巧

提问是教师经常使用的一种指导策略。在幼儿成长的过程中，教师是否会提问、如何提问，这些直接影响幼儿对活动的兴趣，巧妙设问可以调动幼儿的积极性。《幼儿园教育指导纲要（试行）》中指出："语言能力是在运用的过程中发展起来的，发展幼儿语言的关键是创设一个能使他们想说、敢说、喜欢说、有机会说并能得到积极应答的环境。"对幼儿的提问应当具有开放性、启发性和建设性等特点，引导幼儿多角度去思考，鼓励幼儿从不同角度展开想象，从而促进幼儿

思维发展的多样性、独特性和变通性。例如，许多幼儿经常喜欢和教师分享他们的作品，然而，教师经常很自然地问："你做的是什么？"对于许多幼儿来说，这个问题并不好回答，因为他不一定是在做"什么"，他心里不一定有个具体的"什么"，也许他只是在做一些尝试，或者是一些好看或不好看的设计，不一定能说出具体的名字。所以，"你做的是什么"是一个不好回答、无从说起的问题。如何向幼儿提问？如何通过提问了解幼儿的想法或促进同伴之间的互动？以下方式可作为参考。

开放性提问没有现成的答案，或者说解决问题的思想与方式不是唯一的，面对这些问题，幼儿就需要尽可能多地思考，去设想所有可能的情况，这样的提问就会激发幼儿的发散思维，幼儿需要考虑得更多、更全面，他的想象力、创造力就会得到相应的锻炼。例如，教师可以这样问："可以跟我说说你拼的作品吗？""龙龙的阿姨要来了，当你的亲戚或朋友要来家里看你时，你会做什么？"教师与幼儿共读故事时，为了促进幼儿的参与和理解，可向幼儿提问："你认为他现在会怎么做？"

启发性提问让幼儿学会观察、判断、独立思考，学会探究自己的选择带来的后果，这远比让幼儿"知道"更重要。启发式提问一般分为激励型和交谈型。激励型的启发式提问遵循 4W1H 原则，即"Who"（谁），"Where"（哪里、地点），"What"（什么），"When"（时间），以及"How"（怎么、如何）。比如，当你要提醒幼儿收拾玩具时，可以问幼儿："当你不玩玩具后，你需要做什么呢（What）？"当你要让孩子去睡觉，可以问孩子："按照日常惯例表，现在是什么时间了呢（When）？"在建构游戏中，你可以问孩子："我的车在你搭的立交桥上行驶了很久，要怎样从桥上下来呢（How）？"

激励型的启发式提问不需要交谈，往往涉及的问题就足以激励幼儿合作。交谈型的启发式提问则要求我们更多地倾听，带着对幼儿世界的好奇心提出更多的问题。正面管教的创始人简·尼尔森分享了一个她与小女儿的事情，就是关于交谈型的启发式提问的。

幼教故事

我的小女儿有一次告诉我，她打算在派对中喝醉。我深吸了一口气，说："跟我说说，你为什么想那么做？"她说："很多孩子都那样，而且看上去他们都很开心。"我遏制住说教的诱惑，问她："你现在不喝酒，你的朋友怎么看待你？"她想了想说："他们告诉我说他们有多崇拜我。"我接着说："那你认为当你喝醉后，他们会怎么想或怎么说？"我可以看到她在思考（这是孩子相信你真的感到好奇而不是评判的一个线索），然后她说："他们可能会对我失望。"我继续问："你认为你对自己会是什么感觉？"我能看出来这个问题让她有了更多的思考。她停顿了一下，说："我可能会感觉自己是个失败者。"很快，她又说："我想我不会喝酒了。"

在教师启发式提问下，幼儿依然没有找到合适的方法，此时教师可以采用建议式提问，如"会不会是你放在底下的这些积木太小了所以才会倒下来，你要不要换大的积木再试试看"。如果看到幼儿使用胶带连接两张厚纸板有困难时，教师可以说："看起来胶带好像不能固定得很好，其他东西像金属线、细绳、别针等可能也可以用来固定厚纸板，你想要试试看吗？"教师通过向幼儿提问的方式给出建议，如案例 7-3-7 所示。

案例 7-3-7

幼儿园里的龙眼熟了，小朋友们用竹竿打了一些下来。打下来的龙眼有好的也有坏的，小朋友们都把它们捡起来放在一个盘子里。看着小朋友们围着盘子很想吃的样子，老师问："你们数一数，这里有多少颗好的龙眼，够不够我们每人吃一个？"小朋友们开始点数，有的说 12 个，有的说 13 个，到底是多少个呢？一个小朋友拿来一个小碗，逐个将好的龙眼放进小碗里，旁边的小朋友边点头边数数"1，2，3，4……"最后大家一致同意有 13 个好的龙眼。可是，问题又来了，"我们有多少人，够不够小朋友分呢？"玲玲从自己开始点数，数了一圈后说"有 12 个人"，优优数了一圈后说"有 11 个人"，还有一位小朋友数出来说"是 14 个人"。老师问："你们到底有多少人？刚才数龙眼的时候多一个碗就好数了，现在怎么数？"有幼儿说："我们可以先到外面，数到的人往后退，或者往前走。"于是，小朋友们就用数到一个人这个人就要爬到右边的拱形玩具上去的方法（事先大家都在左边的圆形玩具处），最终确定一共有 12 个人。幼儿点数人数时数不清楚，老师暗示他们使用之前数龙眼的办法，幼儿获得启发，最终正确地点数了人数。

教师要尊重个体的差异，在集体教学中，要针对不同层次的幼儿，设计不同层次的问题，如案例 7-3-8 所示。

案例 7-3-8

在帮忙切苹果准备点心的时候，小朋友们发现了苹果里的种子。冬冬很好奇苹果里面到底有多少颗种子，为了弄明白这个问题他点数了种子。在发现有 9 颗种子后，很多幼儿推测所有苹果都有相同数量的种子。教师又切开了一个苹果，几名幼儿迅速地点数了种子，发现这个苹果有 8 颗种子。他们说："这个苹果的种子没有上一个苹果的种子多。"然而，凡凡没有表态，于是教师把第一个苹果的种子递给他，并问："有没有什么其他办法能够知道第二个苹果的种子是不是和第一个苹果的一样多？"凡凡小心地把第一个苹果的种子摆成一排。随后，他在每一颗种子的旁边都摆上第二个苹果的种子，最后剩下了一颗种子。凡凡微笑着说："第一个苹果的种子更多。"这位老师的提问方式值得学习借鉴，她并没有简单地问"凡凡，你懂了吗"，而是问"有没有什么其他办法"，让其他小朋友觉得"凡凡会用自己的办法"。

五、介入方式

教师在介入时一定要避免强制或者无修饰地进入游戏，应该根据游戏的内容和幼儿在游戏过程中的内心活动状态进行艺术性地修饰，在不影响游戏气氛的前提下加入游戏并对幼儿进行指导，这样不仅可以达到相应的指导效果，还不会影响到幼儿游戏的乐趣。但在不必要的时候，教师还是应该以观察者的身份存在于游戏的过程中，尽量不要干涉幼儿的游戏内容。教师介入方式包括以下几种。

平行式介入是指教师在幼儿附近和幼儿玩相同或近似的游戏材料，引导幼儿模仿其行为。在这个过程中，教师也是一名游戏者，教师的行为起着暗示和指导的作用。当幼儿不会操作材料、游戏情节过于单一或缺乏创新时，教师可以采用这种方法。比如，教师在活动区投放了新的材料，但幼儿只玩了一会儿，就因为没有更好的玩法而失去了进一步操作的兴趣，这时教师就可以在幼儿身边操作玩具，建构更多的作品，开拓幼儿的思路。对于小班的幼儿来说，教师还可以边说边做：一是吸引幼儿；二是教给幼儿操作的方法。

交叉式介入就是教师扮演一个角色进入幼儿游戏中，通过教师与幼儿、角色与角色的互动，起到指导幼儿游戏的作用。当幼儿游戏能够顺利开展下去时，教师则可以退场，不能待得太久。

垂直式介入是教师如预见到可能产生安全、健康风险或事故，宜快速、直接地介入。当幼儿在活动中出现严重的违反规则及攻击性行为时，教师则以现实的身份直接进入游戏中，对幼儿的行为进行直接干预，这种垂直式介入不宜多用，因为它很容易破坏幼儿游戏的气氛。例如，当小班幼儿争着要骑自行车，排队有争执时，教师可给出直接指示，如"做一个名单，这样才知道接下来轮到谁"。

材料指引介入就是通过材料的提供达到指导幼儿行为的策略方法。游戏材料对于幼儿的游戏来说是非常重要的，如果缺乏材料，很多游戏就无法开展。在幼儿游戏过程中，教师通过提供游戏材料，增强幼儿的游戏兴趣，拓展和丰富游戏情节。根据幼儿游戏情节的不同，教师提供的游戏材料也不尽相同，如案例7-3-9所示。

案例 7-3-9

班上的小朋友最近在搭建天桥，老师通过观察发现幼儿对天桥的理解仅仅是楼梯和路（指天桥桥面），对"实际的天桥外观"和"楼梯须对称"并没有全部理解。于是教师在积木区投放了《好想看世界的桥》和《在圆木桥上摇晃》这两本图画书，这就是一种提供新信息的方式。教师运用这两本图画书，增加幼儿对于桥的细节构造的学习经验，帮助幼儿明确天桥的组织结构。[1]

六、团体讨论

团体讨论是团体辅导中比较常用的一种方法，其功能表现为：帮助成员清楚地认识自己和他人立场的差异点与共同点，培养尊重他人的态度与习惯；协助成员从多个角度理性地思考问题并做出有效选择；提高成员的自主性态度；给成员提供自我呈现的机会；有利于培养成员的领导才能；有利于团体基调的建构；作为促进团体统整过程的有效途径。[2] 团体讨论的主要目的并不在于讨论之后形成某种结论，而在于借助讨论过程促使成员充分地参与、沟通意见、体验自由发表意见的机会、学会尊重的态度和合作的方法。幼儿园团体讨论是在教师组织和主持下，幼儿聚集在一起，通过彼此述说、相互聆听和观察，沟通彼此的意见，澄清观念与解决问题的学习过程，是一种形式的指导。案例7-3-10是某班级教师组织部分幼儿讨论如何解决在教室内乱跑这一问题的过程。

案例 7-3-10

教师："本周一直有小朋友在我们的教室里到处跑，我真的很担心有人会受伤。

---

① 马祖琳：《点燃孩子的创意火花：台中市爱弥儿幼儿园积木活动实录及解析》，191 页，南京，南京师范大学出版社，2013。

② 刘勇：《教师团体心理辅导》，1 页，北京，科学出版社，2008。

我们希望大家都安全。我们需要一起解决的问题是，怎样才能帮助大家记住在室内可以走动但不能跑。我知道你们有很多解决问题的办法，你们认为我们怎样做才能解决这个到处乱跑的问题呢？"

幼儿1："我认为应该告诉他们不要跑。"

教师："我们试过那样做，但在短时间内有效，之后他们又忘了。"

幼儿2："我认为你们应该建栅栏。"

教师："我正在把你的主意记下来，可是我非常想知道栅栏是否会让我们在室内走动变得困难，因为在室内走动是可以的。"

幼儿3："如果小朋友到处乱跑的话，就让他们坐在图书区。"

教师："我记下了你的方法，那他们要在图书区坐多久呢？"

幼儿建议了不同长度的时间。

幼儿4："我有个主意，我们可以做一个制止标志！就像在马路上见到的那种。"

教师："标志应该是什么样子的呢？"

幼儿5："红色的。"

教师："做好后，我们应该怎么办呢？"

幼儿4："当我们看到有人到处乱跑时就举起它！"

由上可知，教师在抛出问题后，并未直接告知幼儿应该如何做，在幼儿参与讨论的过程中，教师也未暗示或引导幼儿应该选择哪个方案，但最终幼儿讨论出许多行之有效的方法。这就是团体讨论这一指导方法的魅力。可见，幼儿是有能力的学习者。该教师组织讨论时的提问、回应时所隐含的对幼儿的充分尊重值得学习。教师在幼儿探究活动中的引导作用，如7-3-11所示。

案例 7-3-11

对幼儿运用 PVC 管槽搭建轨道的观察

观察对象：浩浩及其他小朋友

性别：男

年龄：5岁半

观察时间：10月12日上午10点

地点：户外探索发现区

观察者：漆元梅

观察方法：描述观察法——轶事记录法

视频 7-3-4
用 PVC 管槽搭建
轨道

在今天的户外自主游戏中，大班的浩浩和其他小朋友拿着做好的计划表，来到了探索发现区。他们前期在教室进行了讨论，并画了设计图，计划用幼儿园改造过的 PVC 管做支架，用剖成槽状的 PVC 管在支架上搭可以滚球的"轨道"。

第一次搭建

浩浩手里拿着几个乒乓球来到现场，看到已经有其他班的小朋友正在搭建，他发现搭的一条轨道的一端太矮，没有和其他的管槽连起来，就立即动手将矮端管槽拿起来抬高位置，结果另一端用 PVC 管做成的用来做支撑的支架倒了，管槽也掉了下来。他指挥旁边的小朋友："把它扶起来。"一名小朋友扶起了支架，他单手将落地一端的管槽插进支架的圆孔里（PVC 管经过加工，四周对称着钻了一些圆孔），结果管槽的另一端又掉了。这一次，他指挥小朋友将掉了的一端的管槽插进支架圆孔中，同时他在另一端用一只手抬着支架，用膝盖配合着朝前一顶，将管槽稳稳地插进了支架。

浩浩一到现场就发现了在轨道搭建中管槽没有连在一起，球滚不起来。他看到管槽掉了，就扶起管槽，结果另一端又掉了。他立即思考原因，发现这是由于管槽两端的支架距离远了，就将一端的支架移近，通过调整两端支架的距离让管槽稳稳地架了起来。

浩浩拿起乒乓球说："我来试试。"结果发现球在每一个支架口卡住，滚不过去。其他小朋友在周围走来走去，都在说"球滚不过去"。浩浩立即放下手上的球，开始调整搭建。他拿着中间的管槽，结果支架又倒了，他大声指挥小伙伴："拿起来……拿到这里来。"其他小朋友还在滚球，他大声制止："别滑，把这里顶住。"他把原来卡球处的支架换成了矮的，搭好后他自己又看了一下。小伙伴先后四次拿着设计图提醒他看设计图，并制止他："不可以的""你不能这样"。他没有回应，跑到旁边的戏水池边拿了一个装乒乓球的白色塑料筐，用塑料筐替换了最后面那根最矮的支架。在收这个支架时还在支架的圆孔里捡到了两个乒乓球，他立即去检查其他支架上管槽的接口，将接口进行了连接调整。搭好后，他又招呼身边的小朋友："可以了，可以了。"

调整搭建

浩浩在尝试滚球时发现球被卡住了，他立即观察被卡的地方，发现这是由中间有的地方高有的地方低导致的，就指挥身边的小朋友拿其他支架过来更换。其他小朋友积极地参与进来，并围在他身边七嘴八舌地讨论。在操作中遇到干扰的时候，他立即制止了小朋友。拿设计图的小朋友多次提醒他"要按照图纸来，不能这样搭"，他坚持了自己的做法。在搭好后他进行了思考、调整，将最后一个最矮的支架替换成了更矮的塑料筐。在发现支架圆孔里有球滚进去后，他马上检查其他支架上管槽连接的地方，用高的一端去压矮的一端。浩浩能发现卡球的原因，并立即更换材料；在发现球进入支架孔里后，立即对其他支架上的管槽接口进行调整；用筐代替了最矮的支架，筐比支架更矮，球滚到终点直接进筐里。

浩浩第二次尝试滚球，虽然能滚起来，但球滚动得不流畅。他告诉身边的小伙伴："太斜了。"他将管槽和支架全部拆散，重新搭建。这时候旁边其他小朋友全都自发地去搬支架和管槽，并拿到他跟前让他确认："这根可以吗？""这根呢？"

在这一次搭建时，浩浩很熟练，拆除管槽后，小朋友们搬来了不同的支架和管槽供他选择。在小朋友们的协作下，浩浩迅速将管槽从高到矮搭成了一条轨道，并注意了接口处，多次进行调整，同时也调整了管槽和支架的距离。在此过程中，小朋友们都表现出极大的兴趣和参与的热情。

分析与解释（围绕幼儿搭建水平、同伴合作）

第一，从认知方面分析。从浩浩的行为中可以看出，他有较强的观察能力、思维能力和变通能力，独立性较强。浩浩在做轨道前期有了一定的经验储备，对球滚动的轨道、现场的材料有一定的了解，掌握了连接、支撑等搭建的技能，知道简单的力学，用不同材料连接组合成了轨道，轨道由高到低，能让球滚动起来，浩浩在搭建过程中能及时发现问题并调整解决，但拼搭、插接的准确性还不够，精细动作和手眼协调方面还有待提高。

第二，从情感方面分析。在搭建过程中，他有一定的合作意识，能够带动身边的小朋友一起探索，能指挥小朋友搬运材料调整搭建。

在本次活动中，有小、中、大班的幼儿参与其中，幼儿在自主活动中是没有年龄隔阂的，很快就能进行配合、交流、合作。小班幼儿在滚球过程中从大班幼儿身上获得了启迪和快乐，大班幼儿能感受到帮助别人带来的乐趣，也能从小班幼儿的信赖、愿意跟随、听从指挥中获得成就感和自信。幼儿通过自己的探索、实践，调整方法，收获了搭建能让球滚动起来的轨道的经验，表现出积极主动、认真专注、不怕困难、敢于探索与尝试的精神，心理活动水平有了一定的发展。每个幼儿都有一种创造的本能，我们要放手让幼儿玩，放手给幼儿一个真正的自主空间，让他们去享受快乐。

第三，从意志方面分析。浩浩和其他小朋友一起用现有的材料合作建构出了可以让球滚动起来的轨道。他们在搭建过程中经历了数次失败，毫不气馁，在不断发现问题中，提出问题，反复探索，尝试解决困难并团结协作，这一过程有助于幼儿独立思考、解决问题的能力的提升。

第四，从师幼互动方面分析。兴趣是幼儿最好的老师。当幼儿在户外自主活动中出现问题时，教师放手把问题抛给幼儿，让他们自己想办法解决，教师不急于介入，学会耐心等待，让幼儿发现、探索，通过操作、尝试调整、沟通合作来共同解决问题。幼儿通过自己的努力解决了问题，会更加激发他们参与的兴趣。

指导策略：团队讨论，经验分享与提升

观看拍摄视频，团体讨论，鼓励幼儿积极参与、大胆表达，并激发幼儿对探索发现区的兴趣。

（1）让浩浩和其他小朋友介绍他们在搭建过程中遇到了哪些困难，他们是怎样调整解决的？为什么要这样调整？将浩浩的搭建过程进行梳理和经验提升，并将搭建经验分享给其他小朋友。

（2）提问，引发思考讨论：支架为什么容易倒？可以用什么材料替换？

对策建议一：解决 PVC 管槽搭建轨道的空间距离。

第一，以原材料为支架的助力策略。在 PVC 管槽搭建中解决"如何搭建适宜的空间"的问题，可利用原材料提供鹰架支撑，帮助幼儿解决问题。例如，长短、粗细不一的 PVC 管槽，不同开口的 PVC 管槽，这些材料有其对应的拼接点，易连接。用平铺、围合的方法去搭建不同的造型。

第二，以辅助材料为支架的搭建策略。可以利用不同的辅助材料提供鹰架支撑，如使用木桩、牛奶罐等生活中的常见材料来支撑、围合搭建，如浩浩拿来了塑料筐，便于装轨道上滚下来的球，再增加不同材质的卡槽。丰富的材料让幼儿更有创意地去连接，丰富游戏经验。

对策建议二：创设幼儿独一无二的搭建手册。

在搭建活动前，幼儿已经提前进行了构思，做了设计图。教师可引导幼儿根据既定主题按照图纸实施，在实施过程中学习做记录，记录下问题和改进效果……，即学会"提出问题—思考问题—动手操作—解决问题—反思改进"。教师可创设一本属于自己的搭建手册，里面包含"我的计划""我的同伴""我的设计""我的作品""我的问题""我的改进""我的目标""我的工具""我的体验"等，通过幼儿绘画、拍照片、教师协助记录的方式，将幼儿整个游戏过程记录下来，既满足幼儿的心理需求，又提升他们的游戏水平，为教师的观察记录提供素材，形成"私人订制"，满足个性化发展需求。

七、生成课程

（一）生成主题活动

幼儿研究的主题可大可小，主题探究的目的在于让幼儿有机会对某件事、现象、问题展开深入的、持续的了解与探究，从而获得经验或认知、情感等方面上的启发。以案例"谁在为我们的'六一'忙碌"[①] 为例，幼儿经常享受成人对他们的照顾，并觉得习以为常，教师有意识地引导他们去反思，幼儿在教师的启发下对幼儿园各岗位的人员进行调查了解，方知自己享受的一切都是这些成人默默付出的结果，于是一场寻找、发现、感恩之旅由此开启。教师并未采用说教的方式，但幼儿对成人的感恩之情自然生发，这就是指导的力量，如案例 7-3-12 所示。

案例 7-3-12

一、缘起

"六一"国际儿童节是儿童的节日。在这一天，孩子们不仅可以玩好玩的游戏，吃好吃的食物，还可以唱歌跳舞，收到礼物。为了让孩子们度过有意义的节日，幼儿园甚至提前一个月开始做规划，吃喝玩乐不能少，还要兼顾孩子们的兴趣和需要，倾尽全力满足孩子们看似不切实际的愿望。殊不知为了让这些天马行空的想法落地，活动方案几经完善，全园上下马不停蹄。为了让孩子们能在幼儿园以大带小地玩游戏，老师很早就开始设计游戏、准备材料，为了保障孩子们在游戏过程中的安全，老师做好了周密的应急预案及防范措施。为了让自助餐的食物更加丰盛，符合孩子们的胃口，后勤部门特意组织投票来了解孩子们的喜好，也因此不得不花更多的时间和精力研究更多的菜式，并将食物摆放成孩子们喜爱的样子。为了孩子们吃上可口的自助餐，厨师们忙得连水都顾不上喝一口。为了分送礼物，保安叔叔承担起了搬运工的活儿，把大箱子、大袋子往教室里扛。家长们也绞尽脑汁，忙着给孩子们准备惊喜。保育员不仅要在孩子们玩游戏的过程中全程做好观察和看护，待孩子们享受自助餐大快朵颐之后，水槽里的碗筷堆成的小山，教室桌面、地板上留下的油渍残局还需要他们善后。而此刻，孩子们已经进入了甜美的梦乡。精彩的活动背后是老师对孩子们浓浓的爱意，还有不计较回报的付出。

当天真可爱的孩子们在这一天吃好、喝好、玩好，同时还带着老师美好的祝愿和园长妈妈准备的礼物回家与父母继续庆祝时，幼儿园里又是另一番景象。老师继续留下来加班加点，收拾欢庆过后的教室，总结反思"六一"国际儿童节活

[①] 案例作者：厦门市集美区英村（兑山）幼儿园王蜜、梁丽碧。

动开展的情况，设计明天、下一周的活动……

当我问孩子"你要怎么过节"时，几乎所有的孩子都回答要吃好吃的东西，要玩好玩的游戏，要买蛋糕，想要节日礼物。"谁在为我们的节日忙碌呢？"孩子们有的说是林老师，有的说傅老师。但他们都忙些什么？竟没有一个孩子能回答上来。甚至当拿到节日的礼物时，没有人主动将自己的礼物同老师、保育员阿姨分享。

"六一"国际儿童节在孩子们愉悦的笑声中落下帷幕，然而我却在思考，"六一"国际儿童节就这样过去了吗？孩子们是很自主、很有意义地度过了快乐的节日，可是这些快乐得来的并不容易。让孩子们体验到成人的付出，比单纯让他们得到快乐更有意义吧？于是，我开始带领着班上的孩子们开启"谁在为我们的'六一'忙碌？"的探秘之旅。

二、探秘之旅

"六一"国际儿童节过后的周一，我和孩子们展开了第一个问题的讨论：今年的"六一"国际儿童节我们幼儿园都有哪些活动？根据孩子们的回顾，我把所有的活动都列出来，画在黑板上。接着，我又问了第二个问题：举行这些庆祝活动，都是谁在负责准备的呢？孩子们你一言，我一语，有的说园长，有的说老师，也有的说厨师。根据孩子们的回答，我把相关的负责人员填写在了活动的旁边。第三个问题："你们知道他们都做了什么准备，准备了多长时间吗？"对于这两个问题，孩子们答不上来，因为他们确实不够了解老师的工作，老师也从来没有期望过孩子们的回报。亦宸说："我们去问问他们吧！"这是一个好主意。孩子们三三两两成立了小小记者团，带上纸和笔，分成了几拨，分别去采访园长、厨师、保健医生、保安、保育员、其他班级的老师。

在采访之前，孩子们还得先计划一下问什么问题，怎么分工？瞧，孩子们用表格把自己要采访的对象和问题都画了下来。文文说："我想知道园长妈妈在"六一"国际儿童节那天都忙了什么。"亦宸说："我想问厨房阿姨，她怎么知道我最喜欢吃可乐鸡翅和五彩玉米。"子乐说："我最喜欢打水仗了，我要问问老师哪里找来这么多打水仗的工具。"梦涵说："大门口的气球拱门好漂亮，我想知道是谁做的，怎么做的。"问题记录完毕，采访行动正式开始。

在采访的过程中，孩子们从一开始兴奋不已，不停地询问着幼儿园里的教职工为他们的节日做了哪些准备工作，到后来全神贯注地听园长、老师讲述她们做的准备，再到最后发出了赞叹的声音："哇，要做这么多准备啊！""园长妈妈谢谢你为我们准备了这么多好吃的、好玩的。""厨师阿姨，你们拿这么大的勺子一定很重吧？""李老师要洗我们全班这么多人的碗，每个人都用了三个啊！""原来气球拱门是保安叔叔吹了一个早上才吹好的呢！"

在集体交流的时候，通过一张张记录表，孩子们互相分享着他们的发现。若妍说："我才知道门口的气球拱门需要这么多气球，这些气球都是老师和保安叔叔在我们睡着的时候吹好扎好的，好辛苦啊！"亦宸说："原来厨房阿姨为了给小朋友准备自助餐，早上 6：30 就上班了，上次我们投票的时候她们知道我们喜欢可乐鸡翅就做出来了。"乐洋说："我以前以为保安叔叔只需要在门口站着看坏人，现在才知道保安叔叔的力气好大，这么大这么多的箱子也能扛得动，箱子里面装的全是我们的礼物。""原来为了我们的节日，这么多人都在忙碌。"精彩的"六一"国际儿童节活动的背后是所有人的不辞辛劳。不需要老师再启发，孩子们已经知道应该向这些辛苦工作的人们表达他们自己的感谢了。

"我们能做些什么向他们表示感谢呢？"大家开始讨论。雨轩说："我想送一束花给老师。"乐洋说："我想给保安叔叔捶捶背。"亦宸说："我想做一张贺卡送给厨房阿姨，向她们说辛苦了！"书愉说："我要帮助阿姨清理地板。"静雅说："我可以送一个小礼物给老师。"还有的孩子说："说甜蜜的话给他们听，还可以给他们拥抱，向他们说谢谢。"孩子们七嘴八舌，老师鼓励他们："我们把刚才讨论的结果画下来吧！"

三、感恩行动

讨论结束，孩子们迫不及待地想要实施他们的计划。他们拿着自己的感恩记录，开始了感恩行动。恩睿、若妍、亦宸拿着一起制作的贺卡来到餐厅，正在忙碌的厨房阿姨听闻大班的孩子来找她们，就放下手里的工作，略带羞涩地摘下口罩接过孩子们递过的贺卡，激动得说不出话。原来，这是厨房阿姨收到的来自孩子们的第一份礼物。

"园长妈妈，谢谢你给我们买的节日礼物，这是我们送给您的礼物。"当几个孩子把自己画的画和串的手链送给园长的时候，我清楚地看到，园长的眼中闪着泪花。而在这之前，园长刚刚接听完一位家长的电话，她正在为一起安全事故头疼不已。

"老师，'六一'国际儿童节您辛苦了，我们给您捶捶背。"老师还没来得及拒绝，诗晴已经搬来了小椅子并拉着老师坐下，几个孩子拥着老师，有的捶背，有的揉肩。这一刻，工作的幸福在这一群天真无邪的孩子面前被不断地放大、放大。

…………

离园前，老师对孩子们说："'六一'国际儿童节，老师为你们做了很多工作，平时老师也很忙碌地在为你们服务，你们的家人也为你们做了很多的事情呢。"老师相信，今天回去后，很多家长会看到孩子们的感恩行动。

（二）生成教学活动

生成教学活动是指立足幼儿当下生活、游戏需要，由教师主导设计的教学活动。生成教学活动关照幼儿当下的水平、兴趣、需要，尽管它由教师主导设计，是一种直接的指导方式，我们也鼓励教师经常性地组织生成教学活动，而非照搬省编教参中的教学内容给幼儿上课。以大班科学教学活动"排水沟里取物"为例，如案例7-3-13所示。

案例 7-3-13

一、活动缘起

排水沟是用于将地面积水引向地下的水沟，水沟上会盖着条状的沟盖，防止杂物掉落。在幼儿园的硬地上分布着一些排水沟，孩子们在玩玩具时经常不小心把较小的玩具掉落到沟里，可是铁盖子很重，掀不开，而且又有一定的深度。老师常看到幼儿蹲在那里看着下面的玩具，会讨论怎么办。有的说用扫把，有的说用夹子，还有的说请保安叔叔帮忙。可见幼儿已经有了初步发现问题、解决问题的意识，因此教师抓住了幼儿的兴趣点，顺应他们的需求，设计了该游戏，利用废旧材料，设计了简单、巧妙的仿真"排水沟"，并为幼儿提供了丰富的操作材料，激发幼儿自己去探究，进而解决问题，并迁移到生活中。

二、活动目标

（1）能根据排水沟里的物品选择适合的材料制作工具，顺利地取出物品。

（2）同伴间能共同面对在取物过程中出现的各种问题，一起协商，调整材料的使用。

（3）体验到解决生活问题的成就感，并学会迁移运用。

三、活动准备

（1）经验准备：幼儿有使用透明胶连接物体以及用透明胶反贴物品的经验。

（2）材料准备："排水沟"（高40cm、条状盖子），有带圈的小玩具若干，铁质物品若干，塑料花片，一次性筷子，小竹竿若干，透明胶，茅根，记录单，笔，等等。

四、活动过程

（一）观看幼儿园生活中的小视频，激发幼儿动手试一试的兴趣。

（1）播放幼儿园里的玩具掉进排水沟的一段视频。

（2）幼儿说说视频中发生了什么事？里面的小朋友遇到了什么困难？

（3）师："如果是你遇到这样的事情，如花片、硬币、钥匙等物品掉进排水沟，你会用什么办法把它们取出来？"

（4）幼儿互相分享他们自己的办法。

（二）幼儿动手尝试制作取物工具，并用绘画的形式呈现自己的方法

（1）幼儿根据自己想到的方法选择材料取物，如果成功了，就将方法记录下来。教师鼓励幼儿尝试多种方法取物。

（2）提醒每组幼儿在操作后及时将桌面上的物品整理干净，然后带着自己的记录单回到座位与同伴分享自己的方法。

（3）请个别幼儿带着记录单介绍，教师组织幼儿交流讨论："你们使用了什么方法？取出了哪些物品？"

（4）教师利用PPT梳理小结：借助一定长度的材料，配合磁铁、钩子、网等材料能制成取物工具。棍子加钩子能取出带环或者有洞的物品，棍子加磁铁能取出来铁制品或者上面有铁制小部件的物品。对于没有洞、没有铁圈又有一定重量的物品可以用夹、粘、捞的方法取出。

（三）生活中的问题，经验迁移

（1）师：在生活中，小朋友有没有遇到东西取不到的问题？比如，球滚到床底下、羽毛球打到了树梢上……

（2）幼儿讨论：遇到这样的问题可以怎么办？

（3）师小结：当一些物品和我们有一定距离，我们取不到它们时，就可以想办法，动手试一试，利用工具将物品取下来。

（三）设计区角学习经验

基于对幼儿兴趣的观察了解，为幼儿设计学习经验，支持幼儿做感兴趣的事情，是教师指导的重要方式。在案例7-3-14"蔬菜都有籽吗"中，教师发现幼儿对蔬菜有没有籽产生兴趣，于是通过投放相应的工具和材料，为幼儿提供了进一步研究蔬菜籽的学习机会。

案例 7-3-14

中二班开展了"蔬菜都有籽吗"主题活动，邀请家长来园里和小朋友一起动手制作蔬菜美食。一个妈妈在切蔬菜，一个小朋友问："为什么西红柿切开后里面有一粒粒的东西，可是为什么马铃薯切开后没有？"这位妈妈回答："有的蔬菜有

菜籽,有的没有。"小朋友们议论开了:"到底哪些蔬菜里面有菜籽,哪些蔬菜里没有呢?"

老师在科学区投放了黄瓜、油菜、豌豆、花菜,同时提供了塑料刀、盘子、砧板。学恺拿起一整棵油菜,把菜叶一片一片地翻开,没有发现菜籽,他拿起笔,在记录表标有油菜的那一栏里画上"×"的记号。画完"×"后,他又把"×"整个涂掉。只见他摘下一片油菜叶,先横着切开油菜的菜叶,发现这个切开的位置没有菜籽,他继续横着切,比之前切得更细,仍然没有发现菜籽。接下来,他摘下一片油菜,这一次他用竖着切的方式,照样切得细细的,边切边找,还是没有找到菜籽,最后他把油菜根的部分也切开,确定没有菜籽。这次,他在记录表标有油菜的那一栏里画了一个大大的"×"。

八、家园合作

家庭是婴幼儿生活的主要场所,家庭教育是婴幼儿通向社会的第一座桥梁,家长教养对婴幼儿的健康、个性、品质与行为习惯的习得有着极其重要的作用。家园合作是幼儿园教师非常注重的一种方式,促进幼儿的发展不仅仅依靠教师的努力,家长也应该积极配合指导幼儿。教师应该注重与家长的沟通,积极指导并帮助家长更好地促进幼儿各方面的协调发展。幼儿园与家庭合作,教育效果则双管齐下,事半功倍,反之,将严重削弱和抵消幼儿园的教育,即常说的"5+2=0"现象,即由于教育理念和教育方法相矛盾,5天的幼儿园教育与2天的家庭教育相互抵消。幼儿园教师基于幼儿的行为观察与分析之后,发现很多幼儿的行为问题根源于家庭,在于家长的教养方式,因此,教师在指导幼儿行为时,必须积极地保持与家长的沟通合作,如指导家长转变育儿观,学习积极的教育方法。当幼儿园教师和家长建立友好信任的关系之后,双方可以一起交流幼儿在家、在园的行为表现,讨论可能的原因,并且共同探寻指导幼儿的有效方法。

案例7-3-15是教师撰写的户外自主游戏"我是小厨师"的观察分析与指导策略,基于观察分析陈老师综合运用"增加挑战""生成课程""家园合作"等策略。可扫描视频7-3-5的二维码观看配套视频。

案例7-3-16基于教师对幼儿的观察,解决幼儿交往的问题。教师运用事件观察法,综合运用"关注与鼓励""增加挑战""家园合作"等策略改变社交退缩的幼儿。

视频 7-3-5
户外自主游戏
"我是小厨师"

案例 7-3-15
"我是小厨师"
的观察分析与
指导策略

案例 7-3-16 退
缩的小月亮——
基于儿童观察，解
决幼儿交往问题

小　结

　　婴幼儿行为指导的含义是指教师为幼儿提供辅导和支持，以促进婴幼儿各方面能力的发展。婴幼儿行为指导的价值包括：确保婴幼儿生命安全、促进婴幼儿的身体发展、社会性发展、情绪情感发展、认知发展和语言发展。婴幼儿行为指导要遵循四大基本原则：基于充分的观察了解、遵循婴幼儿的发展规律和学习特点、关注婴幼儿身心全面和谐发展、尊重幼儿发展的个体差异。最后婴幼儿行为指导策略包括：语言反馈、讲解说明、增加挑战、提问技巧、介入方式、团体讨论、生成课程与家园合作。

关键术语

　　婴幼儿行为指导；开放性提问；启发性提问；建议性提问；平行式介入、交叉式介入、垂直式介入；团体讨论。

思考与练习

　　1.婴幼儿行为指导的含义、价值是什么？

　　2.婴幼儿行为指导的原则有哪些？

　　3.基于观察的婴幼儿行为的指导策略有哪些？

　　4.如何将情感与策略相融合？

选取一段详细的婴幼儿行为观察资料或去幼儿园收集观察资料，在全面分析解读的基础上，尝试从多角度思考如何指导婴幼儿行为。

通过视频分析（事先录视频），讨论教师指导的适宜性，特别注意教师的情感和价值取向。

第八章
0～3岁婴幼儿发展观察内容与指导策略

学习目标

1. 理解 0～3 岁婴幼儿发展观察的意义[①]；
2. 掌握 0～3 岁婴幼儿发展观察的主要内容；
3. 掌握 0～3 岁婴幼儿发展观察的指导策略。

学习导图

第八章 0～3岁婴幼儿发展观察内容与指导策略
- 一、0～3岁婴幼儿发展观察的意义
- 二、0～3岁婴幼儿发展观察的内容
- 三、0～3岁婴幼儿观察案例与指导策略

一、0～3岁婴幼儿发展观察的意义

观察是了解婴幼儿发展最常见的方法。对婴幼儿进行观察并分析结果，不仅可以了解婴幼儿的发展水平，还可以为早期教育者和家长提供正确的指导与理论依据，进而科学有效地促进婴幼儿的发展。

（一）对早期教育者的价值

1. 了解婴幼儿的发展进程

教育者可以通过观察了解婴幼儿的发展处于哪个阶段，及时为下一个阶段的发展做好准备。教育者结合婴幼儿发展的关键期对婴幼儿进行观察，可以更好地了解婴幼儿的发展特点，进一步促进婴幼儿的发展。

[①] 本章主要列出 0～3 岁婴幼儿发展观察的内容要点，具体月龄的发展水平可参考周念丽编著的《0～3 岁儿童观察与评估》。

2. 发现婴幼儿的个体差异

由于遗传和家庭环境的交互影响，婴幼儿之间存在显著差异。这种差异不仅会影响婴幼儿的学习方式，还会影响从事各种活动的教师。通过观察，教育者可以了解婴幼儿的特点和差异，并对婴幼儿提供全面、适当的教育。

3. 提高托育教师的专业水平

在观察过程中，教师根据观察的内容分析婴幼儿的水平，在更好地了解婴幼儿的同时，提高自身的专业水平。教师掌握一定的观察技巧，有助于形成思考的习惯，将理论与实践相结合。

（二）对婴幼儿家长的意义

1. 了解婴幼儿行为的原因

家长能根据观察来判断婴幼儿的需求。通过观察，家长可以充分了解婴幼儿的行为发展，挖掘婴幼儿行为的原因，采用适当的方法促进婴幼儿健康成长。

2. 了解婴幼儿的发展状况

通过观察，家长可以了解婴幼儿在不同年龄阶段的发展特点，并了解不同的发展标志。由于婴幼儿语言发展尚未成熟，家长可以通过观察婴幼儿的行为、语言等表现，了解其发展水平。

3. 提升婴幼儿的满足感

当婴幼儿行为发生变化时，家长可通过观察及时地了解婴幼儿的需求并根据现实情况满足他们，这样能够在一定程度上提升婴幼儿的满足感，形成良性循环，促进婴幼儿的发展。

二、0～3岁婴幼儿发展观察的内容

（一）0～3岁婴幼儿感觉发展观察的内容

感觉是知觉、记忆、思维等复杂认知活动的基础，也是人的全部心理现象的基础，是最简单、最基本的心理活动。感觉是婴幼儿认识世界的重要基础。

1. 视觉发展观察的内容和要点

0～3个月的婴儿视觉发展水平较低，看不见距离较远的物体，不能辨别颜色但对鲜亮的物体感兴趣；4～6个月时他们可以较准确地定位物体和开始识别基本的色彩；7～9个月的婴儿能看清3～3.5米以内的物体，开始对深度和空间做出判断；10～12个月时他们对物体的细节、对复杂有意义的图案感兴趣；13～18个月的幼儿视觉调节功能基本完善，喜欢凝视；19～24个月时他们能进行颜色和基本形状的匹配；25～30个月的幼儿可以较容易地判断物体的颜色、简单形状和大小；31～36个月的幼儿的视觉发展水平已经达到成人水平，能识别更多的颜色和指认物体的大小（从一堆物品中指出最大的）。

教师可从视觉集中、颜色视觉、视觉的距离、视觉的广度以及视觉与动觉的联合这几个维度来观察婴幼儿的视觉发展。

（1）能否集中注意眼前的物体？

（2）是否可以注视较远的物体和灵活地搜寻物体？

（3）是否可以长时间地看玩具表面的细小的装饰？

（4）是否可以准确地拿到自己想要的东西？

（5）对物体的颜色和形状是否有清晰的认识（如红黄蓝，正方形和三角形）？

（6）是否可以将同类物体归类，并区分大小？

（7）出现两个玩具时，是否可以听到声音，并找到相应的玩具。

2. 听觉发展观察的内容和要点

0～3个月的婴儿喜欢听较高分贝的声音且对母亲的声音敏感；4～6个月时能对声音的远近和音乐的优美与否做出反应；7～9个月时能对声音进行准确的定位，还能辨别出说话人的语气；10～12个月时能理解一些指令性的话语；13～18个月时能根据音乐摆动身体，喜欢敲敲打打创造出来的声音；19～24个月时能听懂简单的指令；25～30个月时可以听懂并遵从连续的两个指令；31～36个月时听觉发育已经达到稳定水平。

教师可从听觉集中、听觉灵敏度、听觉定位能力、音乐听觉能力、寻找声源、听觉灵敏度、听觉偏好这几个维度来观察婴幼儿的听觉发展。

（1）能否随着声音转动头部？

（2）是否会对细微的声音有反应？

（3）是否能找到发出声音的物体？

（4）在有声音的情况下，能否根据节奏摆动身体？

（5）是否喜欢敲打的声音？

（6）是否可以遵从连续的两个指令？

3. 触觉发展观察的内容和要点

0～3个月的婴儿对刺激非常敏感（如抚摸、温度），新生儿对抚摸、温度和疼痛等刺激很敏感；4～6个月时对物体的质地和硬度产生认识；7～9个月时会主动探索各种物体的质地，重复抚摸手中的物体；10～12个月时对不同粗糙程度的物品会有不同的反应且喜欢球类物品，他们的触觉辨识力得到快速发展，触觉灵敏、准确[①]；13～18个月时喜欢玩水和玩沙子所带来的触觉感受（13～18个月幼儿的触觉发展能力基本达到成人的正常水平）。

教师可从婴幼儿对不同质地物品的感受、温度觉、压力觉这几个维度来观察婴幼儿的触觉发展。

（1）是否会因为尿布湿了、奶粉冲得太热做出反应？

（2）是否喜欢摸、抓、咬各种东西？

（3）在被拥抱、抚摸时是否有表情变化？

（4）是否会对水、沙带来的触觉体验感到敏感？

（5）是否能区分软/硬和冷/热？

4. 嗅觉发展观察的内容和要点

0～3个月的婴儿能辨识母亲的体味，并且在闻到香气和臭气时能做出反应；4～6个月时即使气味淡一些也能辨别出更多的气体；7～9个月时会喜欢闻某种特定的气味；10～12个月时会对一些难闻的味道表现出厌恶；13～18个月时会表现出喜欢闻花香的味道（13～18个月幼儿的嗅觉发展能力基本达到成人的正常水平）。

可从气味分辨、嗅觉和味觉的联合这两个维度来观察婴幼儿的嗅觉发展。

（1）能否对香气和臭气做出反应？

（2）是否对不同物体的气味做出反应（如榴梿、苹果、醋）？

（3）是否喜欢闻某种特定气味？

5. 味觉发展观察的内容和要点

0～3个月的婴儿偏好甜味的食物；4～6个月时开始喜欢咸味的食物。7～9个月时倾向于选择去皮的、软的食物；10～12个月时不喜欢吃苦的东西；13～18个月的幼儿在尝到甜味和酸味时能用不同的表情来表达（13～18个月幼儿的味觉发展能力基本达到成人的正常水平）。

教师可从味道分辨、嗅觉和味觉的联合这两个维度来观察婴幼儿的味觉发展。

（1）能否接受其他味道的食物（除了甜之外的酸和咸）？

（2）在尝到不同味道的食物时能否用不同的表情表达？

（3）当吃到味道奇怪的食物时，是否会吐出来？

扫描视频8-1、视频8-2、视频8-3的二维码，可看婴幼儿的音乐感知能力观察、婴幼儿听觉发展观察、婴幼儿音律感知能力观察。

---

① 高丽芷：《感觉统合（上篇）：发现大脑》，55页，南京，南京师范大学出版社，2008。

视频 8-1
婴幼儿音乐感知
能力观察

视频 8-2
婴幼儿听觉发
展观察

视频 8-3
婴幼儿音律感
知能力观察

（二）0～3岁婴幼儿动作发展观察的内容

动作发展是人能动地适应环境和社会并与之相互作用的结果，动作的发展与人的身体、智力、行为和健康发展的关系十分密切，对于婴幼儿来说也是如此。

1. 婴幼儿粗大动作发展观察的内容和要点

0～3个月婴儿的动作基本上为反射动作，并且开始出现自主运动性动作，该阶段的动作是全身性的、笼统的；4～6个月时对头、颈部的控制进一步加强，对躯干的控制发展得更全面、灵活，体现了从上到下的发展特点；7～9个月时有初步的姿势控制能力（主要是坐和直立姿势），出现爬行动作；10～12个月时"蹲—站"动作越来越灵活，出现"扶物行走"动作；13～18个月时行走逐渐平稳，可以上下楼梯（由父母牵着）；19～24个月时基本运动技能逐渐发展（如跑、双腿蹦、自己扶着扶手上下楼梯）；25～30个月时出现了真正意义上的跑，还可以单脚站立和跨过一定高度的障碍物；31～36个月时形成快速奔跑的平衡能力，能熟练地上下楼梯，灵活地进行跳跃活动。

婴幼儿的移动运动包含了躺、坐、爬、站、手的协调动作的发展等；基本运动技能包括走、跑、跳、蹲、抓球、投掷等。

教师可从头部动作、体位变换动作、坐姿、踢脚动作等几个维度来观察婴幼儿的粗大动作发展。

（1）将婴幼儿垂直抱（坐）起时，他们的头部是否能自行竖立（随月龄的增长，维持时间增长）？

（2）是否能翻身？

（3）在大人的帮助下，是否能稳坐、站和跳跃？

（4）是否能独坐自如和站立片刻？

（5）能否会自己向前爬行和变换体位？

（6）是否能行走自如和手脚并用上楼梯？

（7）是否能倒退走和扶物一级一级地上楼梯？

（8）能否自己走平衡木和双足并拢连续向前跳？

（9）能否骑自行车和双脚交替跳？

2. 婴幼儿精细动作发展观察的内容和要点

0～3个月婴儿以抓握动作为主；4～6个月时会主动抓握物体，手眼协调能力开始发展；7～9个月时摆弄物体和抓握能力加强，且喜欢用一只手拿东西，体现从近到远的发展特点；10～12个月时钳形抓握动作趋于准确，开始用笔涂鸦；13～18个月时对手腕和手指的控制较灵活，能握笔和搭积木，该阶段的动作是局部的、准确的；19～24个月时开始做生活中的精细动作，体现生活自理能力的动作技能也随之发展（如开关门）；25～30个月时能较准确、灵活地运用物体（如用指尖抓笔、画直线）；31～36个月时能掌握正确的握笔姿势，还能有目的地使用剪刀、折纸。

教师可从抓握能力、摆弄物体的能力、握笔动作、手眼协调动作等几个维度来观察婴幼儿的动作发展。

（1）能否抓住玩具棒（随月龄增长，维持时间增长）？

（2）是否能主动取桌子上的物体？

（3）是否会将小物品从一只手换到另一只手？

（4）是否能用拇指和其他手指抓住小物体？

（5）是否能握笔涂鸦和将小物体放入小瓶子里？

（6）是否会用大拇指、食指和中指握笔？

（7）是否会穿鞋子和袜子？

（8）能否用筷子夹起小物品放入盘子里？

（9）能否抓住和使用剪刀将纸片剪圆？

视频 8-4
婴幼儿粗大动作发展观察

视频 8-5
婴幼儿攀爬能力观察

（三）0～3岁婴幼儿认知发展观察的内容

婴幼儿的认知是一种复杂的心理活动，包括注意、记忆、思维等，也就是婴幼儿对客观世界的认识活动。

1. 婴幼儿注意发展观察的内容和要点

0～3个月的婴儿还不会主动地去注意事物，以被动注意为主，体现了无意性；4～6个月时可注意事物的范围，维度扩大，并且在注意过程中容易对刺激去习惯化，体现了注意时间短和不稳定性的特点；7～9个月时会根据他们自己的需要决定注意的内容和时间，不会因他人的要求而去关注某个事物，更加关注自己感兴趣的事物；10～12个月时注意时间变长，可以注视一个东西超过10秒；13～18个月时客体永久性已经形成，语言的发展制约着注意的发展；19～24个月时注意开始受到表象的影响，有意注意有所发展；25～30个月时有意注意进一步发展，逐渐能按照成人提出的要求完成一些简单的任务；31～36个月时注意的时间和范围变广，且注意的转移和分配能力提高。

教师可从听觉注意力、视觉注意力等来观察婴幼儿注意的发展。

（1）能否区分不同维度的声音（如开门的声音、汽车的声音、说话的声音）？

（2）当有色彩鲜艳或发亮的东西出现在视野内时，能否做出反应？

（3）能否区分不同类别的图片（如与婴幼儿需要有关或无关的图片、脸的图片、细节不同的物品的图片）？

（4）能否集中注意人的脸和声音？

（5）能否产生探索性行为和注意？且以更复杂和广泛的形式产生比较稳定的注意。

（6）能否翻阅自己感兴趣的书？

2. 婴幼儿记忆发展观察的内容和要点

0～3个月的婴儿以无意记忆、短时记忆和运动记忆为主，基本上出于本能反应，带有很大的随意性；4～6个月时长时记忆能力发展，视觉记忆有了抗干扰能力，但对很多事物不理解，所以记忆消失得较快；7～9个月时出现认生现象和模仿现象，且搜寻物体的能力增强；10～12个月时可以模仿身边人的面部表情和知道常用物品摆放的位置及功用；13～18个月时开始出现延迟的模仿行为和对语词的记忆（常用物品的名称）；19～24个月时形象记忆出现，体现直观形象性；25～30个月时可以记住成人一些简单的委托并且能进行再认和再现；31～36个月时重现的能力开始发展，开始使用各种记忆策略。

教师可从模仿能力、延迟模仿行为、再认能力、无意记忆这几个维度来观察婴幼儿记忆的发展。

（1）是否形成固定的喂养姿势？是否在婴幼儿略感饥饿时进行？

（2）当注意的物体消失在眼前时，能否用眼睛去寻找？

（3）是否出现模仿动作？

（4）能否找到常用物品和藏在自己身边的东西？

（5）能否模仿成人的声音和记住引起他们情绪反应的事物？

（6）能否记住简单的儿歌？

3. 婴幼儿思维观察的内容和要点

0～3个月的婴儿还没获得真正意义上的思维，处于前思维阶段；4～6个月时自我中心特征显著，开始建立知觉性分类，在行动时没有整体目标，还不能分辨自己与外界事物的关系；7～9个月时没有客体永久性概念，产生为了达到某一目的而初步计划的行为；10～12个月时建立客体永久性概念，能够通过试误利用工具解决问题，但问题解决行为缺乏灵活性；13～18个月时开始出现简单的概括行为，能够有意识地调整自己的行为；19～24个月时思维逐渐摆脱直觉行动性，仍具有片面性和自我中心性；25～30个月时可以根据具体特性进行分类，思维还离不开直觉和动作；31～36个月时"求知欲""好奇"表现明显，可以通过简单想象进行游戏，能够根据物品的功能属性进行分类。

教师可从搜物行为、解决问题的方式、概括能力、对不同媒介及语言的表征能力这几个维度来观察婴幼儿思维的发展。

（1）能否建立简单的动作和结果之间的联系？

（2）解决问题行为是否受材料变化的影响？

（3）是否会探究因果关系（如按动按钮打开电视机）？

（4）是否分得清大小、长短等？

（5）能否根据物品的主要特征进行简单的分类和概括？

（四）0～3岁婴幼儿言语发展观察的内容

婴幼儿从一出生起就开始语言的学习，0～3岁是掌握语言的关键时期，这一阶段不仅是口头言语发展的最佳时期，也是最关键的时期。

1. 婴幼儿言语发展观察的内容和要点

0～3个月的婴儿的听觉开始变得敏锐；4～6个月开始咿呀学语，能够发辅音"d、n、m、b"；7～9个月时开始学会用自己的语音、语调来表达不同的情绪；在10～12个月时，语言理解能力、表达能力均逐渐增强。幼儿在1岁时进入了正式学习语言的阶段；1～1.5岁是单字词阶段，往往与动作紧密结合；1.5～2岁幼儿语言的形成属于电报句阶段，语句简略，结构不完整；2～3岁是幼儿口语发展的关键时期，是言语发展最迅速的时期；2岁以后幼儿进入口语完整句阶段；2～2.5岁的幼儿开始能清晰地表达想法，会使用日常生活中的一些常用形容词，会说完整的短句和简单的复合句；2.5～3岁的幼儿能回答简单的问题，对周围环境产生好奇，喜欢问"为什么"，词汇量增多，理解简单故事的主要情节，能说出有5个字以上的复杂的句子，知道一些礼貌用语。

教师可从言语知觉、言语发音和言语交际几个维度来观察婴幼儿的言语发展。

（1）当有声音出现时，是否有所反应？

（2）对人声或其他声音是否具有一定的分辨能力？

（3）是否能够对某些语音具有理解能力？

（4）是否能够具有言语感受能力和发音能力？

（5）是否能够理解成人的语言，目光会转向成人所指的物体？

（6）是否能够通过模仿来掌握某些简单词语的发音？

（7）是否能够发出一些简单的音节？

（8）是否能够运用简单的发言和其他语言的反映形式？

（9）是否能够通过具体的动作及表情来表达自己？

2. 婴幼儿言语能力观察的内容和要点

在1岁以后，婴幼儿的言语能力有了很大的进步，观察者可从言语理解、言语表达两方面来观察其言语能力。

（1）在心情愉悦时是否会发出自言自语的声音？

（2）是否具有对名词、动词及句子的理解能力？

（3）是否能够理解一些方位词？

（4）是否能够经常提问？

（5）是否能够理解成人的提问？

（6）是否会出现重复的音节？

（7）是否能够模仿成人的简单发音？

（8）是否能够使用多词句？

（9）是否能够对事物具有一定的描述能力？

视频 8-6
婴幼儿言语发展观察

（五）0～3岁婴幼儿情绪发展观察的内容

情绪会影响婴幼儿与成人的互动模式与依恋关系，并且为婴幼儿各方面能力的发展奠定基础。儿童的情绪可分为情绪表达、情绪理解和情绪管理。

1. 婴幼儿情绪表达观察的内容和要点

情绪表达是人用来表达情绪的方式。0～3岁婴幼儿的情绪往往通过姿态来表达。婴幼儿的情绪表达包括以下内容：0～3个月的婴儿可以通过基本的情绪信号来表达自己的感受；4～6个月时能够表达快乐、高兴、伤心、愤怒、恐惧的

情绪，在面对新环境时能够做出反应；7～9个月时开始分化出嫉妒等情绪表现；10～12个月时可以对不同熟悉程度的人有不同反应；13～18个月时可以表现恐惧情绪，会用动作表达自己的不满；19～30个月时会用语言表达情绪，能够识别情绪；31～36个月时情绪较为敏感，能够识别和预测他人的情绪。

教师可从情感表达方式、环境适应以及依恋关系等来观察婴幼儿的情感表达。

（1）是否会用哭声表达不舒服？

（2）在开心的时候是否会手舞足蹈？

（3）面对陌生人或在陌生环境时，是否会表现出紧张的状态？

（4）是否对新环境展现出好奇与浓厚的兴趣？

（5）是否能摆手、摇头或者用语言"不"来表达自己的不满情绪？

（6）是否能够用言语正确表达自己的情绪？

2. 婴幼儿情绪理解观察的内容和要点

情绪理解是儿童理解情绪的能力以及对自我和他人产生合适的情绪反应的能力，包括了解自己所处的情绪状态以及能够对他人的情绪进行识别。婴幼儿的情绪包括以下内容：4～6个月的婴儿能够理解自己的行为与成人的反应之间的关联；7～9个月时可以感受到别人的肢体语言、表情、声调中的积极情绪；10～12个月时能够理解别人的积极情绪并做出相应的情绪反应；13～18个月时能够理解别人更多的情绪表现；19～24个月时能够发展出幽默能力；25～30个月时能够体验成功后的情绪；31～36个月时能够观察成人的表情并可以推断他人的情绪反应。

教师可从以下几点观察婴幼儿的情绪理解。

（1）得到肯定、赞扬后，是否会感到快乐？

（2）是否对周围他人的情绪具有移情能力？

（3）能否正确识别表情？

3. 婴幼儿情绪管理观察的内容和要点

情绪管理是指能够识别自我和他人的情绪，并对自己的情绪进行协调和控制，从而确保个体保持良好状态的过程。情绪管理包括：能够处理厌恶、痛苦等情绪，以及适应引起这些情绪的情景；能够处理愉快的情绪，以及适应引起这些情绪的情景。婴幼儿情绪管理包括以下内容：3个月的婴儿开始主动观察周围的世界；4～6个月时能够在成人的安抚下停止哭泣；7～9个月时会表现出自主性和好奇心；10～12个月时能够通过自我安慰避免焦虑；13～18个月时能够表达完成某件事的意愿；19～24个月时能够表现出移情能力；25～30个月时能够进行情绪的转移；31～36个月时能够表现出情绪转移的能力。

教师可从以下几点观察婴幼儿的情绪管理。

（1）当成人安抚时，是否能立即止住哭声？

（2）是否对自己害怕的物品或动物表现出逃跑、躲避的行为？

（3）在紧张时是否会用吸吮手指等方式缓解？

（4）在生气、哭闹时能否借用他物转移注意力？

（六）0～3岁婴幼儿社会性发展观察的内容

婴幼儿社会性是其由"自然人"向"社会人"转化的过程。社会性包括自我意识、社会行为和社会适应三大方面。其中，自我意识涵盖自我控制和自我认识，社会行为涵盖亲子交往、同伴交往及亲社会行为，社会适应涵盖陌生人适应、陌生环境适应和生活适应发展。

婴幼儿社会性发展的总体特点以下。（1）发展的不平衡性。儿童的社会性发展受到多个因素相互影响，因此社会性发展的表现是不平衡的。（2）受到生理性的影响。0～1岁婴儿的社会性还不明显，1岁以后社会性逐渐提升。（3）较强的模仿性。婴幼儿从一出生就开始关注周围的环境和成人，通过关注能够模仿成人的行为，社会性得到发展。（4）自我中心。0～3岁婴幼儿的社会性发展具有很强烈的自我中心性，常表现出以自我为中心的社会性行为。

1. 婴幼儿自我意识观察的内容

0～3个月的婴儿会通过发出某些声音、做出某些动作，来吸引他人的注意；4～6个月时对自己发出的声音感兴趣，会对镜子里的自己微笑、说话；7～9个月时产生自我认识；10～12个月时发展独立意识；13～18个月时开始自我指导的行为；19～24个月时尝试自我控制；25～30个月时自我控制能力得到提高；31～36个月时能够说出自己的姓名，能准确说出自己的性别和区分他人的性别。

教师可从自我认识、自我控制和自我评价等方面对婴幼儿的自我意识进行观察。

（1）玩具被拿走时是否会反抗？

（2）当成人不允许婴幼儿做某件事时，他是否能够立刻停下？

（3）拿走婴幼儿正在玩的玩具时，他是否会表示反对？

（4）能否在镜中辨认出自己，并叫出自己的名字？

（5）是否能够遵循一定的规则，有一定的自我控制能力？

（6）是否能够正确地表达失望的情绪，有一定的自我控制能力？

2. 婴幼儿社会行为观察的内容

0～3个月的婴儿开始具有情绪的沟通能力；4～6个月时表现出明显的亲子交往行为；7～9个月时与其照料者表现出积极的互动；10～12个月时与其照料者有更多的互动；13～18个月时对同伴产生积极的行为；19～24个月时开始表现出亲社会行为和社会互动行为；25～30个月时同伴交往水平提高；31～36个月时，幼儿的社会性水平已较好。

教师可从以下几个方面对婴幼儿的社会性行为进行观察。

（1）当看到人的面部表情时是否活动减少？

（2）想让妈妈抱时是否会两手伸出，期望抱抱或者妈妈在身边时是否有不同的表现？

（3）是否会挥手再见和招手欢迎？

（4）是否能理解并遵从成人简单的行为准则和规范？

（5）是否交际性增强，较少表现出不友好和敌意？

（6）是否开始学习和同龄同伴分享玩具？

3. 婴幼儿社会适应观察的内容和要点

0～3个月的婴儿会对陌生环境和陌生人进行观察；4～6个月时生活适应能力增强，对陌生人的辨识能力提高；7～9个月时进一步表现出对生活的适应和对陌生人的适应；10～12个月时在陌生环境中会有不适应的行为；13～18个月时能逐渐适应陌生环境；19～24个月时继续适应陌生环境；25～30个月时进一步提升自理能力；31～36个月的幼儿在面对社会适应状况时具有相应的解决策略。

教师可以从以下方面对婴幼儿的社会适应进行观察。

（1）能否自发地微笑迎人？看见人时会手舞足蹈，表示欢乐？

（2）在陌生的环境里是否会表现出不安？

（3）是否会依赖自我安慰的东西？如毯子等物品。

（4）是否能够分辨出母亲和其他养育者？更喜欢与母亲在一起？

（5）是否不再怕生？在新环境中能否很快能适应？

视频 8-7
婴幼儿同伴交往行为

视频 8-8
婴幼儿分享行为观察

三、0～3岁婴幼儿观察案例与指导策略

案例 8-1

游戏过程中的同伴交往行为 [①]

观察对象：一鸣

观察地点：幼儿家

观察方法：日记描述法、事件取样法

婴儿动作发展内容

第98天：喜欢坐的姿势。我把他横放在我的手臂上的时候，他能屈身向前举（挺）起来。

第109天：就要坐起来了。他睡在床里的时候，正想要起来；我用右手两指（食指和中指），在他背上托了一下，他就坐起来了。

第120天：坐的发展（一）。我今天让他坐在床上。他的头和身子只能向前弯曲，不能挺直起来。他用右手在床上撑住，才不致侧倒。如是，他撑了14秒。

到了第147天，我让他坐在床上，他上身仍旧向前弯曲。第一次，他坐了10.5秒；第二次，他坐了2.5秒；第三次，他坐了4秒；第四次，他坐了3秒；第五次，他坐了33秒。

第193天：坐的发展（二）。今天早晨，他穿了一件单衣，裹了一块尿布，正是很快乐的时候，我让他坐在军用小床（布绑的）上。他倒了，我再把他扶起来坐着。如此试验6次，每次所坐的时间如表8-1所示。

表 8-1　婴儿练习坐的次数与时间（一）

次数	时间	说明
1	2秒	手里没有玩物
2	4秒	
3	4.5秒	
4	6.5秒	手捻着玩物玩弄
5	9.5秒	
6	13秒	
7	5秒	坐在地板上
8	27秒	
9	14秒	

① 陈鹤琴：《儿童心理之研究》（上卷），148页，武汉，长江少年儿童出版社，2014。

他从前在坐的时候，身子是不直的；现在，他的身子是直的了，并且两手能在左右敲（挥）动。

第 196 天：现在，他能靠着坐了。他背靠着垫子，能够独坐许久。

第 201 天：坐的发展（三）。我让他坐在床上，坐了 4 次。每次坐的时间如表 8-2 所示。

表 8-2　婴儿练习坐的次数与时间（二）

次数	时间
1	8.5 秒
2	20 秒
3	43 秒
4	6 秒

到了第 35 个星期，我又让他坐在地板上，共坐了 3 次。坐的时间如表 8-3 所示。

表 8-3　婴儿练习坐的次数与时间（三）

次数	时间
1	35 秒
2	27 秒
3	31.5 秒

到了第 36 个星期，我又让他坐在椅子上。第一次坐的时候，因为他到旁边去抓东西跌了下来，所以只坐了 33 秒；第二次，他坐了 2 分 3 秒之久。

第 216 天：坐的动作又进步了。他现在可以独坐在摇篮里，不用什么东西当靠背了。

第 266 天：坐的发展（四）。他挺直了背，坐在地板上，上身稍向前。所坐次数与时间如表 8-4 所示。

表 8-4　婴儿练习坐的次数与时间（四）

次数	时间
1	1 分 45 秒。向左倒时，左手立刻伸出并撑住。
2	40 秒。

续表

次数	时间
3	2分15秒。因他伸手来拿我的足，就侧身而倒。
4	4分。他此时与他的小狗玩儿。
5	1分59秒。

幼儿观察分析及行为分析：

从案例8-1中可以看出，3～4个月的婴儿就已经表现出对坐的喜爱和尝试，可以在成人的帮助和支撑下短暂地坐一会儿，但坐不直、坐不稳，会向前倾。随着月龄的发展，到6个月时，婴儿可以独坐，坐的动作表现为需要双手在前面支撑，脊柱略弯曲，呈弓背坐。7～8个月时，从靠坐到自主直坐，坐的动作趋于稳定。可见，婴儿坐的动作经历了从不成熟到逐渐成熟的过程，坐的时间也越来越长。同时，与单纯地坐相比，在与有趣的材料互动的情况下，婴儿坐的时间更久。

幼儿行为的指导策略：

（1）尽量让婴幼儿在醒着的时候自由活动。婴幼儿动作的发展与全身肌肉力量的发展密切相关。充足的自由活动有利于发展婴幼儿的肌肉力量，为各种动作的发展做好准备。在自由活动的过程中，婴幼儿可以多次练习他们已经习得的技能，从而为下一阶段的发展奠定基础。

（2）总的来说，婴幼儿的发展具有阶段性，但在发展的速度方面存在个体差异，每一种动作出现的时间或早或晚。因此，在养育的过程中要遵循每一名婴幼儿专属的"发展时间表"，切勿"操之过急"。应提供安全、适宜的环境，让婴幼儿有充足的自由活动时间，充分地练习已经习得的动作技能。当婴幼儿自己做好准备时，他们会自然而然地进入下一个动作发展阶段。

（3）在游戏中发展动作，避免机械训练。案例显示，婴幼儿愿意尝试和练习新动作，新动作的发展受到自身和环境的共同影响。婴幼儿自身的肌肉力量、动作发展水平等会影响新动作的出现。同时，环境中有趣的材料、玩具会吸引婴幼儿新动作的出现和维持。因此，成人要提供丰富、有趣的材料激发婴幼儿主动发展新动作的动机，在游戏中实现动作发展。要避免对婴幼儿进行刻意的、机械的动作训练，使婴幼儿丧失动作学习的兴趣。

航航饿了

观察对象：小航

观察地点：幼儿家

观察方法：轶事记录法

4个月的小航躺在客厅里的婴儿床上睡觉，醒来的时候，他的妈妈正在隔壁的房间里收拾东西。小航转了转脑袋，左右张望了一会儿，然后慢慢地翻过身来，趴在床上抬起头来看了一会儿，便哭了起来。这时妈妈的声音从隔壁房间传来："小航醒了呀？你是不是饿了？妈妈马上就来。"听到熟悉的声音，小航停止了哭泣，继续趴着朝声音传来的方向张望，但并没有人出现。小航又哭了起来，边哭边翻了个身，躺在床上，手脚挥舞着。这时，妈妈跑了进来，说："妈妈来了。"但小航仍然在哭。"妈妈刚才就在外面呀，我这就给你喂奶。"妈妈弯下腰，张开双手轻轻地把小航抱起来，小航慢慢地停止了哭泣。妈妈抱着他坐在椅子上，小航目不转睛地盯着妈妈的脸，妈妈把衣服掀起来，小航"咯咯"地笑起来，扭动着身体，嘴巴往妈妈的身上靠近。吃到奶的那一刻，小航闭上眼睛，握紧小拳头，大口地吮吸着。妈妈温柔地说："你是真的饿了，对不对呀？吃饱了就舒服了。"几分钟以后，小航放慢了吮吸的速度，身体也放松下来。

婴幼儿观察分析及行为分析：

从案例 8-2 中可以看出，在动作发展方面，4个月的婴儿能够轻松地转头并尝试自己翻身，但动作不够熟练；在感知觉方面，这一时期的婴儿能够辨别声音的来源方向并保持注意；在情绪发展方面，他能够感知自己的基本需求并用不同的方式表达出来。当需求不能得到满足时，会用哭声表达。当需求得到满足时，会发出笑声。熟悉的成人的声音和动作对其情绪具有不同程度的安抚作用。"听声不见人"能短暂地安抚婴儿的情绪。但由于其客体永久性尚未建立，只有看到熟悉的成人并被抱起来时，婴儿的情绪才能得到较大程度的缓解。婴儿具有一定的思维能力，能够将母亲掀衣服的动作与喝奶这一结果建立联系，看到妈妈把衣服掀起来，就"咯咯"地笑起来。

幼儿行为的指导策略：

敏感地察觉并及时回应、满足婴幼儿的需求。照料者应了解婴幼儿的喂养需求和特点，如喝奶间隔时长、大小便规律等，并能敏感地识别婴幼儿的不同哭声。对于婴幼儿的需求，应及时回应和满足，与婴幼儿建立起安全、温暖的依恋关系。

（1）语言反馈。把感觉和动作说出来。在照料婴幼儿的过程中，成人可将婴幼儿的感觉和需求、自己的行为说给婴幼儿听，如"宝宝是不是饿了""宝宝笑了，是不是很开心呀""我现在就帮你换尿布，先帮你躺下来，然后把湿的尿布解开"。一方面，帮助婴幼儿识别和表达自己的感觉与需求，了解成人的行为及结果，有助于婴幼儿安全感和信任感的建立；另一方面，将互动的过程说出来，将婴幼儿视为值得尊重的人，而非随意摆布的物体，有利于婴幼儿自我认知、语言、思维和社会交往的发展。

（2）环境支持。为婴幼儿提供安全、适宜的活动环境。婴幼儿处于动作发展的关键时期，安全、宽敞的活动空间为婴幼儿翻身、爬行等大动作的发展提供了前提。适宜刺激的材料，如悬挂在头顶、放在身侧或前方的玩具，能够激发婴幼儿主动伸手、翻身、抬头、爬行等动作的反复出现，从而实现动作的发展。

案例 8-3

婴幼儿的注意力发展情况

观察对象：伊伊（15 个月）

观察地点：幼儿的家中

观察方法：轶事记录法

活动内容与过程实录：

伊伊将玩具盒中的多种颜色的积木拿出来，放在面前的地毯上。她右手先拿起一个粉色的长方块积木，用手握住后在空中摇晃了几下，接着拿出一个红色的玩偶头积木，拼插到粉色的长方块积木上，但她尝试了几下都没安装上。妈妈说："伊伊在玩什么呀？""贴一起。"妈妈说："哇，看起来好好玩，你能告诉妈妈这个娃娃应该放在哪个积木上呀？"伊伊很认真地把玩偶头积木拼插在长方块积木的右边，并且从玩具盒里拿出蓝色的积木拼插在长方块积木的左边。整个过程持续了约 4 分钟。

幼儿观察分析及行为分析：

（1）注意力发展。13～18 个月的婴幼儿注意力更持久，注视时间可超过15 秒。语言的发展影响注意的发展，而且会影响注意的内容和引起注意的方式。语词的使用让幼儿去注意相应的物品。伊伊在注意妈妈的提示之后，将玩偶头积木摆在长方块积木的右边，并且从玩具盒里拿出蓝色的积木摆在长方块积木的左边。

（2）动作及注意偏好。伊伊用右手先拿起一个粉色的长方块的积木，用手握住后在空中摇晃了几下，接着拿出一个红色的玩偶头积木，说明 15 个月的幼儿能握住小积木，且对自己偏好的颜色注意力更集中。

幼儿行为的指导策略：

（1）介入方式。在伊伊多次拼插无果的情况下，妈妈可采取平行介入的方式，而不是直接帮伊伊拼好。平行介入的方式的目的在于引导伊伊模仿，可以起到暗示、指导的作用。

（2）语言反馈。婴幼儿的注意力受语言发展的影响，婴幼儿在1岁以后能说出单音重叠词，对成人的言语指令做出相应的反应，因此家长应多与婴幼儿交流以及适当地提问，以增加语言刺激，如告诉婴幼儿某件物品的名称，让婴幼儿去注意这个物品，将听觉注意和视觉注意的练习结合起来。语言反馈具有鼓励性、期待性、拓展性和追问性。

（3）家园合作。婴幼儿在1岁左右对图书、故事、电视感兴趣，家长在幼儿专注于一件事的时候要耐心地陪伴，避免打断婴幼儿，在婴幼儿有需求的时候及时反馈。

案例 8-4

婴儿语言发展

观察对象：多多

观察地点：幼儿的家中

观察方法：轶事记录法

多多（男孩，1岁2个月）和畅畅（女孩，2岁6个月）正在玩积木。突然，畅畅看着妈妈说："妈妈，我要喝水。"畅畅妈妈把水杯递过来，畅畅接过水杯大口喝起来。多多看着畅畅，边指着水杯边说："水，水（发 suǐ 音，下同）。"畅畅妈妈问："多多，你是不是也想喝水？"多多点了几下头说："水，水。"畅畅妈妈把多多的杯子拿过来，多多用双手拿住水杯一边倾斜一边往嘴边送，水没有送到嘴巴里就全流下来了。畅畅说："多多洒水了。"多多也跟着说起来："洒，洒。"妈妈过来把水杯拿走，多多指着湿的衣服说："水，水"。畅畅说："多多洒水了，衣服湿了。"妈妈帮多多换了衣服之后，又倒了一杯水给多多，多多说："不，水，水。"同时用力地摇摇头，并把水杯推给了妈妈。畅畅也把水杯递给妈妈，说："我也不喝了。"

幼儿观察分析及行为分析：

案例呈现了两个不同年龄婴幼儿的语言发展特点和水平。1岁2个月的男孩的发音不清晰，将水发成 suǐ 音。语言以单词句为主，表现出单音重复和一词多义的特点，如用"水，水"表示"我要喝水""衣服上有水""我不要喝水"等意思。成人需要结合具体情境和婴幼儿的动作来理解其含义。2岁6个月的女孩发音清晰、准确,语言以简单句为主,如"我要喝水""多多洒水了",复合句也发展起来,如"多多洒水了,衣服湿了"。

幼儿行为的指导策略:

(1)语言反馈。首先,尽早用语言与婴幼儿交流。婴幼儿的语言能力是在交往过程中通过模仿和使用发展起来的。因此,成人应尽早使用语言与婴幼儿交流,即使婴幼儿还不具备语言能力,或语言能力有限。成人可以将彼此的感受、所做的事情都用语言表达出来,并尽量使用真实的、成人的语言与婴幼儿交谈,为婴幼儿的语言学习提供榜样。其次,和婴幼儿一起玩一些语言游戏。成人可准备一些游戏,如"猴子荡秋千"等手指游戏,将语言与动作相结合,营造轻松、愉悦的氛围,使婴幼儿感受到语言的有趣,从而愿意说,喜欢说。

(2)生成活动。开展适宜的早期阅读活动。根据婴幼儿的发展水平选择适宜的绘本等早期阅读材料,和婴幼儿一起看绘本、读绘本,让读书成为愉悦的事情和习惯,为婴幼儿早期的读写能力发展奠定基础。

案例 8-5

游戏过程中的同伴交往行为

观察对象:雍雍(21 个月)

观察地点:幼儿观察实验室

观察方法:检核表记录法

同伴交往行为表现维度:

主动接近、触碰身体、触碰同伴手中的玩具、独自玩耍、给同伴积木、注视同伴。根据幼儿的行为表现,完成观察记录表,如表 8-5 所示。

表 8-5　雍雍同伴互动行为观察记录表

发生时间	行为表现					
	主动接近	触碰身体	触碰同伴手中的玩具	独自玩耍	给同伴积木	注视同伴
10:25						√
10:30—10:35				√		
10:36	√	√				
10:45			√			
10:48						
10:48—10:55					√	

幼儿观察分析及行为分析：

雍雍（21个月）还没有发展出真正以交流、沟通为目的的社会性人际交往，游戏水平更多处于独自游戏阶段。这一年龄段的幼儿喜欢观察同伴的游戏，但是并不会进行言语上的交流，与同伴的游戏互动还是以物为中心。雍雍和同伴在一起玩时基本没有直接的交流，偶尔会围绕玩具互动。在这个过程中，雍雍会通过主动接近和碰触身体等方式接近同伴，还会把玩具给予同伴。

图8-1　关注周围环境

图8-2　独自玩耍的游戏状态

幼儿行为的指导策略：

（1）语言反馈。由于雍雍处于独自游戏阶段，偶尔能与同伴进行互动，因此教师可以引导幼儿之间的互动。当婴幼儿和其他小朋友发生互动行为时，成人可以给予鼓励，鼓励其问好、握手、一起玩玩具，并及时引导其互动行为进一步发展，促进幼儿社会性发展。

（2）讲解说明。多为婴幼儿创造和其他小朋友互动的机会，给雍雍接触其他小朋友的机会。教师可以充分调动幼儿的学习能力，在雍雍面前与同伴进行互动交往，树立正确的行为模式，参与到雍雍和同伴的交往中，引导他和其他小朋友一起玩互动游戏等。

案例9-6

沙池中的幼儿交往行为

观察对象：幼儿A、幼儿B、幼儿C

观察地点：小区沙池

观察方法：轶事记录法（视频转录）

三个小男孩在小区的沙池里玩，幼儿A（2岁2个月）和幼儿B（2岁）都带了小铲子、水桶，幼儿C（2岁10个月）没有带任何工具。幼儿C想要去拿幼儿A闲置的一把铲子，幼儿A刚开始不愿意。在大人的引导下，幼儿A把沙铲借给

视频8-9　沙池中的幼儿交往行为

了幼儿C。于是，三个小男孩每人拿一把铲子挖起沙子来，偶尔看一眼其他人。挖了一会儿以后，幼儿C挖起一铲沙子朝幼儿A走去，把铲子里的沙子倒进了幼儿A的水桶里。幼儿A见状也往水桶里倒了一铲沙子，然后拎起水桶朝幼儿B走去，走到幼儿B身旁后，把自己水桶里的沙子倒进了幼儿B的水桶里。幼儿B愣着看了看。接着，幼儿A和幼儿C铲了沙子倒进幼儿A的水桶里，幼儿A又拎起水桶朝幼儿B走去，没想到幼儿B也铲了沙子倒进了幼儿A的水桶里。幼儿A笑着先提起水桶跑到沙池边给妈妈看，然后又回到了沙池中间。之后，三个小男孩玩起了一起往同一个水桶里铲沙子的游戏。

幼儿观察分析及行为分析：

从幼儿A的表现可以看出，2岁多的幼儿已经能够维护自己的物品所有权，当别人要拿走属于他的物品时，他会抗议，但在成人的引导下，也能表现出分享行为。从游戏的水平来看，这一时期的幼儿正处于从平行游戏到联合游戏过渡的阶段。他们在进行平行的独自游戏时，偶尔会关注他人的行为。其中年龄最大的幼儿（2岁10个月）最早表现出"合作"行为，即把沙子铲到其他幼儿的桶子里。另外两名年龄较小的幼儿马上学习到了这种行为，于是出现了三个人一起往同一个水桶里铲沙子的情形。这说明幼儿的游戏行为受到环境和同伴的影响，游戏水平在模仿中得到发展。

幼儿行为的指导策略：

（1）介入方式。为婴幼儿提供同伴交往的环境。成人应经常带领婴幼儿走出家门，让他们到社区中与其他婴幼儿交往，在形成固定玩伴的同时，不断认识新的玩伴。可携带一些方便的玩具，为婴幼儿的同伴交往提供契机。

（2）认可与鼓励。自然引导和正面鼓励婴幼儿的亲社会行为。在婴幼儿同伴交往的过程中，成人可通过示范、询问等方式适度引导婴幼儿的亲社会行为，如分享行为。但必须尊重婴幼儿的想法，需在征得其同意的条件下将玩具借给他人，切忌强迫。对于婴幼儿表现出来的亲社会行为，可通过口头表扬、竖起大拇指等方式给予积极强化，用正面鼓励的方式促进婴幼儿亲社会行为的形成和发展。

案例 8-7

婴幼儿思维能力的观察

观察对象：萱萱（35个月）

观察地点：早教活动室

观察方法：轶事记录法

活动内容与过程实录：

萱萱坐在桌子前玩着雪花片，老师指着两片雪花片问道："这两片雪花片哪个更大？"萱萱把雪花片平行放在一起比较，说："一样大。"老师说："真棒。"然后萱萱把所有雪花片都放在了桌子上，将红色的挑出来放在了一起，之后又继续将白色的、绿色的、粉红色的摆在了一起。

幼儿观察分析及行为分析：

萱萱把所有雪花片放在了桌上，将红色的挑出来放在了一起，又继续将白色的、绿色的、粉红色的摆在了一起。说明3岁左右的幼儿可以对形状、颜色进行分类。萱萱能够把雪花片平行放在一起进行大小的比较，这说明3岁左右的幼儿可以比较同类东西的轻重、长短、大小、高低，有量的大、小和长、短的概念。

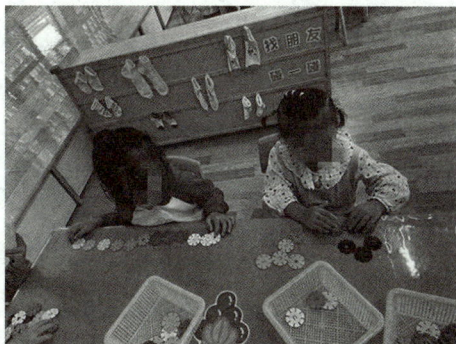

图 8-3　按颜色分类摆放

幼儿行为的指导策略：

（1）增加挑战。萱萱已经掌握了物品的颜色和分类。教师和家长可以进一步让萱萱学习数数，培养她对数的感受能力，可以充分利用萱萱活动的机会，如捡玩具、走楼梯、拍手等，有意识地让萱萱唱数。

（2）生成课程。在数数的基础上，还可以尝试把3以内的实物数量与数字相对应，让婴幼儿知道数字代表一定的数量，除了课程之外，可以在感知游戏或日常生活中，向婴幼儿描述熟悉的事物时使用数量、方位等词汇。

（3）家园合作。家长可以和孩子玩锻炼思维能力的亲子游戏，如形状、颜色的认识和分类等。例如，可以通过观看故事视频了解各种形状的特征，或者家长带着孩子在家里寻找各种形状的物品，每找到一件物品，就让孩子说出其形状或特点，还可以把各种形状的纸铺在地上，和孩子一起把物品（或实物图卡）放在对应的纸上。

小 结

　　观察婴幼儿，了解婴幼儿的发展水平，并能够根据其发展水平提供更好的指导，促进婴幼儿的发展。

　　对0～3婴幼儿进行观察，可重点关注婴幼儿的感觉、动作、认知、言语、情绪和社会性的发展。在婴幼儿的感觉发展中，可重点观察视觉、听觉、触觉、嗅觉和味觉；在婴幼儿的动作发展中，可重点观察粗大动作和精细动作；在婴儿的认知发展中，可重点观察注意、记忆和思维；在婴幼儿的言语发展中，可重点观察言语发展和言语能力；在婴幼儿的情绪发展中，可重点观察情绪表达、情绪理解和情绪管理；在婴幼儿的社会性发展中，可重点观察社会性发展、自我意识和社会适应。

关键术语

　　0～3婴幼儿；感觉发展；动作发展；认知发展；言语发展；情绪发展；社会性发展。

思考与练习

　　1. 对0～3岁婴幼儿进行观察有什么意义？

　　2. 对0～3岁婴幼儿的观察与对其他年龄阶段的幼儿的观察有什么区别？

　　3. 针对0～3岁婴幼儿，在其不同发展过程中，观察重点是什么？

建议的活动

　　1. 选定托幼机构或周围社区中的某个0～3岁婴幼儿，并且确定观察婴幼儿在成长过程中的某一方面，采用检核表的方式进行观察记录。根据观察的结果与分析，设计能够促进0～3婴幼儿发展的活动。

　　2. 扫描二维码观看视频9-10：伊娜的早餐，采用轶事记录法，记录并分析伊娜（女，14个月）的进餐行为及其动作发展的情况，并基于此，提出相应的指导策略。

视频 8-10
伊娜的早餐

视频 8-11
伊娜"讲故事"

3. 扫描二维码观察视频 9-11：伊娜"讲故事"（哥哥的积木说明书），采用轶事记录法，记录并分析伊娜（女，26 个月）语言的发展与阅读的情况，并基于此，提出相应的指导策略。反思自己的观察与指导策略。

第九章
3～6岁幼儿行为观察内容与指导策略

学习目标

1. 理解和掌握幼儿日常生活观察的意义、内容和指导策略；

2. 理解和掌握幼儿教育活动观察的意义、内容和指导策略；

3. 理解和掌握幼儿游戏观察的意义、内容和指导策略。

学习导图

第九章　3～6岁幼儿行为观察内容与指导策略

第一节　3～6岁幼儿日常生活的观察
- 一、幼儿日常生活观察的意义
- 二、幼儿日常生活观察的内容
- 三、幼儿日常生活的观察案例与指导策略

第二节　3～6岁幼儿教育活动的观察
- 一、幼儿教育活动观察的意义
- 二、幼儿教育活动观察的内容
- 三、幼儿教育活动的观察案例与指导策略

第三节　3～6岁幼儿游戏的观察
- 一、幼儿游戏观察的意义
- 二、幼儿游戏观察的内容
- 三、幼儿游戏的观察案例与指导策略

导入1

午睡后，明明要穿鞋，他发现鞋在床底下，就想把鞋取出来。一开始，明明趴在地上尝试用手去取，但他的手够不到鞋。于是，他将自己的身体紧紧地贴着床沿，但还是没有碰到鞋。他站起身，开始寻找能帮助他取鞋的工具，他在床铺下面的抽屉里

找到了一根绳子。绳子是长长的，却没有硬度，绳子也没有碰到鞋子，利用绳子取鞋的办法失败了。这时，明明坐了起来，他将一条腿伸到床底下，尝试着用腿去取床下的鞋，他的腿如同钟摆一样在鞋子的周围晃动，这一次，他的脚碰到了鞋，但他仍然无法取出鞋。他开始把两条腿一起伸到床底下。有趣的是，他还用两只手紧紧地钩住床的侧板，他用两只脚夹住鞋子，然后双腿以顺时针方向移动，最终将鞋慢慢地移出了床底。

如果你是本次观察者，你会如何处理这件事情？你观察的侧重点是什么？作为观察者，在上述幼儿的日常生活情境中，你会给幼儿怎样的指导？

导　入

在大班的树叶拼贴活动中，小 C 拿过双面胶，用手擦了擦鼻涕，接着撕下一小块双面胶贴在树叶上，旁边的小 D 对她说："帮我做乌龟吧。"小 C 正低头专注于自己的事情，就拒绝了小 D："自己做。"说完，她站了起来，将左脚放在椅子上，右脚站在地上。她发现对面的小 D 不会撕开树叶上的双面胶，就拿过来帮小 D 撕。接着她开始剪自己的树叶，沿着树叶的中间脉络剪开，剪完后摊开树叶的一小块折叠处，发现上面有只毛毛虫。小 C 对我说："老师，这里有只毛毛虫。"小 D 也凑过来看，小 C 抖了一下树叶，让虫子掉在桌面上，用剪刀把毛毛虫推下桌子。

如果你是这次手工活动过程中的一名观察者，可以从哪几个角度进行观察呢？观察的侧重点是什么呢？通过浏览上述材料，你有哪些指导方案呢？

如果你是本次观察者，你观察的目的是什么？观察的重点是什么？你认为可以从哪些方面完善上述观察的小片段。观察者应该明确如何对幼儿进行有效的指导，拓展幼儿对角色扮演游戏的认识，引导幼儿更投入地扮演角色。

在幼儿的一日生活中常会出现以上片段。接下来，我们将从日常生活、教育活动和游戏三方面阐述观察的意义及内容。

第一节　3～6岁幼儿日常生活的观察

一、幼儿日常生活观察的意义

陶行知先生说过："没有生活做中心的教育是死教育；没有生活做中心的学校是死学校；没有生活做中心的书本是死书本。"生活活动是幼儿在园活动的重要组成部分，入园、晨检、锻炼、用餐、饮水、盥洗、如厕、散步、午休、离园等都是与幼儿生活密切相关的活动，这些活动对于幼儿的成长和发展十分重要，它贯穿在幼儿一日生活始终。教育的前提必须要建立在观察和了解的基础上，教师在对幼儿生活活动进行整体观察的同时，也需要对不同环节分别进行有重点的观察。教师在认真观察的基础上，及时发现幼儿在生活活动中存在的问题，把握教育契机，对幼儿进行随机教育，以促进幼儿的全面和谐发展。

（一）对教师发展的意义

一日生活是幼儿在园的一般活动，占据了幼儿活动中的相当比例。一日生活中的每项活动都反映了幼儿适应具体社会环境的表现。教师在这个环境中提供合适的情境和教学内容，帮助幼儿展现能力。教师可以充分发挥观察记录的作用，利用日常生活作为突破口，观察记录幼儿在一日生活中的表现，及时做出分析和调整，并能根据幼儿的个性差异给予不同的指引与帮助，引导幼儿在其他游戏及活动中更好地适应、学习、发展和成长。

对幼儿的生活进行观察的目的不是传统意义上的评价幼儿，而在于改进教师的保教工作，了解在保教工作中幼儿的情况。教师通过对幼儿日常生活的观察，不断地对幼儿有新的发现，这个过程也是教师对自己的专业知识和专业技能加以检查与反思，不断总结经验、提升专业能力的过程。教师可以通过观察努力寻找幼儿行为背后的原因，同时调整一日生活的设置，为日常指导和教学活动提供综合且个性化的建议，发挥教育机制，有的放矢地指导幼儿的行为。

（二）对幼儿发展的意义

幼儿因生理、心理基础的差异，以及教养方式、成长环境的不同，其自身的发展水平存在着一定的差距，只有通过仔细地观察才能够准确地把握幼儿的差异，了解每位幼儿的行为及其背后的意义，并在此基础上因材施教，配合幼儿的成长需要。对幼儿的生活观察是了解幼儿能力发展水平的合理途径，如果没有对幼儿生活进行长期的、多角度的、深入的观察、分析与了解，就难以正确评价幼儿的发展情况。教师通过观察可以客观、真实、全面地了解幼儿在身体运动、言语表达、社会性等方面的发展状况，以及幼儿的经验水平、学习特点。教师在与幼儿的朝夕相处中，可以获得大量关于幼儿发展的一手资料，得到幼儿成长发展的清晰脉络，给幼儿发展及教育评价提供真实的依据。若缺乏对幼儿的持续观察与及时的交流，教师对幼儿的支持与回应也可能适得其反。教师只有观察了解幼儿真实的需要，才能给予幼儿有针对性的有效教育。

二、幼儿日常生活观察的内容

幼儿日常生活观察的内容主要涉及进餐行为活动、如厕行为活动、午睡行为活动、自我服务行为活动、生活服务和过渡环节行为活动等方面。

（一）进餐行为活动

幼儿进餐行为是指在一定的健康意识支配下，3～6岁幼儿表现出与进餐活动有关的习惯或行为倾向，如进餐量的多少、进餐专注度的高低、进餐独立性的强弱、进餐速度的快慢，以及进餐情绪的饱满度、进餐内容的丰富性、参与餐前准备和餐后整理工作的积极性、尝试健康食品和控制垃圾食品的意愿程度等。

进餐为幼儿身体发育提供了充足的营养，是幼儿生活、学习的物质前提。幼儿园里的进餐环节对幼儿的身体和行为习惯的养成，起着相当重要的作用。在幼儿进餐活动中，教师可以观察幼儿的挑食偏食行为、进餐独立性、进餐专注性、进餐速度和餐具的使用等。比如，一名幼儿出现"吃饭慢"的问题，教师可以通过观察，发现导致该问题的原因：幼儿咀嚼能力差？肌肉的控制力不够？吃饭缺乏专注力？教师可以根据观察的内容提出有针对性的意见和建议。

（二）如厕行为活动

如厕是幼儿身体正常代谢的本能行为，是幼儿园一日生活构成的重要组成部分，也是幼儿每日都要进行的必不可少的活动。从幼儿如厕这一行为本身来看，引导幼儿轻松如厕不仅可解决幼儿生理的需要，还能反映出幼儿最基本的生活自理能力和良好的卫生习惯。

在如厕活动中，观察内容有：每个幼儿如厕时长、排队时间、如厕姿势、使用厕所的频率、如厕时间的选择。由于幼儿园如厕环境与家庭如厕环境不同，或是由于幼儿自信心的缺乏，如厕环节会给部分幼儿带来一定的心理负担，他们会因害羞而不去上厕所，长期憋尿和拒绝如厕排便会对幼儿造成身体损伤。这时教师可通过观察来了解幼儿的真实情况，以采取切实有效的措施，促进幼儿良好如厕行为习惯的养成。

（三）午睡行为活动

幼儿午睡是根据幼儿的年龄特点和身体需要而设置的环节，午睡质量的高低直接影响着午睡后活动的开展效果。午睡不仅对幼儿的身体发展具有重要的价值，还具有教育价值。

在午睡活动前后，教师可以观察以下内容：幼儿能否独立入睡，做好情绪、如厕、脱衣等方面的睡前准备；入睡时能否盖好被子，保持安静，尽快入睡，保持入睡姿势正确；入睡后有便意、身体不适时能否及时告知老师，按时起床，不等待，学习整理床铺；等等。幼儿时期是行为习惯形成的关键时期，他们的行为习惯有着很强的可塑性和模仿性。午睡时幼儿可能发生很多小问题：踢被子、睡姿不正确、用被子捂住口鼻等，这都需要教师认真观察，正确指导，及时解决问题。

（四）自我服务行为活动

自我服务简单来说也就是生活自理，是自己照顾自己的能力，它是个体在成长过程中所应具备的最基本的生活技能，可以让个体在成长过程中实现最基本的生理需求满足。幼儿可以在自身生理需求得到满足的基础上获得更高层次需求的满足，在社会性发展的过程中激励自身实现自我尊重和被他人尊重的需要，从而更好地实现身心健康发展。

针对自我服务方面，观察者可以观察幼儿生活中一些简单的劳动，如是否可以自己吃饭、穿脱衣服和鞋袜、洗手、叠被褥、整理床铺，能否独立盥洗、进餐、收拾和整理自己用过的图书、玩具、用具等。根据幼儿年龄的大小，自我服务应有不同的要求：3岁的幼儿，可在教师、家长的帮助下完成；4岁的幼儿，在教师、家长的指导下自己照料生活，逐渐形成习惯；5岁的幼儿，能独立完成自我服务，操作正确，动作迅速并养成整洁的习惯。

（五）生活服务和过渡环节行为活动

幼儿生活服务是幼儿劳动教育内容之一，是为集体服务的一种劳动形式。每个幼儿都可承担值日生的工作，内容有：餐桌值日、盥洗室值日、寝室值日、园地值日、环境整洁值日、个人卫生检查以及主持集体或小组的活动等。

幼儿园一日过渡环节，是指幼儿在幼儿园中生活与学习期间，从一个活动到另一活动之间经历的环节，包含从幼儿入园起到离园前所有活动之间的过渡环节。所以，过渡环节发生在两个活动的更替时段。幼儿园一日过渡环节满足了幼儿对一日教学活动张弛有度、节奏性变化的适应需要，更重要的是满足了幼儿身心活动节奏更替的需要。

资料 9-1-1
幼儿日常生活
的观察要点

在过渡环节中，教师可以从以下活动前后进行观察：入园前后、早餐前后、室内外转换前后（上午）、间点前后（上午）、午餐前后、午睡前后、间点前后（下午）、室内外转换前后（下午）、晚餐前后、离园前后。观察的内容有：幼儿

在一日过渡环节中，是否出现消极等待、无事可做的现象；是否与同伴交流或与教师交流、依照作息要求或教师命令进行活动。

三、幼儿日常生活的观察案例与指导策略

案例 9-1-1

幼儿进餐行为

观察对象：琪琪

观察地点：进餐区

观察方法：轶事记录法

活动内容与过程实录：

今天的午餐是萝卜炖牛腩和香菇炒肉末。午餐进行到一半时，琪琪小朋友碗里的剩饭较多，她用筷子吃饭，每次都夹得很少，且盘中的菜几乎没吃，琪琪夹米饭吃了后，把筷子放进嘴里几秒再把它拿出来继续夹饭。老师要求每个幼儿盘子里的菜都要吃光，并帮忙把菜倒进碗里，但琪琪只是安静地看着老师倒菜，没有行动。老师走后，琪琪用筷子在碗里小范围地挑了好几下，把里面的香菇和肉末挑出来放在桌子上。隔壁桌的男孩在跟另一桌的男孩说话，琪琪所在餐桌上的小朋友都望向说话的男孩，但琪琪没有抬头看过去，她安静地吃着自己的饭菜，等把饭菜送进嘴里后才抬头看了一下说话的男孩，之后继续吃自己的饭，两个男孩之间的谈话持续了好一会儿，琪琪一直都在安静地吃饭，没有抬头注意他们。保育员老师拿着汤盒走过来问："谁想要加汤？"琪琪所在桌子上的小朋友都对保育员老师说"想要加汤"，琪琪依然安静地吃饭，保育员老师把汤加到琪琪的碗里，琪琪看着保育员老师加汤，没有说话，也没有什么举动，安静地等老师加汤后继续吃饭。几分钟后，琪琪的桌子上放了一小堆香菇和肉末，琪琪还在继续用筷子把菜挑出来。看到老师走近后，她没有继续往外挑菜，而是在碗里挑了一下继续小口吃饭。小诗问她："你不喜欢吃这个吗？这个可好吃了，我喜欢吃。"琪琪没有抬头看小诗，也没有回应她，继续挑自己碗里的菜。小诗问了好几句后，琪琪才抬头看了一下小诗，小声说了一句话。午餐时间将要结束时，老师准备组织睡前活动，琪琪端着碗走到放碗的地方，看到老师在放碗的桶边站着，就大口吃了几口饭，保育员老师此时走过来说："刚才让你吃，你就没有吃，快点把饭吃了，把碗放进去。"接着，保育员老师继续收拾，琪琪吃完饭把碗筷放好之后就去活动了。

幼儿观察分析及行为分析：

本案例中使用的是问题型轶事记录方法。老师根据以往的观察发现琪琪在午餐进食方面速度较慢，因此对琪琪的午餐行为进行了一次观察。

琪琪在午餐时会保持自己进食的速度，而且会独立进餐，手部精细动作发展完全，但吃饭速度会比别的小朋友慢。琪琪在有人督促的情况下会安静地把饭都吃完，基本不会剩饭，这说明她的食欲方面是良好的。但琪琪存在偏食的问题，不能够合理摄取每日营养。教师在发现琪琪挑食的情况时，需要引导幼儿不偏食不挑食。值得肯定的是，在幼儿吃饭过程中教师没有过分催促幼儿。琪琪的进食方式是细嚼慢咽，教师可以充分肯定琪琪的认真。保育员老师可提醒琪琪加快进食进度，帮助琪琪养成定时进餐的习惯。

幼儿行为的指导策略：

（1）语言反馈。琪琪的手部精细动作发展较好，她能够在教师的督促下安静地吃完饭。琪琪的问题在于偏食，老师可以在吃饭之前就给予鼓励："琪琪在前一天吃饭时表现得很不错，每天都有新的进步，但不能把食物挑出来，这样不仅能够增加进食速度，还可以让身体变棒。"

（2）讲解说明。教师可以充分调动幼儿的学习能力，在琪琪面前树立良好的榜样和正确的行为模式，帮助琪琪潜移默化地改变自己的认知，培养其形成良好的生活习惯。教师还可以在餐前介绍午餐食物的营养成分等内容，让幼儿对今天的食物产生期待。

（3）家园合作。教师观察琪琪对哪一类的食物比较难以接受，再与琪琪的家长沟通这一情况。鼓励琪琪的家长帮助琪琪改善偏食的习惯，在家里可以尝试多种食物，也可参照幼儿园的食谱安排家里的食谱。

案例 9-1-2

小班幼儿午睡后起床行为

观察对象：刚强

观察地点：午睡室

观察方法：事件取样法

活动内容与过程实录：

起床音乐响起了，幼儿陆续起床。刚强躺在床上不动，老师走过去说："刚强，起床了。"刚强没有任何反应，只是看着老师。老师说了几次，刚强才起床。当刚强穿好衣服后，老师和他说："起床后去小便吧。"刚强低下头，眼睛红了起来，用手抓着自己的裤裆。老师把刚强带到厕所，脱下裤子后，尿马上出来了，裤子也尿湿了。

幼儿观察分析及行为分析：

幼儿午睡包括了入睡、午睡及起床等一系列行为。观察者注意到刚强在起床时候的表现，对其行为进行了观察，形成单独的事件。

刚强在开始时不愿意起床，也不愿意向老师表达。多次沟通后，刚强才愿意下床，但在老师的建议下并未主动去洗手间小便，并且表现出一定的情绪反应。老师在留意到刚强的反应后，立即带他到洗手间，发现刚强已经把裤子尿湿了。从老师的反馈中可知，刚强在幼儿园已有好几次发生这种情况，平常较少向老师反映自己的需求。刚强是一位刚入园的小朋友，由于他本身的性格比较内敛，在有特别的需求时不会主动向老师表达。当老师询问他是否想去洗手间时，刚强想去但碍于不敢说话，所以发生了情绪上的变化。

幼儿行为的指导策略：

（1）提问技巧。由于刚强属于不爱说话的小朋友，不容易表达自己的想法，教师可以根据其特点对他进行引导或者提问。例如，在午睡前教师引导幼儿上厕所，午睡后提醒有需要上厕所的幼儿自行前往。通过这样的途径，教师可以让幼儿减轻紧张感，增加其自主能动性。

（2）语言反馈。对于刚强来说，教师需要及时地对他做出积极反馈。当刚强能够做到向教师表明他自己的需求时，教师可采用具体、鼓励的言语对刚强的行为进行反馈。经过一段时间的语言反馈，教师可以帮助幼儿形成良好的习惯，提升幼儿的自信心。

案例 9-1-3[①]

幼儿喝水活动

观察对象：幼儿 H

观察地点：幼儿园教室和户外

观察方法：行为检核法

喝水类型的概念界定：主动喝水和被动喝水

主动喝水，即当教师组织幼儿饮水时，幼儿能主动完成取水杯、接水、喝水等一系列动作。

---

① 案例由广州大学袁宁同学提供。

被动喝水，即当教师组织大家喝水时，幼儿在教师的帮助或要求下被动完成喝水。

根据幼儿喝水情况，完成以下表格。

表 9-1-1　幼儿 H 喝水情况记录表

情景	喝水类型	次数划记	次数总计
户外休息时间	主动喝水	一	1
	被动喝水	正	5
饭后、户外结束后	主动喝水		0
	被动喝水	正	5

幼儿观察分析及行为分析：

本案例中使用的是行为检核表，由于教师需要记录幼儿在某段时间内喝水的具体情况，因此在行为检核表中加上频次的记录。

通过对幼儿 H 喝水的频率记录发现：幼儿 H 被动喝水的次数大于主动喝水的次数。这说明，幼儿 H 的喝水行为大多需要教师的督促和要求，他并不是每次都愿意去主动喝水。通过频次计数法还可以清晰地看到幼儿饮水行为发生的次数，以及他是主动饮水的还是被动饮水的。

幼儿行为的指导策略：

（1）讲解说明。对于幼儿 H 的喝水表现，幼儿 H 是能在教师的提醒下喝水的，但主动性并不强，因此教师可在日常生活中通过自己的行为和动作向幼儿示范主动喝水，让幼儿可以在潜移默化中通过模仿习得良好的生活习惯。

（2）团体讨论。除了讲解说明、树立榜样以外，还可以组织幼儿展开关于喝水对身体的重要性的讨论。教师可以鼓励幼儿寻找关于身体与水之间关系的资料，让幼儿了解水对人体的重要性，从而增加幼儿主动喝水的可能性。

案例 9-1-4
幼儿日常生活
观察案例

视频 9-1-3
小班幼儿的
进餐

一、幼儿教育活动观察的意义

幼儿教育活动是实现保教结合，德、智、体、美全面发展的幼儿教育总目标的重要途径。幼儿教育活动要想实现幼儿教育总目标，就需要了解现阶段幼儿的发展水平和发展需要。并且《幼儿园教育指导纲要（试行）》和《3—6岁儿童学习与发展指南》也不断强调以幼儿为中心、以幼儿为主体，这就要求教师在教育过程中更多地关注幼儿。因此，对幼儿教育活动进行观察既是现实的需要，也是科学保教的需求；对幼儿教育活动进行观察是有必要且有意义的。观察幼儿教育活动的意义主要可以从幼儿、教师、课程发展三个方面考虑。

（一）对幼儿发展的意义

观察幼儿教育活动能够了解幼儿当前的发展水平及其需要，及时调整教育活动并给予相应的帮助。这有助于幼儿获得学习经验，促进幼儿的发展。

每个幼儿都是独一无二的。幼儿的发展存在个体差异性，这就要求教师在教育过程中要因材施教，而在集体教育活动中，教师很难在活动中兼顾每一个幼儿。为了尽可能兼顾所有幼儿，教师只能按照该班级幼儿的平均水平来开展活动。这会导致部分幼儿受到忽视，他们的需求没有得到满足，教师可以通过观察了解幼儿的学习情况。因此，对幼儿教育活动的观察能弥补集体化教学的缺陷，教师了解幼儿所处的发展水平并给予相应的帮助，以促进他们的发展。

（二）对教师发展的意义

《幼儿园教师专业标准（试行）》提出幼儿园教师要有观察幼儿的技能。无论高等教育，还是入职培训和在职培训，都会培养预备教师与准教师的观察能力。可见观察能力是学前教师必备的一个专业技能。

要成为一名专业型教师，就一定要锻炼自己的观察能力。通过观察，教师才能更好地了解幼儿，发现幼儿间的差异并去探究幼儿行为背后的成因。[1]教师只有不断观察，才能从教育活动中找到问题所在，从而促进自身的思考和尝试。教师通过观察发现问题、思考问题和解决问题，有助于教师教育机智的形成。因此，观察幼儿教育活动可以帮助新手教师更好地了解幼儿的发展水平，更快地投入工

---

① 侯素雯、林建华：《幼儿行为观察与指导这样做》，7～11页，上海，华东师范大学出版社，2019。

作中；而熟手教师则需要不断训练自己的观察能力，提高自己的专业水平以生成教育机智。

（三）对课程发展的意义

通过在幼儿教育活动中对幼儿的行为进行观察，教师能更好地了解课程内容是否合适，是否贴近幼儿的经验，并在活动之后对部分内容进行修正，从而完善课程内容和促进课程变革。

教师可以通过观察发现幼儿对教育活动内容的行为反应，从而判断课程内容是否适合幼儿。通过观察，教师可以对存在的问题进行调整和改善，也可通过在教育活动过程中对幼儿行为的观察，判断教育活动的实施结果如何，反思教学过程。因此，观察幼儿教育活动有助于调整和完善幼儿园的课程，推进幼儿园课程改革的进程。

二、幼儿教育活动观察的内容

幼儿教育活动观察的内容来源于五大领域，即健康教育活动、语言教育活动、社会教育活动、科学教育活动和艺术教育活动。

（一）健康教育活动

世界卫生组织对健康概念的定义是生理、心理及社会适应三个方面处于良好状态。健康是幼儿其他方面发展的前提条件，也是幼儿未来发展的奠基石。因此，健康在幼儿园保教中居于首要位置。幼儿健康教育活动是有目的、有计划地选取合适的内容以促进幼儿健康领域的发展，使其达到应有的水平，获得与内容相对应的知识经验、情感态度和行为技能。

《3—6岁儿童学习与发展指南》指出健康领域学习与发展目标：具有健康的体态；情绪安定愉快；具有一定的适应能力；具有一定的平衡能力，动作协调、灵敏；具有一定的力量和耐力；手的动作灵活协调；具有良好的生活与卫生习惯；具有基本的生活自理能力；具有基本的安全知识和自我保护能力。[①] 根据健康教育总目标，可将幼儿健康教育活动的观察内容划分为安全教育活动、体育教育活动、饮食营养教育活动、心理健康教育活动。安全教育活动是指教师有目的、有计划地指导，培养幼儿的安全意识和安全能力的教育活动。体育教育活动是指幼儿在教师有目的、有计划的指导下，增进动作发展水平，增强体质，学习运动技能的

---

① 李季湄、冯晓霞：《〈3-6岁儿童学习与发展指南〉解读》，57页，北京，人民教育出版社，2013。

教育活动。^①饮食营养教育活动是有计划、有目的地帮助幼儿了解身体所需的营养以及形成良好的饮食习惯的教育活动。心理健康教育活动是指教师运用心理科学原理与方法，根据幼儿的年龄发展阶段特征，有目的、有计划地预防和矫治幼儿行为问题与心理障碍，培养健康心理品质的教育活动。^②

（二）语言教育活动

语言是人们在交往过程表达想法、沟通交流的重要工具。语言教育活动是教师有目的、有计划地通过营造良好的语言氛围帮助幼儿获得语言经验，促进幼儿发展的教育活动。

《3—6岁儿童学习与发展指南》将语言学习与发展目标确定为：认真听并能听懂常用语言；愿意讲话并能清楚地表达；具有文明的语言习惯；喜欢听故事，看图书；具有初步的阅读理解能力；具有书面表达的愿望和初步技能。^③根据语言教育总目标可将幼儿语言教育活动的观察内容划分为文学教育活动、谈话活动、讲述活动和早期阅读活动。^④文学教育活动是指有目的、有计划地通过引导幼儿欣赏文学作品来培养其审美能力和利用文学语言表达想象、表达生活经验的能力的教育活动。谈话活动是指有目的、有计划地运用口语与幼儿进行交谈的语言教育活动，具有主题性、交流性、自由性和指导性的特点。讲述活动是一种有目的、有计划地在正式的语境下培养幼儿语言表述能力的教育活动，其特点是围绕凭借物，运用正式的语言进行独白的活动。早期阅读活动是指有目的、有计划地培养幼儿书面语言的教育活动，其特点是拥有物质和精神上自由宽松的阅读氛围。在阅读理解后紧接着讲述活动，这是一种学习内容丰富且具有本民族文化特色的整合型学习。

（三）社会教育活动

社会教育活动是指以发展幼儿的社会性为目标，以增进幼儿的社会认知、激发他们的社会情感、引导他们的社会行为为主要内容的教育活动。社会教育活动有助于发展幼儿的社会属性，帮助幼儿从"自然人"发展成"社会人"。

《3—6岁儿童学习与发展指南》将社会领域的学习与发展目标定为：愿意与

① 叶平枝等：《幼儿园健康领域教育精要——关键经验与活动指导》，150页，北京，教育科学出版社，2015。

② 庞建萍、柳倩：《学前儿童健康教育》，136页，上海，华东师范大学出版社，2008。

③ 李季湄、冯晓霞：《〈3—6岁儿童学习与发展指南〉解读》，79页，北京，人民教育出版社，2013。

④ 周兢：《幼儿园语言教育活动指导》，29～31页，北京，人民教育出版社，2012。

人交往；能与同伴友好相处；具有自尊、自信、自主的表现；关心尊重他人；喜欢并适应群体生活；遵守基本的行为规范；具有初步的归属感。[①] 根据社会教育的总目标可将社会教育活动的观察内容划分为自我意识教育活动、人际交往教育活动、社会认知教育活动和归属感教育活动。[②] 自我意识教育活动是指有目的、有计划地帮助幼儿认识自我和接纳自我，学习表达和调节自己情绪的教育活动。人际交往教育活动是指有目的、有计划地帮助幼儿从他人角度去考虑问题，学会分享与合作等能力的教育活动。社会认知教育活动是指有目的、有计划地帮助幼儿了解不同社会角色遵守社会规则和从他人角度看问题的教育活动。归属感教育活动是指有目的、有计划地帮助幼儿感受到自己是家庭、集体、民族和国家的一分子，并形成对它们的认同感的教育活动。

（四）科学教育活动

科学教育活动是指有目的、有计划地培养幼儿的科学态度、科学技能和科学知识的教育活动。《3—6岁儿童学习与发展指南》将科学领域划分为科学探究和数学认知两个子领域。两个子领域的学习内容都是客观世界。二者相互联系，相辅相成。幼儿在科学探究的过程中要使用数学进行记录和测量，而科学探究又为数学认知提供了有趣的学习情境和有用的思考方式。

《3—6岁儿童学习与发展指南》将科学教育的总目标定为：亲近自然，喜欢探究；具有初步的探究能力；在探究中认识周围事物和现象。科学教育活动的观察内容主要是传授幼儿生命科学、物质科学、地球与空间科学等核心知识概念，并培养幼儿的观察实验能力、科学思考能力、表达交流能力和设计制作能力。[③]《3—6岁儿童学习与发展指南》将数学教育的总目标定为：初步感知生活中数学的有用和有趣；感知和理解数、量及数量关系；感知形状与空间关系。[④] 数学教育活动的观察内容主要可以分为：数与量的教育活动、图形和空间的教育活动。

（五）艺术教育活动

艺术教育活动是指有目的、有计划地通过音乐和美术让幼儿感受美、发现美与欣赏美的教育活动。因此，艺术教育活动可以划分为音乐教育活动和美术教育

---

① 李季湄、冯晓霞：《〈3—6岁儿童学习与发展指南〉解读》，94页，北京，人民教育出版社，2013。

② 杨晓萍、赵景辉：《学前儿童社会教育》，19~21页，重庆，西南师范大学出版社，2018。

③ 张俊：《幼儿园科学领域教育精要——关键经验与活动指导》，99页，北京，教育科学出版社，2015。

④ 李季湄、冯晓霞：《〈3—6岁儿童学习与发展指南〉解读》，111页，北京，人民教育出版社，2013。

活动。

《3—6岁儿童学习与发展指南》将艺术教育的总目标定为：喜欢自然界和生活中美的事物；喜欢欣赏多种多样的艺术形式和作品；喜欢进行艺术活动并大胆表现；具有初步的艺术表现与创造能力。[1]音乐教育活动的观察内容主要为歌唱活动、欣赏活动和打击乐活动。[2]歌唱活动是指有目的、有计划地通过某一首歌曲来帮助幼儿获得旋律关键经验（嗓音表现）的音乐实践活动。欣赏活动是指有目的、有计划地通过某一首乐曲或歌曲来帮助幼儿获得指向节奏关键经验中身体动作表现的音乐实践活动。打击乐活动是指有目的、有计划地通过某一个音乐作品来帮助幼儿获得打击乐演奏表现的音乐实践活动。美术教育活动的观察内容主要为绘画活动、手工活动和美术欣赏活动。[3]绘画活动是指有目的、有计划地引导幼儿使用各种绘画工具和材料，运用艺术语言将自己的生活体验和情感通过加工与改造，转化为艺术形象的教育活动。[4]手工活动是指有目的、有计划地引导幼儿发挥想象力和创造力，用手或简单工具对具有可塑性的各种形态的物质材料进行加工和改造，从而制作出具有一定空间的、可视且可摸的艺术形象的教育活动。[5]美术欣赏活动是指有目的、有计划地引导幼儿欣赏与感受美术作品、自然景物和周围环境中的美好事物，从而丰富幼儿的美感经验的教育活动。[6]

综上所述，各领域教育活动的观察内容源于且服务于各领域教育的总目标。因此教师通过了解幼儿对观察各领域教育活动内容的学习程度可以判断教育活动目标完成情况，也可以及时发现教育活动中存在的问题并进行反思和解决。

资料 9—2—1
各领域幼儿教育
活动的观察要点

①　张俊:《幼儿园科学领域教育精要——关键经验与活动指导》，99 页，北京，教育科学出版社，2015。

②　王秀萍:《幼儿园音乐领域教育精要——关键经验与活动指导》，32～33 页，北京，教育科学出版社，2015。

③　孔起英:《幼儿园美术领域教育精要——关键经验与活动指导》，39 页，北京，教育科学出版社，2015。

④　边霞:《幼儿园美术教育与活动设计》，77 页，北京，高等教育出版社，2016。

⑤　孔起英:《幼儿园美术领域教育精要——关键经验与活动指导》，39 页，北京，教育科学出版社，2015。

⑥　孔起英:《幼儿园美术领域教育精要——关键经验与活动指导》，39 页，北京，教育科学出版社，2015。

三、幼儿教育活动的观察案例与指导策略

案例 9-2-1

小班体育教育 ①

观察对象：幼儿 C1

观察地点：操场

观察方法：轶事记录法

活动一：课间操

活动内容与过程实录：

主班老师带幼儿到操场做早操，随着音乐响起，主班老师大声提出要求："小朋友们请围成一个圆圈，跟着老师的动作一起动起来。"接着，老师让小朋友们按照绳子放的位置围成一个圆圈。幼儿 C1 站在老师的对面位置。一开始小朋友们都随着音乐节奏认真地做操，幼儿 C1 一边看着老师的动作，一边跟着音乐将左右手摆动起来，幼儿 C1 伸出右手往上举起来，接着放下右手将左手举起来，双手放下后，跟着老师蹲下身子再站起来，双手往后甩，左脚往前做踢的动作，动作来回几次后，主班老师带着大家一起踏步，只见幼儿 C1 左右手交叉跟着双脚也动起来，在做踏步运动的时候，幼儿 C1 的脸向左边转了一下，看到幼儿 C2 在玩着自己的衣服。随后幼儿 C1 停下脚步，脚往左边挪了挪，幼儿 C1、幼儿 C2 站在原地不动，还不时地讲话，主班老师看见了，伸手指了指做提醒，随后幼儿 C1 拉了拉幼儿 C2 的衣服，指了下老师，幼儿 C2 看了一眼老师后笑了起来，没有理会老师，拉着幼儿 C1 的左右手来回荡着玩。

幼儿观察分析及行为分析：

幼儿 C1 在做早操时能够随着音乐的变化而做出相应的动作，能够在教师的带领下按节奏做操。我们从观察中可以发现幼儿 C1 肢体活动发展较协调，做操有力，动作统一，两臂能够自然摆动，但是因为受到幼儿 C2 的影响，注意力不够集中，先看老师做操，再跟着幼儿 C2 在一旁聊天、玩，对于老师的提醒也没有理会。

活动二：集体活动——蹲走练习

观察对象：幼儿 C1

观察地点：操场

观察方法：轶事记录法

---

① 该案例由广州大学李俏同学提供。

活动内容与过程实录：

早操的第一个环节结束了，主班老师组织小班幼儿玩绳子游戏："小朋友们一定要慢慢来呀，首先双腿分开跨站在绳子上方，然后蹲下，双腿交替蹲着走起来，注意小手不能碰到地板。"幼儿C1听到老师的话，蹲了下来，在音乐响起的时候将双手分别放在自己的左右腿上，跟着班上的幼儿蹲着往前走，左右腿轮流蹲着走。幼儿C1在左脚往前蹲着走时右腿跪在地上，等左脚蹲稳时再抬起右脚往前走，突然在左脚蹲着走的时候没有走稳，跟跄地一下子伸出右手往前推了一下幼儿C3，随后幼儿C1和幼儿C3都倒在地上。幼儿C3指着幼儿C1说："啊，你干吗？"这时副班老师走过来将幼儿C1拉到另外一个位置让她继续。走了一圈半后，主班老师又组织幼儿双脚站在绳子上，双臂张开，一个跟着一个脚踩着绳子走。幼儿都很轻松地站在绳子上练习平衡力，幼儿C1也站在绳子上面，张开双臂，只见她左右脚踩在绳子上的时候，左脚往前挪了一下，身子往左边倾倒，一下子就站在地板上了，她接着站回到绳子上。幼儿C4对幼儿C1说："你走快一点，我都没有位置了。"幼儿C1瞥了幼儿C4一眼，说："你可以往前走啊。"幼儿C4站起来绕过幼儿C1往前走了一步，幼儿C1也被走过来的主班老师拉着站在绳子上，张开双臂，左脚向前的时候，右脚又向右倾，站到了绳子外面，幼儿C1叉了叉腰，脚用力地往地板上跺了一下，继续站回到绳子上，这次她没有张开双臂，只是往前小步挪动着。

幼儿观察分析及行为分析：

幼儿C1在蹲着走的时候能够看着正前方，其平衡性虽然有助于她交换手脚往前走，但是由于肌肉力量不够，难以维持平衡。从踩绳子走的运动中可以看出，幼儿C1与同龄人相比，平衡力较弱。同时，幼儿C1也为自己无法像其他小朋友一样自如地在绳子上走而感到懊恼，可见双臂张开在绳子上走对于幼儿C1来说还是有一定难度的。

活动三：集体活动——钻爬游戏

观察对象：幼儿C1

观察地点：操场

观察方法：轶事记录法

活动内容与过程实录：

主班老师在操场上组织幼儿排成两条队伍，幼儿C1听到老师的话后立马站在队伍的最前面，随后她对着幼儿C3、幼儿C5、幼儿C6说："快点，我们站在一起，你们站在我的后面。"幼儿C3、幼儿C5牵着手站在幼儿C1的后面，她们三个围成一个圆圈在小声地说话，幼儿 C3 偶尔抬起头看看其他幼儿再看看老师。接着老师走到幼儿 C1 旁边说："小朋友们，你们等一下到达终点后快速跑回起点，到队伍后面排队。"幼儿 C1 左右观望等待着老师说"开始"。只见老师走过来站在拱桥侧边半蹲着身子，伸出右手将幼儿 C1 从拱桥的另一侧拉了过来，然后对着其他小朋友说："小朋友们，你们要弯下身子钻过拱桥，再将身子贴紧爬行垫手脚匍匐前进。好，小朋友们可以开始啦！"老师说完就让幼儿 C1 开始体育活动。只见幼儿 C1 蹲下身子双手往爬行垫上扑过去，身子紧贴着爬行垫往前爬，左右脚贴着爬行垫挪动着，几秒过后，幼儿 C1 双手撑着爬行垫用力一按，顺势站了起来。紧接着，幼儿 C1 快速将双手交叉环抱在胸前，在拱桥下面蹲着身子左右倾斜着往前挪动，快钻过一个拱桥时没有站稳，往左边倾斜后倒在地上，幼儿 C1 赶紧站了起来继续走了两步后又在第二个拱桥前蹲下身子左右倾斜地往前走。钻过去之后幼儿 C1 将交叉着的双手互相拍了拍，微笑着往回走。幼儿 C1 站在幼儿 C6 的后面，老师摸了一下幼儿 C6 的头，接着幼儿 C6 就往前做钻爬动作，幼儿 C6 往前爬了，幼儿 C1 就往前走了一小步，转身与后面的幼儿 C7 拉着手在小声地说话，当老师用手摸了一下幼儿 C1 的头后，只见幼儿 C1 蹲下自己的身体低头往拱桥里面钻过去，左脚往前迈的时候重心不稳又摔倒在地上，接着她赶紧趴在地上爬过拱桥，幼儿 C1 往前走了一步再蹲下自己的身体，将两只手放在爬行垫上，双脚跪在爬行垫上，撅起屁股左右手交替着往前爬，爬到爬行垫的另一端时，只见幼儿 C1 一屁股坐在爬行垫上，双脚往前伸了伸，蹲下身子用手抓住两边的裤子，右脚往前迈了一步钻过拱桥，紧接着站了起来往前走了两步到了另一个拱桥，弯下身子的时候不小心右手按在地上，身体往右边转了转，一屁股坐在地上，她抬头转身看了一下后面的幼儿，就站起来小碎步地往同学们排队的地方跑去。

幼儿观察分析及行为分析：

参考对小班幼儿体育活动的要求，可以看到幼儿 C1 基本上能够达到体育活动的目标，她能够两手、两膝着地协调地匍匐前行，并且在钻的过程中基本能够做到低头、弯腰、双腿屈膝钻过拱桥，最后按照教师规定的方向往回跑，回到队伍中。在钻爬的过程中，幼儿 C1 会因肌肉力量不足、平衡性不强而摔跤，通过借力（抓住两边裤子），幼儿 C1 能较好地完成钻的动作。幼儿 C1 的运动热情非常高涨，愿意不断尝试直到完成锻炼。

幼儿行为的指导策略：

（1）语言反馈。在面对一些对早操积极性不高的幼儿时，教师会采取眼神示意，或用言语提醒幼儿，如"小朋友们，现在要边走边拍手，动起来"等。教师在引导幼儿做动作的时候，可以边讲边配合动作进行再次示范："我发现刚才有很多小朋友在爬行垫上爬的过程中没有把上半身贴紧爬行垫。小朋友们，你们要弯下身子钻过拱桥，再将身子贴紧爬行垫，手脚匍匐前进，就是整个身体要趴在垫子上，并且在爬行的时候手和脚都要左右交叉动作才标准哦！"

（2）讲解说明。幼儿的模仿能力是很强的，老师可以在幼儿面前采用示范和展示的方式，帮助幼儿在潜移默化中受到影响。

（3）增加挑战。有可能确实某些动作或者活动是幼儿不喜欢的。那么，教师可以尝试投放新的材料，也可以增加任务的难度，来增加幼儿的投入程度。

案例 9-2-2

中班社会教育活动

观察方法：轶事记录法＋录像分析法（负责观察的老师采用 DV 摄像机对幼儿的活动进行录制，视频 8-2-1 是通过视频转录而得）。

活动背景：

小远站在娃娃家门口拿着手机"拨打"快餐的外卖电话，小诺听见小远喊"快餐"，连忙接起电话，还没说话，小瑶也"拨打"了快餐的外卖电话，在远处的消防局，小涵和毛毛也一起"拨打"快餐的外卖电话。一时间，整个教室里都是"喂！快餐！快餐！"小诺见这么多人都在打外卖电话，一时间也不知道要接谁的电话，就把电话放了下来。小瑶看见小诺放下了电话，又对着小诺喊道："快餐！为什么不接我的电话，我要点外卖啊！"小诺听了，对着小瑶说："你们这么多人一起打电话，我都不知道要接谁的电话，吵死了！"

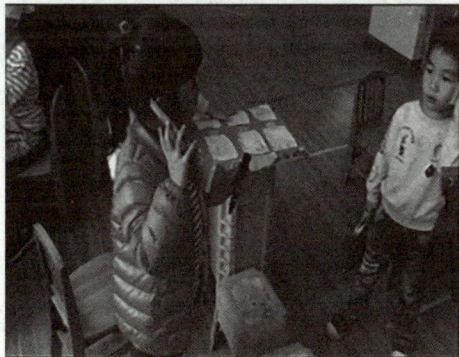

视频 9-2-1 娃娃家的快餐"外卖"活动

图 8-2-1　快餐店的"老板"在接听外卖电话　图 8-2-2　"客人"在拨打电话

快餐外卖订单出现火爆的原因有：一是"外卖服务"游戏是刚刚推出的，幼儿都很喜欢，觉得新奇，所以在游戏中喜欢互动；二是幼儿在游戏中使用的"电话"是假的，没有现实意义，他们在打电话的时候不过是远距离地面对面聊天，并不是真正意义上的打电话，所以在幼儿同时拨打电话的时候只是靠谁的声音大；三是外卖服务只限于电话，并没有其他方式，比较单一。

幼儿在点外卖时将自己在现实生活中看到的成人的下单经验结合起来，运用到自己的游戏中，利用打电话的形式尝试与其他同伴交流，但是比较欠缺礼貌用语。因此老师决定开展一场集体教学活动，帮助幼儿了解订餐的方式以及掌握在不同工具上订餐的方法。

活动一：外卖订餐方式

观察对象：小诺、轩轩

观察地点：教室

观察方法：录像分析法

教师与幼儿一起进行讨论活动，并询问幼儿："除了电话订餐外还有什么方式可以点外卖呢？"幼儿表示："可以用手机点开快餐的图片，然后就可以点餐了。"还有幼儿说："用电脑也可以点餐。"于是教师操作电脑点餐给他们看，看完之后教师和幼儿进行了梳理，如"刚刚用了什么方式点餐？""需要哪些东西？""看完后想怎么做？"幼儿提出："可以做一台电脑，电脑上有薯条、汉堡、鸡腿、冰激凌等食物，客人只要按了图片就可以点外卖了。"教师将事先准备好的外卖平台拿出来让幼儿尝试点餐。只见他们围在一团，几个人用手在上面按着食物的图片并且嘴里喊着："嘀嘀嘀。"接着又拿着"手机"在右下角的付款码上扫了一下。轩轩对着这些小朋友喊道："排队，你们要排队！这样我们都不知道是谁点了外卖，你们要一个个来，要不我们不知道你们按了哪几个图片。"可是没有人听他的，大家都沉浸于点单中。等到点单的客人走了之后，快餐的工作人员你看看我，我看看你，都不知道要做什么。小诺嘟囔着："都不排队！我们哪里知道他们点了什么东西啊。"教师提出："有什么办法能够让快餐店的工作人员及时知道客人点了什么东西呢？"有幼儿提出让工作人员记录，也有幼儿提出让客人将自己想要点的东西画下来贴在外卖平台上。最后大家一致认为让客人自己画下来贴在外卖平台上是最好的办法。

图 9-2-3 顾客在快餐的外卖平台上点餐

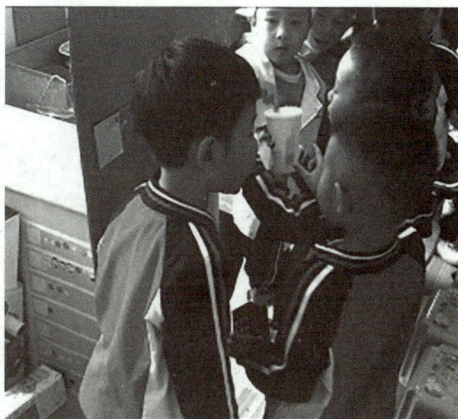

图 9-2-4 顾客拥挤在外卖平台前

幼儿观察分析及行为分析:

幼儿能够迁移已有生活的经验,提出通过一个外卖平台让客人按平台上的图片来点餐。但他们还是忽略掉了一点,这个图片不具备现实意义,一旦客人多了起来,他们还是不能及时知道哪个客人点了什么东西,要送到哪里去。《3—6岁儿童学习与发展指南》提出:"4~5岁的幼儿能够感受规则的意义,并能基本遵守规则。"在这个游戏过程中,小诺和轩轩的规则意识较强,知道在人多的时候要排队,也一直不断地提醒同伴要遵守规则。教师可以给予一定的提示,帮助其他幼儿提升规则意识。

活动二:外卖单里有什么?

观察对象:小莉、小桐、小妃、轩轩、小诺

观察地点:教室

在确定了点外卖的方式后,快餐店的服务员给前来点单的客人提供了便笺纸。小瑶率先要了一张便笺纸到美工区画了起来,只见她在便笺纸上画了三包薯条,然后就把便笺纸贴到外卖平台上。其他幼儿看见了,也模仿着小瑶的样子在便笺纸上画出了自己想要点的东西。不一会儿,外卖平台上贴了好多的便笺纸。小诺开心极了,跑到外卖平台前查看外卖单。这时,小诺发现,外卖单子上只有食物,却没有注明是谁点的,也不知道要送到哪里去。

图 9-2-5　只画上食物的外卖单

　　考虑到幼儿对于外卖单并没有一个完整的知识经验，所以教师组织了一次集中教育活动"外卖单里有什么？"，想要通过现实生活经历，让幼儿明白一张外卖单里应该具备哪些内容，从而引导他们设计自己的外卖单。

图 9-2-6　集中教育活动"外卖单里有什么？"

　　通过一番讨论，幼儿决定用自己的号数来代替姓名，点的食物就按照快餐菜单上的图片来画，地址则是用符号来代替各个主题。教师让幼儿尝试画出自己的外卖单。只见小桐在便笺纸上画了三杯饮料，又在便笺纸的左下角画了一个爱心，然后贴到了外卖平台上（见图 9-2-7）。轩轩拿起单子看了一会儿，"这是谁点的？为什么没有写号数？这个画得乱糟糟的，我都搞不清楚了。"他把外卖单拿给小诺，问："你看，这画的是什么呀？"小诺接过单子看了会儿，"怎么画了饮料之后，又画了一个爱心。"小诺提出要按"姓名—食物—地址"的顺序来画外卖单，于是教师将这个方法分享给全班幼儿。

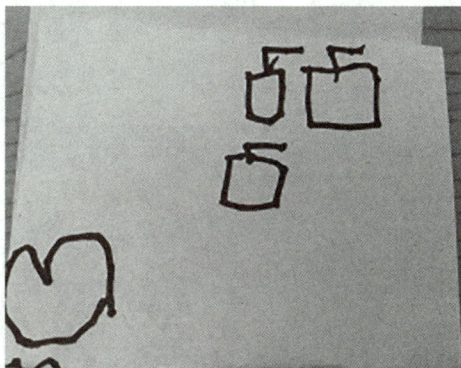

图 9-2-7　外卖单上只有地址和食物

　　小诺在分享了画外卖单的顺序之后，大家纷纷又按照小诺的方法来画。只见小莉将自己画好的外卖单贴到外卖平台上（见图 9-2-8）。小诺看到了，就对小莉说："你画错了！你要先画号数，不是先画吃的。"小莉嘟起了小嘴说："我忘记了。"

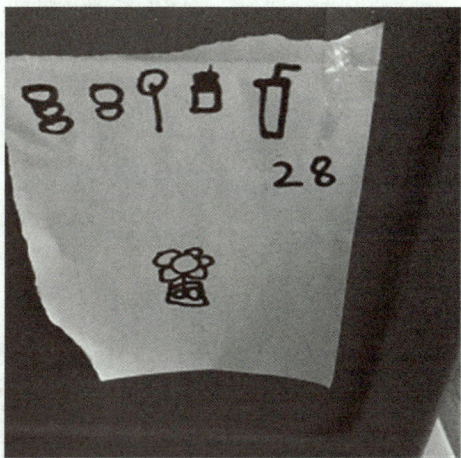

图 9-2-8　小莉的外卖单

　　这时，教师提出了问题让他们思考："有没有什么方法来提醒其他小朋友要先写号数再画食物呢？"轩轩提出要在外卖单上画三条横线：第一条横线上画号数；第二条横线上画食物；第三条横线上画送外卖的地址。小诺则补充，三条横线上还可以再加上符号提醒大家。全班幼儿讨论后确立了三个符号，分别为"〇""一"和"⌂"。

　　有了线和符号的提醒后，幼儿的外卖单变得更加清晰了。小妃早早地画好外卖单贴在外卖平台上（见图 9-2-8）。轩轩发现小妃把一个薯条画到了横线上方，就拿着快递单去找小妃，"小妃，这个你画错了。横线是用来提醒你要在右边画食物的，你应该把食物画在这个横线的右边，你怎么把它画到横线上面去了呢？"小妃看了看自己的外卖单，对轩轩说："又没有说食物只能画在横线的右边，我画不下了，所以只好画到这个上边了。"

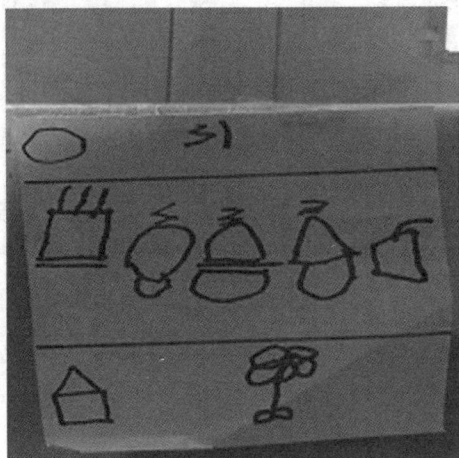

图 9-2-9　小妃的外卖单

教师看到后向幼儿展示了一张表格并向他们渗透了表格的概念，幼儿重新设计了自己的外卖单（见图 9-2-10 和图 9-2-11）。

图 9-2-10　改良后的外卖单

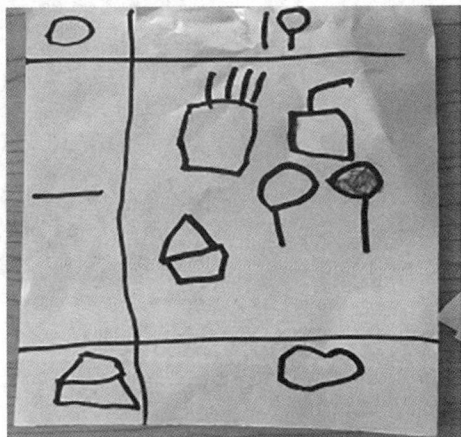

图 9-2-11　小朋友点的食物

幼儿观察分析及行为分析：

外卖单的出现，意味着幼儿已经初步具备了用图画或其他简单符号进行记录的能力。《3—6 岁儿童学习与发展指南》中指出：4～5 岁的幼儿"能用图画或其他符号进行记录"。小妃在画外卖单的过程中表现出她愿意用图画或其他符号来表达自己的愿望与想法，但她的记录具有一定的随意性，缺乏逻辑性。

教师将小诺提出的画外卖单的顺序向全班分享后，由于幼儿的接受能力不同，因此小莉在没有其他人的提醒下或符号的暗示下还是不能够记住，外卖单的绘画顺序出现了偏差。小诺的规则意识较强，他能够发现同伴的错误并且清楚地指出来。轩轩和小诺两位工作人员能够认真观察外卖单，发现其中存在的问题并且大胆地向教师和同伴提出，寻求进一步解决的办法。有了符号的暗示、记录逻辑性的铺垫之后，外卖单的记录比最初清楚了许多，基本上幼儿在拿到外卖单后就能够清楚地读懂上面的信息。幼儿设计的外卖单虽然借助了表格的经验，但是不够完善，外单上只有横线却没有纵线，所以出现了小妃在画不下的时候就会把食物画到符号上方的情况。

幼儿行为的指导策略：

（1）团体讨论。教师能够针对幼儿在游戏过程中遇到的困难，以问题为导向去引导幼儿思考点外卖的方式，引发幼儿讨论并提出建议，最后与幼儿一起梳理，并提出最佳的点餐方式。针对幼儿无序点餐的现象，教师提出："有什么办法能够让快餐店的工作人员及时知道客人点了什么东西呢？"通过问题再次引起幼儿的讨论和思考。教师在幼儿出现困难无法推进时可以适当提出问题，让幼儿一起思考，以获得更好的方法来解决问题。教师将幼儿好的建议向全班推荐，并提出问题："是否有方法来提醒其他小朋友先写号数再画食物呢？"教师引发幼儿思考，向幼儿分享表格样式，丰富幼儿的经验，帮助幼儿借鉴利用。

（2）生成课程。教师在引导幼儿进行活动反思时，发现幼儿对外卖单并没有一个完整的知识经验。在此基础上，教师生成了一堂集中教育活动"外卖单里有什么？"。

（3）增加挑战。为了引发幼儿进一步的思考与行动，教师可以增加活动的挑战性和难度。例如，可以增加不同主题的餐厅，让幼儿体验在餐厅下单时是否会有不同的外卖单，以及在记录外卖单时描述食物的方式是否会存在着多样性。

案例 9-2-3
幼儿教育活动
的观察案例

第三节　3～6岁幼儿游戏的观察

一、幼儿游戏观察的意义

世界幼儿教育之父福禄贝尔认为：游戏活动是儿童最初的生产活动，它就像可爱的花朵正准备结成果实，日后勤奋劳动的工作便是果实。游戏教育可以促进幼儿的发展，《幼儿园工作规程》强调了游戏的重要性，并指出，"以游戏为基本活动，寓教育于各项活动之中"。游戏和教学最大的区别就在于游戏是一种内驱性活动，在这项活动中幼儿是游戏的主人并且享有极大的选择权。幼儿的游戏意愿是一种无意识学习的体现，游戏意愿的实现能够自然地促进幼儿多方面的发展。同时，游戏是幼儿喜闻乐见的活动方式，游戏对于幼儿身心发展的作用具有不可替代性。因此，教育观察者观察幼儿的游戏活动具有十分重要的意义。

（一）游戏观察是了解幼儿游戏的前提

观察是了解幼儿游戏活动最基本的方式。《幼儿园教师专业标准（试行）》提到教师需要为幼儿提供"游戏活动的支持和引导"：提供符合幼儿兴趣需要、年龄特点和发展目标的游戏条件；充分利用与合理设计游戏活动空间，提供丰富、适宜的游戏材料，支持、引发和促进幼儿的游戏；鼓励幼儿自主选择游戏内容、伙伴和材料，支持幼儿主动地、创造性地开展游戏，充分体验游戏的快乐和满足；引导幼儿在游戏活动中获得身体、认知、语言和社会性等多方面的发展。教师观察幼儿的游戏活动是为了了解幼儿游戏的需求、幼儿游戏的质量和水平。

从幼儿园游戏实践的过程中易发现，一线教师缺少观察的时间、不知道如何进行有效的观察，尤其是缺乏专业的观察和分析的能力，比起观察幼儿的游戏，教师更关注于集体教学活动。

（二）游戏观察是游戏有效指导的前提

《幼儿园教育指导纲要（试行）》要求教师："尊重幼儿在发展水平、能力、经验、学习方式等方面的个体差异，因人施教，努力使每一个幼儿都能获得满足和成功。"幼儿个体的差异决定幼儿水平的差异，教师只有通过对游戏的观察才能了解幼儿个体发展的水平和阶段，针对不同阶段的幼儿给予适宜的指导。如果教师在不了解幼儿游戏时贸然介入，可能会导致幼儿失去游戏的兴趣，打断幼儿游戏的思维。基于以上问题，教师应该事先对幼儿进行充分的观察，积累观察的经验，根据幼儿在游戏过程中各方面的表现、问题难度等，进行判断、思考，再做出决策是否要介入幼儿的游戏，即教师如何掌握介入时机？如何正确地开启一段有效介入？这些问题的关键在于一个容易被忽视的环节——游戏观察。当然，介入的方式有很多种，如一个微笑、一句具有启发性的话、一个小小的建议等。

观察是成人接近幼儿游戏的起点，是有效地设计游戏、把握好游戏与课程的关系、创设适宜性的游戏环境、提供合适的游戏材料、进行有效指导的前提。观察能够让我们把握幼儿游戏的进度，清楚幼儿游戏的进展，明白幼儿游戏的状态，只有对过程有了大概的了解，对事物有了清晰的判断，才能选择恰当的介入方式，以及判断是否需要介入。比如，对于一个正在专心搭建积木的幼儿，教师突然过来说"你应该把这个小的积木放在大的上面"，教师随意地介入导致幼儿独自探索的过程被打断。因此，教师只有细致地观察幼儿游戏的过程，才能在游戏中给予有效的指导。

（三）游戏观察是了解幼儿的基本途径

教师可以通过幼儿的行为动作、语言情感的突出表现，对其心理活动做出简单的判断。例如，教师看到幼儿脸上露出微笑，可以初步判断其情绪是开心的。

首先，了解幼儿动作技能的发展，可通过体育游戏、建构游戏等进行观察。例如，"小班幼儿在折纸游戏中很难把纸对折得非常整齐"，这个例子涉及小班幼儿精细动作的发展。其次，了解幼儿的认知发展。幼儿的认知发展不仅可以通过阅读图书或者成人的讲述获得，还可以在游戏中获得。观察者通过观察，了解幼儿自身与环境的相互作用。幼儿通过操作物体来感知事物，在游戏中接触各种性质的物体并用各种感官了解事物的特性，利用已有经验与事物产生联系，发展记忆力和思维。最后，了解幼儿的道德发展，可通过设置一定的游戏情境。教师观察幼儿在游戏中的道德行为，结合幼儿实际的道德发展特点和水平，为引导和教育提供真实的参考。教师在游戏中观察能够发现真正的幼儿，他们喜欢和谁玩？玩什么类型的游戏？是开心还是伤心？等等。

二、幼儿游戏观察的内容

观察在游戏活动中起着举足轻重的作用，是了解幼儿游戏的前提，是了解幼儿游戏过程的基本手段。观察幼儿游戏的内容包括哪些呢？观察者从哪些角度进行有效的观察？

（一）游戏情境的创设

《3—6岁儿童学习与发展指南》指出要为幼儿创设一个良好的语言学习环境[①]，要为幼儿提供一个能够说、敢于说的语言环境。情境创设能够有效帮助幼儿在游戏情境中表达、沟通、交流等。

在游戏的过程中，情境创设是为了激发幼儿游戏的兴趣。情境创设不仅在教学中占据主导地位，在游戏中也必不可少。抓住幼儿喜欢表演、模仿、探究等特点，创设宽松、自由、愉快、适宜的环境，利用精彩、新颖、奇特的游戏情境导入，引发幼儿的好奇心，激发其兴趣。

---

① 李季湄、冯晓霞：《〈3—6岁儿童学习与发展指南〉解读》，76页，北京：人民教育出版社，2013。

（二）游戏的材料

游戏的材料是幼儿游戏的关键因素，材料的多样性影响着幼儿对游戏的兴趣和游戏质量。游戏材料为观察幼儿提供物质基础与保障，是分析幼儿游戏行为的重要帮手。

幼儿选择材料的结构性，如高结构性和低结构性的材料。首先，根据游戏材料的选择原则，可以划分为材料的安全性、材料的经济性、材料的操作性、材料的多样性、材料的开放性等角度。多种多样的材料，是否准确地投入相对应的材料区域中，材料的投放是否开放，投放是否整合，投放是否分区，投放是否有序。其次，可以从材料是属于废旧物品再利用还是统一购买的新型材料进行区分。游戏材料影响着幼儿游戏的质量，如游戏材料的提供是否符合游戏类型、游戏主题、游戏对象等。

（三）游戏的过程

游戏过程作为观察游戏的重要阶段，体现观察的步骤。在游戏过程中，选择什么样的观察对象是第一步，换句话说，是选择一个班、一个组，还是一个幼儿作为观察对象呢？不同年龄的幼儿的游戏水平千差万别。了解观察对象的身心发展规律有利于我们更细致地观察游戏对象。幼儿期是语言发展的关键时期，游戏活动作为幼儿语言发展的天然场所，幼儿在游戏中发表自己的想法、分享自己的乐趣、交流合作等都需要通过语言的表达，那么，在游戏中需要观察幼儿的语言是否流畅、词汇量的丰富程度、能否清晰表达自己的想法、在游戏环境中是否产生新的言语。幼儿游戏过程中的行为动作，如幼儿精细动作的发展，也是我们观察的内容。幼儿的社会性（游戏互动）、情感、意志力在游戏中都有可能涉及，所以观察幼儿的游戏过程是观察幼儿全方面发展的状况。

（四）游戏的质量

游戏作为幼儿园教育活动的有机组成部分，对幼儿园教育活动质量具有直接的影响。幼儿游戏质量的评价指标一般包括：游戏条件、游戏中教师的支持和游戏中幼儿的表现。

由于幼儿游戏的特殊性，不同年龄阶段幼儿的游戏在质量上是有一定区别的。例如，小班幼儿在角色扮演游戏中的兴趣性的得分高于专注性；中班幼儿在游戏表现欲的得分上要高于组织能力；大班幼儿在游戏中的伙伴交往能力要高于解决问题方式的得分。观察者在观察幼儿游戏质量时，需要结合多方面的因素，选择合适的质量评价量表对幼儿游戏进行质量评估。

资料 9-3-1 幼儿不同类型游戏的观察要点

三、幼儿游戏的观察案例与指导策略

案例 9-3-1

小班角色扮演游戏 [①]

观察对象：小乐、小香

观察地点：娃娃家

观察方法：事件取样法、等级评定法

活动内容与过程实录：

小乐在物品架上选取一些"食物"放在手上的盘子里面，小香问："等下要去野餐吗？"小乐说："是呀。"小乐把选好了的"食物"放进一个盒子里，这时小香也拿了一个物品放进盒子里，小乐说："我们不能带这些'食物'去的，带多了，家里就没有了。"小香从物品架上拿了两个手机模型，把其中一个递给小乐，小乐把它放在了一旁，这时小香拿起手机放在耳朵边说："哦，我要去上班了，再见。"小乐说："你先不要去上班，我们要去野餐了。"两个人一边整理野餐的"食物"，一边说："不要带那么多'食物'，我们家里都没有'食物'来煮菜了。还是不要去野餐了吧。"

幼儿 A1 和幼儿 A2 在旁边玩"医生和患者"的游戏，小香走过来提起来医药箱说："我要去上班了。"幼儿 A1 看到之后，走过去拿医药箱并说："给我，给我。"小乐走过来对小香说："这是医药箱。"于是，三个人开始争抢医药箱。这时，老师走过来说："怎么啦？等一下，你们都要玩吗？这个医药箱里面有很多的物品，你们打开一起玩好不好？"小乐说："只能两个人玩才可以。"老师说："三个人也可以。"小乐说："不能的，一个当医生，另一个当护士，三个人是不能玩的。"小乐停顿了两秒之后说："三个人，一个当护士，一个当医生，还有一个当患者。"

小乐给小香戴上眼镜，说："她生病了，你给她打针。"小香拿着针筒在患者的手背上按了一下。小乐说："不是这样的。"就把针筒拿过来，在旁边拿了一块正方形的板子放在手背上，并且使用针筒对着按了一下。小香模仿刚刚小乐的动作重复操作了一遍。小乐对这名患者说"来量一下体温"，就用手动枪式体温计在患者的额头上按了一下，之后拿起来看了一眼："38 度。"接着又说："来，看牙。"小乐拿着放大镜伸进患者的嘴巴里："有蛀牙。"接着，拿一个钳子放进患者的嘴巴。小乐说："好了，看完啦。"小香说："该我玩了吧。"小乐转身离开，游戏结束。

---

① 案例由广州大学周艳同学提供。

表 9-3-1　幼儿角色游戏等级评定表

评定对象：小乐			
项目	等级		
	3分（较弱）	4分（中等）	5分（优秀）
游戏兴趣			
专注程度			
坚持性			
语言表现			
伙伴交往			
组织能力			
表现欲			
解决问题的方式			
创新性			
角色扮演的逼真性			

表 9-3-2　幼儿角色游戏质量评价等级表 [①]

项目	等级		
	3分（较弱）	4分（中等）	5（优秀）
游戏兴趣	厌恶游戏、拒绝参与游戏（如脸上的表情是痛苦的、无奈的，甚至拒绝参加，大声哭闹）	游戏兴趣一般，只是跟随别人，主动性低（如动作缓慢，情绪不高，当游戏被终止时没有明显的不悦情绪）	游戏兴趣极高（如主动要求参与游戏，主动选择角色并扮演角色，在游戏时非常开心、兴奋）

---

①　注：本量表改编自浙江师范大学教育硕士周赛琼的毕业论文《创造性游戏和幼儿园环境关系研究》中的"创造性游戏活动质量量表"（周赛琼：《创造性游戏和幼儿园环境关系研究》，硕士学位论文，杭州，浙江师范大学，2011），以及结合辽宁师范大学教育硕士刘嘉洋的毕业论文《小班幼儿角色游戏质量研究》中的"幼儿角色游戏质量检测观察表"（刘嘉洋：《小班幼儿角色游戏质量研究》，硕士学位论文，大连，辽宁师范大学，2015）。本表从幼儿开展角色游戏所表现出的游戏兴趣、专注程度、坚持性、语言表现、伙伴交往、组织能力、表现欲、解决问题的方式、创新性、角色扮演的逼真性等方面进行观察。

项目	等级		
	3分（较弱）	4分（中等）	5（优秀）
专注程度	注意力分散，不断受到干扰（如有人说话时，就会马上停止游戏）	注意力较集中，偶尔会转移（如外界有异常事件时，视线会稍转移，但不会马上停止游戏）	注意力高度集中（不会因为外界的异常事件而暂停游戏）
坚持性	频繁变换角色	在角色扮演中有一定的坚持性，会根据游戏情节变换角色	在游戏过程中始终坚持扮演一个角色直到游戏结束
语言表现	无语言	可以根据自己的角色需要表达自己的意愿	不仅能根据自己的角色需要表达自己的意愿，而且能就游戏中的问题，积极与同伴或成人流畅交流
伙伴交往	与其他小朋友关系不好，出现一些消极的交往，如在角色扮演中不与他人合作、独占游戏材料、干扰其他幼儿等	与伙伴友好交往，围绕主题进行角色扮演，相互交谈、嬉戏、询问、模仿	与同伴或教师积极主动协作进行角色扮演，与其他幼儿互助、合作共同解决问题
组织能力	在其他小朋友的带领及安排下游戏，自己毫无主见，完全跟随他人行为	协助带领者组织安排预习，有时会给带领者出主意	能够在游戏中担任一定的角色，能够带领和安排其他小朋友选择角色，在游戏中起主导引领作用
表现欲	在角色扮演中不愿主动表现自己	在活动中愿意表现自己，但一旦遇到问题（如失败、受到嘲笑、害羞）就会退缩	在活动中积极表达或表现自己，并从中获得自我实现的快乐（如在表现时常常带有高兴、快乐的表情）
解决问题的方式	遇到问题后立即放弃游戏或转换角色	遇到问题后主动寻求老师或同伴的帮助	遇到问题后独立思考，尽量自行解决

续表

项目	等级		
	3分（较弱）	4分（中等）	5（优秀）
创新性	无创新能力，一味地模仿或盲从他人进行活动	有一定的创新性，会想到尝试用不同的方法解决问题	新颖地、创造性地操作游戏材料，用不同的方法解决问题，并加以一定程度的改进、自我发挥
角色扮演的逼真性	完全没有投入角色中去	角色扮演有一定的相像性，但还不能很好地诠释	完全投入角色中去，能很好地诠释角色

幼儿观察分析及行为分析：

首先，在"野餐游戏"中，小乐在一旁收拾野餐需要的食物，当小香想加入食物的时候，小乐用"带多了，家里就没有了"的理由，把小香刚刚放进去的东西拿出来。小乐发起了这个游戏，并掌握一定的决定权。而这个时候的小香只能寻找其他角色，所以她拿起了旁边的手机模型接听电话，并说了句："我要去上班了。"但小乐说"你先不要去上班，我们要去野餐"。小香听取了小乐的建议，没有去上班。小香走过去拿正在玩医生角色游戏的幼儿的医药箱当成自己的文件包，说"要去上班了"。在这个过程中，小香对自己角色的专注程度较弱。

其次，由于小香拿走了医药箱，与同伴产生了争执，在这个过程中小乐表现出问题解决能力。小乐把医药箱拿过去说："这是医药箱。"这句话是在提醒小香，"你要去上班就不应该提这个医药箱"，说明小乐能够明白某些角色的核心特征，具有一定的生活经验。

最后，在教师的提醒后，大家对医药箱产生了兴趣，小乐的野餐游戏没有再继续，而是参与了医生角色游戏。在医生角色中，小香完成了打针这一步骤，但是小乐了解医生的核心特征（戴眼镜和听诊器）且具有关于"医生—患者"的生活经验（先量体温—看牙—拔牙），在整个"看病"的过程中幼儿之间缺少合作，没有明确自己的角色定位，只按照自己的方式进行。

幼儿行为的指导策略：

（1）介入方式。教师的介入方式可能直接影响幼儿游戏的方向，教师需要把握参与式介入和非参与式介入的时机，避免介入不当，指导过多。教师可以先观察幼儿的游戏，了解幼儿游戏的过程和规则，再选择合适的机会进入。

（2）讲解说明。教师可以根据幼儿角色扮演的材料入手。例如，教师根据野餐游戏的经验可以提供一些桌垫、装饰品等，向幼儿介绍游戏材料，帮助幼儿使用丰富的材料创造游戏环境，使角色更加立体。在这一过程中，还可以加入教师的讲解说明。

（3）生成课程。小班幼儿在参与角色扮演游戏时常常进行单一的角色扮演，选择动机不明确，教师应善于观察幼儿的日常生活，或者与家长沟通了解幼儿的生活经验，和幼儿一起尝试从生活中、游戏中生成符合幼儿认知水平的新的游戏主题。

案例 9-3-2

中班建构游戏 [①]

活动一："特殊功能的房子"

观察对象：曦曦、哲哲、航航、毓毓、赫赫、欣欣、衡衡、恩恩、晨晨

观察地点：大型建构区

观察方法：轶事记录法

活动内容与过程实录：

曦曦和哲哲用较厚的长方形积木搭建双层房屋，并将房屋的柱子仔细对齐垒高，曦曦拿来了一个锥形积木和大三角形积木摆放在盖顶上面："这个是屋顶。"哲哲说："不是这样的。"他将三角形积木挪到房顶的正中间，又找来一个锥形积木，将其摆放在屋顶两边说："这是避雷针。"接着他又在房屋周围用积木进行围合。航航和毓毓在三角形大门顶端的交叉处放了两根中号的圆柱积木，毓毓说："让我用望远镜来看看有没有敌人入侵。"赫赫和欣欣搭建了单层通道和双层通道，赫赫对我说："老师，快看，我搭的马路还有一个通道，经过这里的车子不用停下来就可以自动充电和加油。"（见图 9-3-1 至图 9-3-3）

衡衡将薄款长方形积木架高后平铺延长搭建高架桥，随后高架桥和之前搭建的马路"相遇"了。衡衡拿来一块小号长方形积木架成斜坡，尝试连接平面的马路和高架桥，但接不上，他又找来一块积木侧放着将斜坡垫高，连接两条马路。旁边的恩恩说："你的坡太陡了，车会开不上去。"（见图 9-3-4 和图 9-3-5）

---

① 案例由厦门市集美区后溪中心幼儿园张意红老师提供。

图 9-3-1　幼儿搭建的房屋

图 9-3-2　望远镜

图 9-3-3　快速加油站雏形

图 9-3-4　初步建立的斜坡

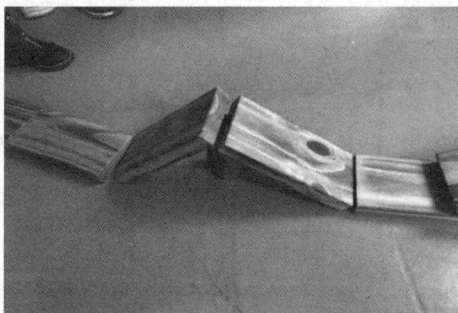
图 9-3-5　经过改造后的斜坡

幼儿观察分析及行为分析：

幼儿在搭建过程中能自主选择材料，关注建筑物的外形、装饰方式等细节，并能迁移对称、替代等已有经验，结合想象，搭建了"左右对称的避雷针""望远镜""自动充电和加油的通道"等，展现了幼儿的建构水平与想象力。

老师还请幼儿针对连接处坡度高低落差太大的问题进行交流讨论。

晨晨说："有的地方太尖了，这样车子会卡住，应该将斜坡做平一点。"

恩恩说："可以多加几个柱子当桥墩。"

衡衡说："就像高架桥一样。"

因此，教师尝试收集各种高架桥的图片，并投放到语言区，供幼儿观察、讨论，记录解决办法。

活动二：未来之城

观察对象：韬韬、君君、恩恩、赫赫、城城、沛沛

观察地点：大型建构区

观察方法：轶事记录法

活动内容与过程实录：

韬韬建好房屋后说："我的高架桥可以通过超市和商场里面，汽车可以直接开进去购物，不需要找停车场。"（见图9-3-6）君君说："这么厉害啊，这个得未来才能出现吧！"恩恩说："干脆我们来建造一个未来之城吧！"这个提议得到了同伴的赞同，赫赫马上用了四个小号圆柱积木在高架桥上垒高，在最高处平放了一个长方形积木，说："这是火灾感应器，我们的城市一着火，它就会飞速旋转起来，消防员可以直接从高架桥上通过去灭火。"（见图9-3-7）城城在高架桥上建了快速加油站，汽车通过加油站之后马上就可以加满汽油和电（见图9-3-8）。恩恩用较粗的长方形积木，搭建了"凸"字形的房屋并在顶层中间放上锥形积木："房子顶端有雷电感应器，打雷时可以收集雷电发电！"（见图9-3-9）

图9-3-6　可以穿过商场的高架桥

图9-3-7　火灾感应器

图9-3-8　马路上的快速加油站

图9-3-9　雷电感应器

沛沛用相同型号的长方形积木搭建"工"字形围栏，先平放，围合，再选取积木在中间竖放，并在顶部平放积木进行连接。恩恩说："把围墙内的高架桥延伸到外面。"他拿来一根很高的圆柱支撑陡坡，但倒塌了三次，沛沛见状取走圆柱积木改成长方体积木，说："圆柱积木不牢固，换一个。"她找来较短的长方体积木连接，在陡坡上加一截缓冲的路段，高架桥终于没有再倒塌，成功地跨过围墙连接到了外面。

幼儿观察分析及行为分析：

建构未来之城的提议激发幼儿产生了许多想法和思路，他们根据自己对未来之城的理解赋予了建构作品更多的功能，如雷电感应器、马路旁的消防站等，惊人的想象力和创造力得到展现。幼儿将桥梁架空、堆叠等经验迁移到围墙搭建中，使搭建形式多样化。在解决高架桥坡道的问题时，幼儿尝试了用高低缓冲的支撑方式，成功地解决了高架桥易倒塌的问题。

幼儿行为的指导策略：

（1）团体讨论。教师组织分享交流，幼儿提出未来之城应该有各种造型和不同功能的房子，为此，幼儿和教师共同收集相关资料，并投放至语言区供幼儿参考，幼儿围绕这些资料展开了交流讨论。例如，恩恩说："这个房子是圆形的。"韬韬说："双子塔像两把刀一样。"沛沛说："哇，还有会旋转的房子。"……幼儿通过观察和欣赏各种造型的房子，对未来之城中的房子有了更多的灵感。

（2）增加挑战。教师提供多样的建构材料，丰富幼儿对未来之城的想象，围绕"未来之城"这一主题，帮助幼儿在迁移生活经验的同时，向幼儿提出具有挑战性的问题。例如，幼儿在建构过程中遇到的疏通供水系统、搭建管道等问题如何解决。

（3）生成课程。两次构建游戏都是围绕建筑的主题开展的，第一次游戏的主题是"特殊的房子"，教师在幼儿第一次游戏的基础上，结合幼儿的情况生成第二次游戏，主题是"未来之城"。这一过程是与幼儿不断讨论来推进的。此外，教师还可以在幼儿现有作品的基础上投放新的材料，引导幼儿反思，进一步提升幼儿的想象力。

案例 9-3-3
户外建构游戏的观察与指导策略

视频 9-3-1
幼儿户外建构游戏

案例 9-3-4
音乐活动"蜥蜴的早餐"观察与分析

案例 9-3-5
"搭建滚滚乐"观察与指导策略

视频 9-3-2
搭建滚滚乐

案例 9-3-6
大班创造性游戏"一起来建龙舟池"

小 结

　　一日生活是幼儿在园活动中的重要表现。教师通过进餐行为、如厕行为、午睡行为、自我服务行为、生活服务行为、过渡环节行为等方面了解幼儿的能力。通过观察这些行为，教师为幼儿提供适合的生活环境，引导幼儿获得更好的发展。值得注意的是，尽管一日生活可区分不同的活动，但还应综合考虑及分析各部分的行为，全面了解幼儿，这样才能做出准确、及时的调整。

　　幼儿的教育活动内容包括五大领域，即健康教育活动、语言教育活动、社会教育活动、科学教育活动和艺术教育活动。通过观察，教师可以及时发现教育活动中存在的问题，并反思和解决问题。在健康教育活动中，可关注幼儿在安全健康、体育健康、饮食健康和心理健康等方面的表现；在语言教育活动中，可关注幼儿在文学教育活动、谈话活动、讲述活动、早期阅读活动等方面的表现；在社会教育活动中，可关注幼儿在自我教育活动、人际交往教育活动、社会认知发展教育活动、归属感教育活动等方面的表现；在科学教育活动中，可关注幼儿在生命科学活动、物质科学活动、地球与空间科学活动、数与量的教育活动等方面的表现；在艺术教育活动中，可关注幼儿在歌唱活动、欣赏活动、打击乐活动、绘画活动、手工活动、美术欣赏活动等方面的表现。

最后，游戏活动有助于教师更好地了解幼儿。有效的观察能够帮助教师设计适合幼儿发展的游戏、把握好游戏与课程的关系、创设适宜的游戏环境、提供合适的游戏材料以及对幼儿进行有效的指导。在观察游戏的过程中，可重点观察游戏情境的创设、游戏的材料、游戏的过程以及游戏的质量。在建构游戏中，可重点观察建构游戏的环境、建构游戏的材料、建构游戏的过程以及建构游戏的质量；在角色游戏中，可重点观察角色游戏的环境、角色游戏的类型、角色游戏的过程以及角色游戏的质量；在规则游戏中，可重点观察规则游戏的环境、规则游戏的类型、规则游戏的过程以及规则游戏的质量；在表演游戏中，可重点观察表演游戏的环境、表演游戏的材料、表演游戏的类型、表演游戏的过程以及表演游戏的质量。需要注意的是，幼儿游戏类型不局限于以上几种，观察者可根据不同类型的游戏特点，对幼儿进行有针对性的观察。

关键术语

进餐行为；如厕行为；午睡行为；自我服务行为；生活服务行为；过渡环节行为；健康教育活动；语言教育活动；社会教育活动；科学教育活动；艺术教育活动；建构游戏；角色游戏；规则游戏；表演游戏。

思考与练习

1. 在日常生活中需要观察幼儿的哪些行为？

2. 小班的小东在午休时较难入睡，可是他的家人反映小东在家能够较好地入睡，为了了解这一状况，教师可以进行哪方面的观察？重点关注哪些内容？

3. 中班的一一在社会教育活动过程中不擅长表达自己，甚至表现出同伴交往退缩。请你针对一一的社会教育活动制订观察计划。

4. 对幼儿游戏进行观察有什么意义？在游戏观察的过程中，应注重对哪些方面的观察？

建议的活动

1. 采用轶事记录法记录幼儿在过渡环节中的具体表现，并对这些表现进行归纳总结。

2. 观察小班、中班幼儿进餐行为的特点，注意观察进餐速度过快或者过慢的幼儿有什么行为表现，尝试分析其背后的原因。

3. 组织一次科学活动，结合观察要点对幼儿的表现进行观察。引导幼儿进行反思，进一步提升这次科学活动的内容水平。

4. 可对比幼儿在语言教育活动与日常活动中的语言表达，总结幼儿在语言教育活动中的语言特点，进一步完善语言活动计划。

5. 采用轶事记录法的方式记录幼儿在游戏中的具体表现，并对这些表现进行归纳总结。

6. 可采用指定主题的方式引导大班幼儿参与表演游戏，教师进行参与式观察，在游戏结束后与幼儿一起总结与反思。

7. 引导刚入园的幼儿进行规则游戏，观察和记录幼儿的规则意识以及思考可以促进幼儿规则发展的活动。

8. 扫描二维码，可查看视频 8-3-3 大班幼儿的建构游戏（Ⅰ）"绿巨人"，尝试分析大班幼儿的建构游戏。

9. 扫描二维码，可查看视频 8-3-4 大班幼儿的建构游戏（Ⅱ）"高崎海堤纪念碑"，尝试分析大班幼儿的建构游戏。

10. 扫描二维码，可查看视频 8-3-5 大班幼儿的玩沙游戏"火山喷发"，尝试分析大班幼儿的建构游戏。

视频 9-3-3 大班幼儿的建构游戏（Ⅰ）"绿巨人"

视频 9-3-4 大班幼儿的建构游戏（Ⅱ）"高崎海堤纪念碑"

视频 9-3-5 大班幼儿的玩沙游戏"火山喷发"

《婴幼儿行为观察与指导》配套试卷（共 6 套）

《婴幼儿行为观察与指导》试卷一

答题说明：扫描二维码 10-1，可查看配套试卷 10-1。

《婴幼儿行为观察与指导》试卷二

答题说明：扫描二维码 10-2，可查看配套试卷 10-2。

《婴幼儿行为观察与指导》试卷三

答题说明：扫描二维码 10-3，可查看配套试卷 10-3。

《婴幼儿行为观察与指导》试卷四

答题说明：扫描二维码 10-4，可查看配套试卷 10-4。

《婴幼儿行为观察与指导》试卷五

答题说明：扫描二维码 10-5，可查看配套试卷 10-5。

《婴幼儿行为观察与指导》试卷六

答题说明：扫描二维码 10-6，可查看配套试卷 10-6。

配套试卷 10-1　　配套试卷 10-2　　配套试卷 10-3

配套试卷 10-4　　配套试卷 10-5　　配套试卷 10-6

参考文献

1. 王晓芬.幼儿行为观察与分析 [M].上海：复旦大学出版社，2019.

2. 施燕，章丽.幼儿行为观察与记录 [M].上海：华东师范大学出版社，2015.

3. 陈向明.质的研究方法与社会科学研究 [M].北京：教育科学出版社，2000.

4. 李晓巍.幼儿行为观察与案例 [M].上海：华东师范大学出版社，2017.

5. 约翰·霍特.孩子是如何学习的 [M].张雪兰，译.北京：北京联合出版公司，2016.

6. 陈帼眉，姜勇.幼儿教育心理学 [M].北京：北京师范大学出版社，2007.

7. 王春燕.幼儿园课程概论 [M].2 版.北京：高等教育出版社，2014.

8. 李季湄，冯晓霞.《3—6 岁儿童学习与发展指南》解读 [M].北京：人民教育出版社，2013.

9. 杨玉凤.儿童发育行为心理评定量表 [M].北京：人民卫生出版社，2016.

10. 童连.0～6 岁儿童心理行为发展评估 [M].上海：复旦大学出版社，2017.

11. 陈学诗，郑毅，吴桂英，等.幼儿人格评定量表的编制及其信效度研究 [J].中国临床心理学杂志，2001，9（1）：13-16.

12. 盖伊·格朗伦，贝夫·英吉儿.聚焦式幼儿成长档案——幼儿完全评估手册 [M].季云飞，高晓妹，译.南京：南京师范大学出版社，2007.

13. 蔡春美，洪福财，邱琼慧，等.幼儿行为观察与记录 [M].2 版.上海：华东师范大学出版社，2020.

14. 霍力岩，姜珊珊，李敏谊，等.学前教育研究方法 [M].北京：高等教育出版社，2011.

15. 徐启丽. 幼儿教师进行儿童行为观察的现状与对策探析——以 G 省为例 [J]. 早期教育·教育科研，2013（5）：23-26.

16. 吴亚英. 幼儿教师观察幼儿的误区与对策 [J]. 早期教育·教育教学，2019(12)：7-9.

17. 潘月娟. 学前儿童观察与评价 [M]. 北京：北京师范大学出版社，2015.

18. 孙诚. 幼儿行为观察与指导 [M]. 长春：东北师范大学出版社 .2014.

19. 约翰·洛夫兰德，戴维·A. 斯诺，利昂·安德森，等. 分析社会情境：质性观察与分析方法 [M]. 重庆：重庆大学出版社，2009.

20. 韩映虹. 婴幼儿行为观察与分析 [M]. 上海：上海科技教育出版社，2017.

21. 郭徽. 多元文化背景下幼儿亲社会行为表现的跨个案比较 [D]. 金华：浙江师范大学，2019.

22. 罗秋英，周文华. 儿童行为观察与研究 [M]. 上海：复旦大学出版社，2011.

23. 吕聪颖. 中班幼儿游戏活动中违规行为研究——以鞍山市 B 幼儿园为例 [D]. 鞍山：鞍山师范学院，2016.

24. 刘世闵，李志伟. 数位化质性研究：Nvivo 10 之图解与应用 [M]. 台北：高等教育文化事业有限公司，2014.

25. 李思娴. 做有力量的教师：观察与支持儿童的学习 [M]. 广州：广东教育出版社，2016.

26. 美国高瞻教育研究基金会. 学前儿童观察评价系统 [M]. 霍力岩，刘祎玮，刘睿文，等译. 北京：教育科学出版社，2018.

27. 沃森·R. 本特森. 观察儿童——儿童行为观察记录指南 [M], 于开莲，王银玲，译. 北京：人民教育出版社，2017.

28. 侯素雯，林建华. 幼儿行为观察与指导这样做 [M]. 上海：华东师范大学出版，2019.

30. 罗德（Jillian Rodd）. 理解儿童的行为：早期儿童教育工作者指南 [M]. 毛曙阳译. 上海：华东师范大学出版社，2008.

31. 叶平枝. 如何激励和评价幼儿 [J]. 幼儿教育，2019(31)：1.

32. 德布·柯蒂斯，玛吉·卡特. 关注儿童的生活：以儿童为中心的反思性课程设计 [M].2 版. 郑福明，张博，译. 北京：教育科学出版社，2015.

33. 马祖琳. 点燃孩子的创意火花：台中市爱弥儿幼儿园积木活动实录及解析 [M]. 南京：南京师范大学出版社，2013.

34. 刘勇. 教师团体心理辅导 [M]. 北京：科学出版社，2008.

35. 叶平枝等. 幼儿园健康领域教育精要——关键经验与活动指导 [M]. 北京：教育科学出版社，2015.

36. 庞建萍，柳倩. 学前儿童健康教育 [M]. 上海：华东师范大学出版社，2008.

37. 周兢. 幼儿园语言教育活动指导 [M]. 北京：人民教育出版社，2008.

38. 杨晓萍，赵景辉. 学前儿童社会教育 [M]. 重庆：西南师范大学出版社，2018.

39. 张俊等. 幼儿园科学领域教育精要——关键经验与活动指导 [M]. 北京：教育科学出版社，2015.

40. 王秀萍. 幼儿园音乐领域教育精要——关键经验与活动指导 [M]. 北京：教育科学出版社，2015.

41. 孔起英. 幼儿园美术领域教育精要——关键经验与活动指导 [M]. 北京：教育科学出版社，2015.

42. 边霞. 幼儿园美术教育与活动设计 [M]. 2 版. 北京：高等教育出版社，2016.

43. 周赛琼. 创造性游戏和幼儿园环境关系研究 [D]. 金华：浙江师范大学，2011.

44. 刘嘉洋. 小班幼儿角色游戏质量研究 [D]. 大连：辽宁师范大学，2015.

45. 周念丽. 0—3 岁儿童观察与评估 [M]. 上海：华东师范大学出版社，2012.

46. 高丽芷. 感觉统合 [M]. 上篇. 南京：南京师范大学出版社，2007.

扫描二维码查看本书配套数字资源